DISCOVERING
BLACK
HOLES

AN EVOLUTIONARY
VIEW OF THE UNIVERSE

《环球科学》杂志社 编

"发现"黑洞
进 化 的 宇 宙 观

机械工业出版社

CHINA MACHINE PRESS

黑洞是一种神秘的天体，在我们的认识里，它拥有强大的引力，可以吞噬一切，甚至能让时空发生极度弯曲。任何物体如果离黑洞太近，那就是一次单程的、没有回头路的旅程。在本书中，以霍金、彭罗斯、萨斯坎德、张双南等为代表的全球十多位著名物理学家将数十年的探索与研究化为了文字，通过这些动人心弦的文字，读者会逐渐了解黑洞这个神秘的天体是怎样形成，又是怎样存在于广袤的宇宙当中，甚至对其他天体产生影响的。

图书在版编目（CIP）数据

"发现"黑洞：进化的宇宙观 /《环球科学》杂志社编.
— 北京：机械工业出版社，2019.6（2022.1重印）
ISBN 978-7-111-62881-1

Ⅰ.①发… Ⅱ.①环… Ⅲ.①黑洞 Ⅳ.①P145.8

中国版本图书馆CIP数据核字（2019）第105976号

机械工业出版社（北京市百万庄大街22号 邮政编码100037）
策划编辑：赵 屹 责任编辑：赵 屹 韩沫言
责任校对：黄兴伟 责任印制：孙 炜
北京利丰雅高长城印刷有限公司印刷

2022年1月第1版第4次印刷
169mm×239mm・15.5印张・3插页・297千字
标准书号：ISBN 978-7-111-62881-1
定价：99.00元

电话服务 网络服务
客服电话：010-88361066 机 工 官 网：www.cmpbook.com
 010-88379833 机 工 官 博：weibo.com/cmp1952
 010-68326294 金 书 网：www.golden-book.com
封底无防伪标均为盗版 机工教育服务网：www.cmpedu.com

黑洞拥有强大的引力，可以让时空发生极度弯曲。这种极度致密的天体会吞噬一切，甚至连光都不放过。如果离黑洞太近，那就是一次单程的、没有回头路的旅程。不过，黑洞最非凡的力量，也许是让我们的想象力自由飞驰。对这种"宇宙禁区"了解得越多，我们的心灵就会受到更加强烈的震撼，就像在影院里，屏幕上的巨兽让我们心生恐惧——尽管坐在舒适的座椅上，我们也知道自己身处安全的环境中。

在本书中，霍金、彭罗斯、萨斯坎德、张双南等十多位著名物理学家将数十年的探索与研究化成文字。通过这些动人心弦的文字，你会知道，虽然黑洞拥有摧毁一切的能力，但它却会给科学带来极大的推动与影响。黑洞释放的力量塑造了周围的空间，为恒星和星系的演化提供了线索。这种看不见的天体也为我们了解宇宙带来光明的希望。

在尝试解决悬而未决的难题的过程中，天文学家了解到，宇宙中一些最为绚丽惊人的现象就与黑洞有关。比如，当一颗大质量恒星坍缩形成黑洞时，它会释放强烈的伽马射线暴，甚至在数十亿光年外都能看到。超大质量的黑洞也可以存在于被称为"星爆"的区域中，在这样的区域中，恒星会以惊人的速度形成。关于黑洞的更多秘密，打开本书，你就能找到。

研究黑洞也会为物理学的其他领域带来启发。比如霍金先生提出的一些重要理论，将以前互不相关的三个物理领域——广义相对论、量子理论和热力学——联系到了一起。而物理学家对原初黑洞的研究，还引出了一个深奥的悖论，直指物理学中一个重要问题的核心：为什么广义相对论和量子力学是如此难以调和？在接下来的几年里，高能粒子加速器或许能够制造出黑洞的远亲——微型黑洞。这类人造黑洞将为物理学开辟一个全新的研究领域，它们的存在可以为更高空间维度的存在提供有力的证据。而且，通过观测微型黑洞的特性，物理学家或许可以探索那些高维度空间的结构特征。

本书中还有一些文章会探讨信息能否逃离黑洞、黑洞与宇宙的本质、黑洞会如何影响地球命运等宏大的、会让人对宇宙心生敬畏的话题。现在，好戏即将上演，请找一张舒适的椅子坐下，跟我们一起开始一场伟大的宇宙征途吧！

《科学美国人》主编

玛丽埃特·迪克里斯蒂娜（Mariette DiChristina）

目录

C O N T E N T S

黑洞理论的建立与完善,

离不开彭罗斯、霍金、萨斯坎德、

基普·索恩等人的贡献,

他们在20世纪七八十年代提出的理论,

启发了一大批科学家。

让我们一起重温这几位科学家

曾经发表过的经典论述。

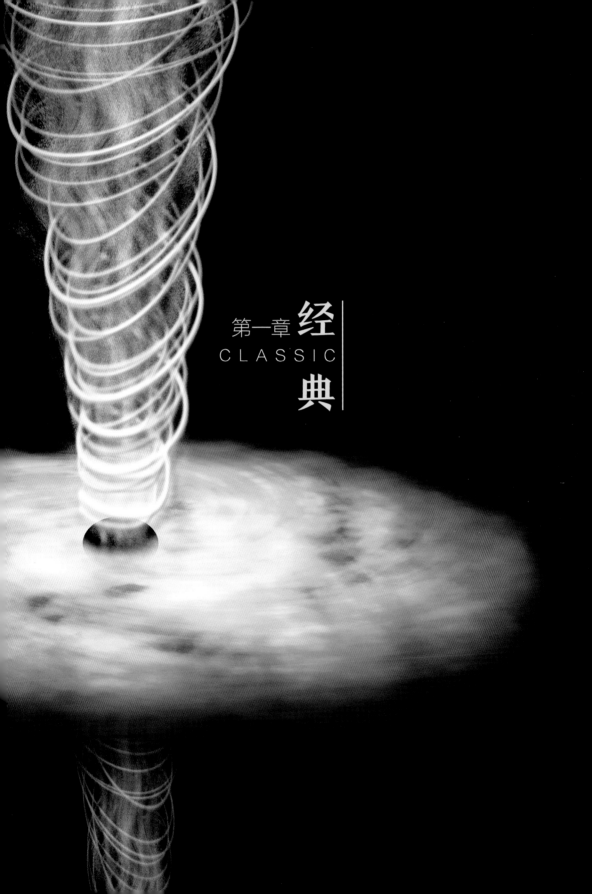

第一章 经典
CLASSIC

彭罗斯：
黑洞必然存在[○]

罗杰·彭罗斯（Roger Penrose）

英国牛津大学的终身荣誉教授，他的研究跨越物理学、数学和几何学等诸多领域，特别是为广义相对论和宇宙学的发展做出了重大贡献。他也曾撰写书籍探讨人类意识和物理学规律之间的关系。

○ 1972 年，彭罗斯为《科学美国人》撰文，他认为对于某些天体来说，黑洞是它们命中注定的归宿。

精彩速览

- 根据广义相对论（其他引力理论也有类似结论），过于致密的天体无法稳定存在，会塌缩成一个任何物质都无法逃出的黑洞。
- 理论研究发现，形成黑洞的天体无须具备对称性，而且一旦黑洞形成，中心就会出现一个使现有物理理论失效的奇点。
- 天文学家试图通过黑洞引力给其他天体运动造成的影响来寻找它们，黑洞也可能是很多天体物理现象背后的真正原因。

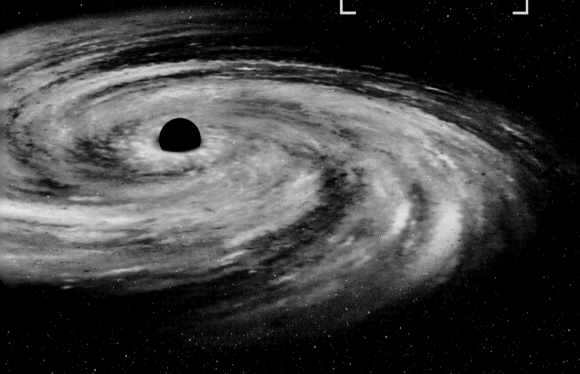

在大约五十亿年内，太阳会通过热核反应消耗掉过多的氢元素，演化为一种叫作红巨星的恒星。恒星理论预言，太阳的直径将增大到现在（1392000千米）的250倍，并在此过程中吞没水星和金星，甚至还有可能吞没地球。到那时，太阳的物质密度只有空气的1/10。（现在太阳的平均密度是地球密度的1/5。）

随着太阳消耗掉越来越多可用的核燃料（除了氢，还有氦和更重的元素），太阳的膨胀过程将反转，收缩到比当前还小，直径变为现在的百分之一，大约相当于地球的大小。之后，它将演化为白矮星，停止收缩。在这一阶段，原子中的电子会聚集得非常紧密，致使量子力学中的一个规律开始发挥作用，产生一种强到足以阻止太阳进一步收缩的等效压强。这个规律就是泡利不相容原理，该原理指出，没有两个电子可以占据同一个能量状态。此时，太阳的密度将变得非常大，一个填满太阳物质的乒乓球的质量就相当于好几头大象。接下来，太阳将一直冷却下去，直至抵达最终的死亡状态，成为一颗黑矮星。

地球上任何物质的密度都远远小于白矮星。不过，天文学家在宇宙中观测到了很多白矮星（和红巨星）。它们是太阳这类最普通的恒星演化历史的一部分。此外，恒星演化为白矮星的理论和观测结果非常一致。然而，并非所有恒星都遵循这个"正常的"演化路径。1931年，苏布拉马尼扬·钱德拉塞卡（Subrahmanyan Chandrasekhar）在研究恒星结构时发现，白矮星存在一个最大质量。超过这个质量，白矮星就无法抵抗进一步的引力收缩。指向恒星中心的引力甚至会压倒电子由于泡利不相容原理而产生的压力。这个最大质量极限不比太阳质量大多少。钱德拉塞卡最初得到的极限大约是1.4倍太阳质量，后来的计算给出了更小的值。而我们观测到的许多恒星质量都要大于1.5倍太阳质量，它们的最终命运会是怎样的呢？

假设有一颗质量是太阳两倍的恒星。和太阳类似，在消耗了大部分原有的氢燃料之后，它将膨胀得非常大，然后再次收缩。但它不会进入稳定的平衡态而成为一颗白矮星。这颗恒星，或者它的很大一部分将会塌缩得比白矮星更小。由于极端的温度和密度，它将经历一个导致其发生灾变性爆发的过程。天文学家已经在我们的星系（最近的一颗由开普勒在1604年记载）和其他星系中观测到了这类爆发恒星，并将其命名为超新星。一颗超新星的光度可以在数天内胜过整个星系。超新星爆发时可能抛掉了多达90%的物质，仅剩下恒星塌缩了的核心，藏在一团快速膨胀的气体云中心。蟹状星云就是这样的气体云。这个核太小，密度也太大了，不可能是白矮星，只能以一颗中子星的身份达到平衡状态。

即使与白矮星比，中子星也是很微小的。白矮星对中子星，大小相差的悬殊程度甚至超过了太阳对白矮星的100:1，可能也超过了红巨星对太阳的大约250:1。中子星半径可能只有10千米，或者说只有白矮星半径的1/700。虽然白矮星的密度已经大得异乎寻常了，但中子星的密度甚至比它还要大1亿倍。一个填满中子星物质的乒乓球，质量相当于婚神星（Juno，直径约200千米）这样的小行星。中子星的密度与质子或中子相当。实际上，一颗中子星可以看作一个超大的原子核，两者只有一个本质上的差异：中子星是由引力而非核力束缚在一起的。中子星的大部分电子已经被压入质子，导致质子变成了中子。现在，

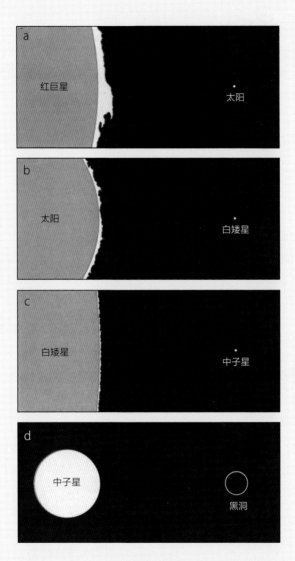

红巨星、太阳、白矮星、中子星和黑洞的相对大小如图所示。
与太阳质量接近的红巨星，其直径大约为3亿千米，比太阳直径
大250倍（图a）。太阳的直径是同样质量的白矮星的100倍（图
b）。白矮星的直径大约和地球直径相同，比与太阳同样质量的
中子星大700倍（图c）。中子星只需要塌缩到其直径的1/3就能
形成黑洞（图d）。尽管质量和太阳一样，但黑洞的直径不超过6
千米。它的半径与质量成正比。

作用于中子的泡利不相容原理提供了阻止中子星进一步收缩的等效压力。

这套中子星理论是 J. 罗伯特·奥本海默（J.Robert Oppenheimer）、罗伯特·瑟伯（Robert Serber）和 C.M. 沃尔科夫（C.M.Volkoff）在 1938 年和 1939 年建立的。之后的很多年，天文学家都质疑中子星是否真实存在。不过，自 1967 年起，观测方面的状况发生了巨大变化。在那一年，天文学家发现了第一颗脉冲星。自那以后，脉冲星理论发展迅速。现在我们几乎可以肯定，脉冲星发出的射电和光学脉冲，其能量和极端的规律性都源于旋转的中子星。至少有两颗脉冲星位于超新星遗迹中，其中一个遗迹就是蟹状星云，这进一步支持了脉冲星实际上就是中子星的理论。

和白矮星的情形类似，中子星也有一个最大质量，在此之上它将无法阻止进一步的引力收缩。科学家对这个最大质量极限的确切数值还不是十分肯定。奥本海默和沃尔科夫最初在 1939 年给出的值大约为 0.7 倍太阳质量。后来的研究者给出的质量极限要更大一些，最高的达到了 3 倍太阳质量。那些较高的极限值考虑到，除了通常的中子和质子，还可能存在名为超子的大质量亚原子粒子。无论如何，正确的极限都不会超过数倍太阳质量。但是，宇宙中存在超过 50 倍太阳质量的恒星。它们的最终命运是什么？恒星会在最终塌缩或更早的某些阶段不可避免地抛出大量物质，使其质量总是小于稳定的白矮星或中子星所要求的极限吗？几乎完全不可能。那有没有可能存在什么其他形式的凝聚态物质，其密度甚至超过中子星内部所能达到的最大值？

光都无法逃离的引力陷阱

理论告诉我们，尽管物质可以达到更高的密度，但获得更高密度的稳定平衡态是不可能的。引力效应会变得无法抗拒，从而支配一切。牛顿引力理论不足以处理这种问题，我们必须使用爱因斯坦的广义相对论。根据广义相对论，我们得到了一种非常奇异的天体，相比之下中子星看起来还算正常。这个最初由奥本海默和沃尔科夫提出的新天体获得了"黑洞"的称号。

黑洞是一颗恒星（或一团恒星或其他天体）塌缩形成的空间区域，光、物质或任何形式的信号都无法从这里逃离。中子星还要收缩多少才能变成一个黑洞？以质量与太阳相当的天体为例，我们已经知道太阳的直径比中子星直径大 7 万倍，红巨星直径比中子星直径大 2000 万倍。鉴于这些尺度上的巨大差异，中子星只收缩到自身直径的大约 1/3 就会变成黑洞，这可能会令人吃惊。更大的黑洞也是可能存在的，但它们是最终总质量大于太阳的恒星或天体的塌缩产物，黑洞的直径与质量成正比。

四维时空中的光锥

用纯空间方法表示从某一点发出的闪光所经历的历史，就是光的球形波前在空间中（a）膨胀时，在一系列时刻t1、t2、t3留下的快照。同一个事件的时空表示则是一个顶点位于发光点的光锥（b）。为画出光锥，必须去掉一个空间维。空间轴画在水平面内；时间轴在垂直方向，时间向上增加。在时刻t1、t2、t3和光锥相交的圆（彩色），相当于空间表示中的那些快照。时空光锥在一幅图中展示了光信号的膨胀波前连续的历史，不需要用连续的快照来表示变化过程。

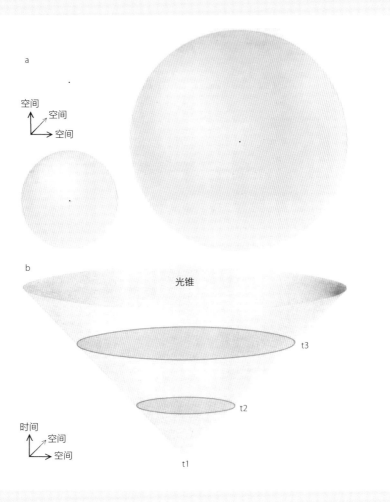

广义相对论在中子星理论中扮演了重要角色，实际上，它适用于任何场合，除非达到了黑洞那样的极端条件。物理学理论能很好地描述大小和密度相差悬殊的各色恒星。从这个角度看，似乎没什么理由怀疑物理理论可以稍微外推一些覆盖到黑洞。但这个观点并不是很合理。用来描述黑洞的那部分物理理论，即广义相对论在观测天文学中并不能说是不可替代的，我们必须严肃考虑广义相对论存在错误的可能性。针对广义相对论的观测和实验检验，成功的还不太多。尽管理论和观测之间没有矛盾，但这些观测仍然没有确切地证实广义相对论。其他引力理论仍有存在的空间。

然而必须指出，广义相对论是一个出色的理论；几乎可以肯定，它是现有最令人满意的引力理论。此外，广义相对论最有力的竞争对手，布兰斯－迪克－若当标量－张量理论（Brans-Dicke- Jordan Scalar-Tensor Theory）得到的黑洞图景和爱因斯坦理论的结果是相同的。即便是在牛顿理论中也能出现和黑洞类似的情形。早在1798年，皮埃尔·西蒙·德·拉普拉斯（Pierre Simon de Laplace）根据牛顿力学预言，质量足够大、足够致密的天体应该是不可见的，因为其表面的逃逸速度将超过光速。所以，从这种天体表面发出的一个光子，或者说光的粒子将会落回表面，因而无法逃逸并被远处的观察者观测到。这个描述可能是值得商榷的，但它表明，即使在牛顿理论中，也需要面对这样的情况。不过，综合考虑，我打算将对黑洞的讨论完全限制在广义相对论范围内。

首先，考虑一下当前黑洞的标准图景。黑洞可以用一个半径正比于黑洞质量的球面来表示。这个面称为"绝对事件视界"，它的关键性质为，内部发出的信号不能逃逸，而从其外任何一点发出的信号都可能逃逸。球面的大小，即事件视界的半径等于两倍质量乘以引力常数再除以光速的平方（$2mG/c^2$）。代入太阳质量进行计算可以得出，太阳要塌缩为直径约为6千米的球才能成为黑洞，绝对事件视界就是这个直径6千米的球的表面。

产生黑洞的那个天体已经落入事件视界深处。事件视界内的引力场变得非常强，光无论向哪个方向发射，都会在引力拉扯下落向内部。在事件视界之外，光如果发射方向合适，还是可以逃出来的。发射点越接近事件视界，发出的信号的波前就越多地偏向黑洞中心。我们可以直观地把这个偏移想象成引力影响了光的运动。相比于向外的方向，光看起来更容易沿着朝向黑洞引力中心的方向运动。在事件视界内，向内的引力变得太强，向外运动变得完全不可能。而在事件视界上，光可以"原地踏步"，永久徘徊在与黑洞中心的距离保持不变的地方。

这样的行为不仅适用于光，也适用于任何信号或物体。在事件视界内，光速仍然是极限速度。狭义相对论仍然局域地成立，尽管在这个图景中并非显而易见。描述狭义相对论所用的局域参考系自身正快速地落向引力中心。

对黑洞的时空描述，要比上面给出的纯空间描述更令人满意。时空描述减少了一个空间坐标，代之以一个时间坐标。它给出了全部时间内发生的事件的即时图像，这样不需要用很多连续的"快照"来描述不断变化的情况。

假设普通时空中某一点发出了闪光，光会向周围所有方向传播。闪光的波前是球心位于发射点的球面，按照光速随时间推移不断变大。对这个闪光的纯空间描述将是一系列球，每个球比前一个大，标记了某个给定时刻闪光的球面波前。而对闪光的时空描述是一个圆锥，其顶点代表闪光发出的时间和位置，圆锥本身描述了闪光的历史。

按照同样的方法，一颗恒星塌缩为黑洞的历史可以用时空表示的方法来更好地描述。在时空中的不同点上，光锥的位置显示了光信号是如何在引力场中传播的。在某些点上，光锥是倾斜的，但对于这个点上的观察者而言，是无法察觉到异常的。观察者会沿着一条路径，在光锥内部行进；他的速度永远不会超过光速——只有在光锥内部才能满足这个条件。截取时空图的一个水平剖面，我们就能得到相应物体行为的纯空间描述。

撕碎一切的潮汐力

通过塌缩，产生黑洞的天体命运如何呢？假设它一直保持着精确的球对称性，那么广义相对论给出的答案是戏剧性的。根据广义相对论，在靠近中心时，时空曲率会无限增大。在黑洞中心，不仅组成天体的物质会被压缩到无穷大的密度——可以说被压碎至不复存在，天体外的时空也会变得无限弯曲。如果有个倒霉的观察者愚蠢地进入这个时空区域，那么无限大的时空曲率对他产生的效应会是灾难性的。作用在他身上的潮汐力会快速增长，并在有限时间内（在他自己看来是这样）达到无穷大。

引力潮汐效应是时空曲率最直接的物理表现。爱因斯坦指出，在任意一点，一个物体承受的引力都可以通过选择一个自由下落的参考系消除。他给出了一个著名的例子：一台电梯缆绳断裂落向地面，电梯里面的乘客会以与电梯相同的速率下落，他们感受不到引力作用，而处于失重状态漂浮在电梯中。现在，通过自由下落消除引力在航天中是很常见的现象。然而，潮汐效应无法这样消除，因而它总会真实体现引力场的作用。想象一个观察者在地球引力场中自由下落，他被分布在一个球面上的粒子包围着，这些粒子起初相对于他是静止的。根据牛顿定律，地球的引力场与地球和其他物体之间的距离的平方成反比，物体距离地球越近，承受的引力就越强。地球引力场的非均匀性会通过潮汐作用将粒子球变成椭圆球体。地球海洋的潮汐现象就是这种效应的一个例子，在这个例子中，地球承受了月球的潮汐力。

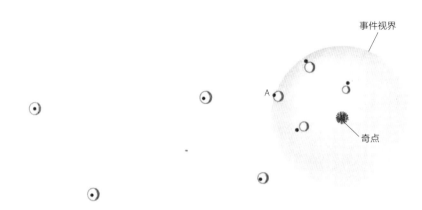

事件视界（灰色球面）是黑洞的边界。信号不能从事件视界内逃逸，必然传播到它的中心。在
这个空间表示中，源自所示任何一点的光信号在下一瞬间占据一个球面（小圆），被称为它的
波前。在距离黑洞较远处，这个点位于球面的中心。在距离黑洞较近处，这个球面在黑洞强大
的引力作用下移位了。恰好位于事件视界上的一点发出的光，其球面波前从内部与事件视界相
接，无法逃逸（A）。

太阳系中的潮汐效应都比较弱，最明显的效应就发生在地球表面，主要源于地球的引
力场。这些潮汐效应在实验室尺度根本察觉不到。换句话说，地球表面的四维时空曲率在
实验室尺度不显著。时空曲率的大小可以用曲率半径描述。时空曲率越小，相应的曲率半
径越大，就像三维空间中，球表面弯曲程度越小，半径就越大一样。地球表面的时空曲率
半径大约和地球到太阳的距离相当（这纯粹是巧合，太阳和地球表面的潮汐效应无关）。
所以地球没有使时空弯曲很多。太阳表面的潮汐效应更小，因为太阳平均密度更低。实际上，
太阳表面的时空曲率半径大约是地球到太阳距离的两倍，所以太阳表面的时空弯曲程度比
地球表面小。

白矮星附近的潮汐效应对于围绕它运动的宇航员来说将是非常明显的。宇航员的头和
脚将感到有方向相反的两股力在拉扯，强度大约是他在地球上承受到的总引力的五分之一。
而在中子星的表面，潮汐效应是非常巨大的。这里的时空曲率半径只有约 50 千米。显然，
没有宇航员能在围绕中子星的低轨道上存活。即便他将身体蜷曲成一个球，其身体各部分
承受的引力仍然相差甚远，大小差异可以达到地球表面重力的数百万倍。

理论上，可以建造出能够承受这样的潮汐力的设备。它们应该非常小巧，以保证潮汐
力也比较小，因为物体承受的潮汐力与设备大小成正比。现在，想象有这样一个设备落入

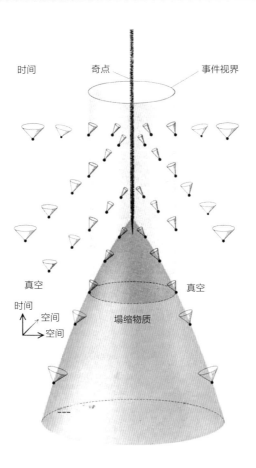

时间　　　　奇点　　　　　　事件视界

真空　　　　　　　　　真空

时间
　↑ 空间
　→ 空间

塌缩物质

恒星的球对称引力塌缩可以用时空图描述，其中水平方向表示空间三个维度中的两维，垂直方向表示时间维。恒星塌缩直到引力场强到光都无法逃逸时，产生了一个事件视界。这颗恒星的物质塌缩到一个体积为零、密度无穷大的"奇点"，现有物理定律在那里失效。来自各点的光信号用光锥表示。靠近奇点的位置发出的光，相比来自更远位置的光，向奇点偏移得更多。尽管光锥在奇点附近被描绘为倾斜的，但是狭义相对论对光锥的本地参考系依然成立，光速依然是极限速度。通过比较可以看出，之前提到的空间表示法相当于上述时空表示法的一个水平截面。

一个质量等于太阳的黑洞。它在穿过事件视界时承受的潮汐力是中子星表面的30倍。不过，这个设备有可能保持完好，因为施加于各个零件的力可能仍然较小。在接近黑洞中心时，潮汐力会快速增大，撕碎组成这个设备的物质、组成物质的分子、组成分子的原子、原子中的原子核，甚至组成原子核的基本粒子最终都会被撕碎。另外，整个过程不超过数毫秒。这是一个时间反转的小尺度宇宙创生模型。宇宙学模型的"大爆炸"源于时空曲率为无穷大的奇点。黑洞内部也会产生这样一个奇点，但在时间上是反过来的。

黑洞中的奇点

这个图景是否描述了自然界中真实发生的现象呢？即使不考虑广义相对论是否正确，科学家也还有很多其他疑虑。首先，我们是否充分了解黑洞形成时那种极端高压下物质的性质，从而让这些预言令人信服？如果没有精确球对称性的假设，这些讨论是否依然成立？我们的黑洞理论是否与天文观测一致？接下来，让我们依次考虑这些问题。

黑洞诞生所涉及的极高密度（某种程度上高于核物质密度）物质状态的问题远不像起初看起来那么严重。纵然人们认为当前的物理学对这种密度的认识是不足的（情况可能并非如此），但这也仅仅影响质量最小的那些天体的塌缩过程。任何天体的密度都正比于其质量除以半径的立方；而黑洞半径又和质量成正比。这两个事实意味着，黑洞的密度与质量的平方成反比。

天文学家认为，星系中心的天体可能是质量相当于1万~1亿个太阳的黑洞。1亿倍太阳质量的物质塌缩达到形成黑洞的条件时，平均密度大约等于水的密度。事件视界上的潮汐效应同样与黑洞质量的平方成反比。因此在某种程度上，1亿倍太阳质量的黑洞的潮汐效应甚至小于地球表面的潮汐效应。一个宇航员可以穿过这个黑洞的事件视界而不受潮汐力影响。在他穿过事件视界时，他可能不会注意到有任何特别之处。（无论如何，视界的精确位置都不能通过局域测量得到。）在潮汐效应达到无穷大之前，这个宇航员还剩下几分钟可以享受黑洞中的生活。对于100亿倍太阳质量的黑洞，他还有大约一天的时间。至于黑洞内部的巨大潮汐效应和密度，则涉及了广义相对论的某些特定推论。后面我还会谈到这个问题。

有关球对称性假设的问题则更为严重。如果我们不采用球对称假设，那么就得不出那个严格解，而之前的讨论都是建立在这个解的基础上。此外，即使我们假设最初的天体只稍微偏离球对称一点，那么当它塌缩到中心点附近时，这种不对称性也很有可能被大幅度放大。那样的话，塌缩天体的不同部分在落向中心时会不会碰不到一起？或许它们会在擦

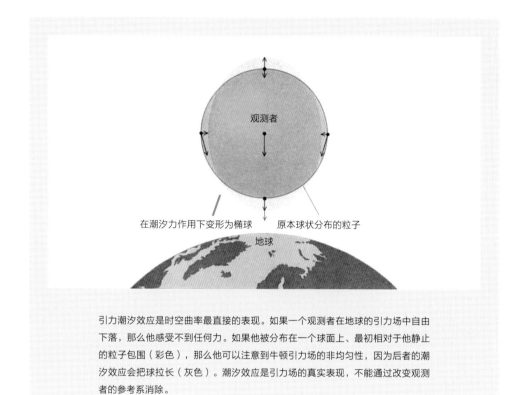

引力潮汐效应是时空曲率最直接的表现。如果一个观测者在地球的引力场中自由下落，那么他感受不到任何力。如果他被分布在一个球面上、最初相对于他静止的粒子包围（彩色），那么他可以注意到牛顿引力场的非均匀性，因为后者的潮汐效应会把球拉长（灰色）。潮汐效应是引力场的真实表现，不能通过改变观测者的参考系消除。

肩而过后继续运动，越过中心飞向外面。即使它们没出现这类情况，我们又该怎样推断塌缩形成的引力场的最终形态？幸运的是，科学家在过去数年中证明了几个一般性定理，根据这些定理他们已经构建了不对称塌缩的完整理论。

让我们考虑一下这个过程的细节。假设质量分布略微偏离球对称的一颗大质量恒星或一群天体开始塌缩，那么根据我们的理论，如果该天体满足某个判据，它就越过了无法返回点，会成为一个黑洞。这个判据可以用很多方法表述，但下面这个是最简单的。想象时空中有一点发出了闪光，如果用时空表示方法来描述这个事件，那么闪光就是源于这一点的光锥。光线从这点发出后，向四面八方散开，当它们经过物质或引力场时，会被后者聚拢。如果光线遭遇了质量足够大的物质或足够强的引力场，其发散程度会极大地缩小。实际上，光线会反过来开始汇聚。天体会成为黑洞所需的判据就是，天体内的时空点发出的每条光线都遇到足够多的物质和足够强的引力场，使得光锥重新汇聚。通过简单的量级估算不难得出，对于足够多的物质，这个判据其实在密度或曲率达到非常大之前就能得到满足，且无需任何对称性。

对于满足这个判据的天体，我们还可以得出许多推论。首先，根据史蒂芬·霍金和本文作者由广义相对论推导出的一个精确定理，这种情况下必然存在一个时空奇点。奇点指的是一个物理理论完全失效的时空区域。这里说的奇点，是一个物质和光子被无限强的引力潮汐力扭曲和压缩，直至完全消失的区域。物理学家不喜欢会出现真正奇点的理论。过去，如果一个理论里出现了奇点，通常表明当前形式的理论失效了，需要新的理论工具。在处理黑洞问题时，我们再次遭遇了这种情况，但比之前更为严重，黑洞里的奇点涉及了空间和时间的结构。

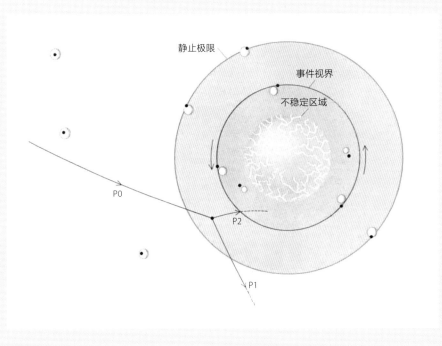

尽管没有物体在落入事件视界（灰色区域）后可以逃脱，但有办法从一个旋转黑洞提取能量。旋转黑洞的事件视界也会旋转。在这种黑洞周围，静态极限位置是一个椭球面（彩色），在其上，信号或物体必须以光速运动，在无限远处的观察者看来才能"保持原地不动"。如果一个粒子P0从无穷远落到这个表面之内，它有可能分裂为两个粒子，一个粒子P2落入黑洞，但是另一个粒子P1可以逃回无穷远，并且携带着比初始粒子P0更多的质量或能量。通过这种方法，P1提取了黑洞的部分转动能量。当黑洞除了转动还存在其他扰动时，内部奇点的位置是不确定的，但它最可能在中心不稳定区域的旁边或内部。

天体塌缩到了这个阶段，有两种完全不同的可能结果。产生的奇点有可能允许信息逃离，从而被远处的观察者观测到。这是两种可能结果中更让人担忧的一个，猜测的成分也更大一些。这样的奇点被称为裸奇点。裸奇点让人担忧，是因为接近无限大的时空曲率产生的物理效应在很大程度上是未知的。如果这些效应可以影响外部世界，那么就会为物理理论带来一种本质上的不确定性。

另一方面，引力塌缩产生的奇点可能总是隐藏的，如果是球对称塌缩的话就是这样。在这种情况下，就不会导致不确定性。有的研究者提出一个假设，认为引力塌缩只可能导致这个不太让人担忧的结果，这就是所谓的"宇宙监督假设"。这个假设简单地禁止裸奇点存在。或有少量理论证据支持这个假设，但目前还没有确定的结论。我个人倾向于在初始条件偏离球对称不多的情况下相信这个假设。在更极端的情况下，就很难讲了。我们甚至可能找到对这个假设不利的观测证据。

如果我们认为这个假设正确，那么就又可以得出一些推论。一旦满足光锥汇聚判据，"宇宙监督假设"表明，塌缩的天体将会出现一个绝对事件视界。这个视界将具有定义明确的截面积，不会随时间增长而减小。于是黑洞倾向于增大而不会缩小。另外一个合理假设是，如果黑洞不受扰动，那么它将达到稳态。你或许认为，由于可以塌缩为黑洞的天体千奇百怪，黑洞的这种稳态可能会非常复杂。但沃纳·伊萨艾尔（Werner Israel）、布兰登·卡特（Brandon Carter）和霍金的研究已经证明情况并非如此，最终出现的稳态黑洞仅有非常有限的几个类型。它们仅用质量、自旋和电荷就可以完整描述。罗伊·P. 克尔（Roy P.Kerr）和艾兹拉·纽曼（Ezra Newman）已经解出了描述这些黑洞的广义相对论方程。塌缩天体的不对称性没有出现在黑洞上的原因是，一旦黑洞形成，产生它的天体对其随后的行为几乎没有影响。黑洞可以看作受广义相对论动力学规律支配的自持引力场。这些动力学规律允许引力场通过辐射引力波来消除不对称性。

我们已经看到，物体一旦被黑洞吞噬就无法逃脱。但另一方面，也存在一些可以提取黑洞部分能量的机制。其中一个是让两个黑洞并合。并合过程可能伴随大量的引力波辐射，其总能量可以占到原来两个黑洞静质量（能量）的很大一部分。另外一个机制则是让一个粒子落入旋转黑洞视界附近的区域。这个粒子分裂为两个粒子，一个落入黑洞，另一个携带着比初始粒子更多的能量逃离黑洞，飞往无穷远处。黑洞的旋转能量就以这种方式转移给了黑洞外面的粒子。

现在，让我们考虑黑洞内部的情形以及时空奇点的存在情况。因为"奇点"是物理理论失效的区域，有趣的是，广义相对论预言了自己的失效。或许我们不用太惊奇，因为我们仅将广义相对论作为一个经典理论处理。可以预期当时空曲率变得足够巨大时，量子效

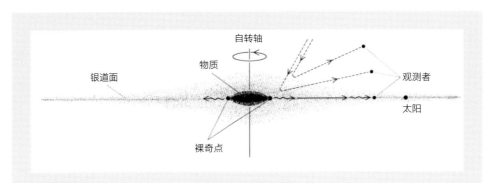

旋转奇点有可能解释从银河系中心发出的大量引力波辐射。计算表明，某些种类的裸奇点只能在一个平面内观测到。如果观测者不在这个平面内，那么就"出界"了。如果这样一个奇点是引力波源，那么它有可能将波集中在一个平面内。如果这个平面恰好是银道面，那么位于银道面上的太阳和地球就可能在引力波的发射路径上。

应必然会占主导地位。当时空曲率半径小到 10^{-13} 厘米（大约是一个基本粒子的半径）时，现有的粒子物理理论必然会失效。如果时空曲率半径小到 10^{-33} 厘米，那么对时空结构本身，我们也必须考虑量子效应。目前，还没有令人满意的理论能把量子力学应用到时空上。

在宇宙中寻找黑洞

最后的问题是：黑洞的观测现状是怎样的？过去几年，不同的研究者有很多互相矛盾的发现，但现在看来，他们仍无法给出明确的结论。研究者讨论的主要是有一个成员疑似黑洞的双星系统，以及球状星团之类的多星系统。我们可以通过黑洞对其他天体运动的影响来找到它们。如果发现某天体附近有一个不可见的天体质量过大，不可能是白（或黑）矮星或中子星，那么它就很可能是黑洞。

黑洞在观测天文学中还有另一个角色。它现在的状况让我们想起当年的中子星。曾有许多年，天文学家一直试图通过搜寻某种效应探测中子星，比如 X 射线辐射。因为按照理论预言，中子星理应发出这种辐射。但中子星最终却是通过完全没有想到的效应被探测到的，而且这个效应依然没得到真正令人满意的解释：脉冲星标志性的快速、规律的电磁脉冲辐射。很有可能，黑洞也会因某种未预料到的附带效应而被发现。今天的天文学不缺少可能与黑洞相关的未解现象，比如类星体和射电星系庞大的能量输出、星系中心的爆发现象、一些类星体和星系光谱的异常红移以及星系质量测量结果的不一致，甚至正常星系的旋臂结构也还有些严重的问题。最重要的是，美国马里兰大学的约瑟夫·韦伯（Joseph Weber）似乎观测到了从我们星系中心传来的引力波。如果这些波是连续地从星系中心向所有方向发出的，那么它们携带的能量会导致星系每年损失数千倍太阳质量。这个数值看起来和其他观测有严重冲突。

黑洞理论暂时还不能为这个现象或上述其他现象给出令人信服的解释，但这是个年轻的研究课题。对于韦伯的引力波，最理想的解释是，这些波是高度集中沿着银道面方向发射的。而太阳靠近银道面，引力波如果是集束的，韦伯的探测器就可能接收到了星系中心发出的绝大部分能量。如果是这样，那么所有观测的矛盾就都消除了。有些研究者已经在尝试用银河系中心存在高速旋转的巨型黑洞来解释这种集束效应，但是到目前为止，这些尝试还不太令人信服。

也有可能没有任何基于黑洞的解释能行得通。如果韦伯的观测依然站得住脚，那么我们更愿意尝试用裸奇点来解释观测结果，而不是放弃广义相对论（除了时空曲率极大的区域，在那里我们认为经典理论无论如何都会失效）。值得指出的是，克尔得出的一些爱因斯坦方程的解恰好体现了裸奇点。卡特已经计算过，裸奇点产生的任何效应都只能在一个平面上观测到。如果这个现象以某种方式出现于我们星系的中心，那么我们可以想象，奇点既可以解释银道面的存在，也可以解释韦伯的引力波。尽管这是对韦伯观测的一种激进的解释，但它的确可以消除不同观测结果之间的不一致。相比之下，黑洞现在可以看作是"传统"的解释。实际上，由于这个原因，黑洞也应该是优先考虑的解释。不过，自然界并不总是青睐传统的解释，尤其是在天文学中。

霍金辐射：逃出黑洞的粒子[⊖]

史蒂芬·霍金（Stephen Hawking）

精彩速览

- 当大质量恒星燃烧殆尽后，就会塌缩成连光都无法逃逸的黑洞。
- 塌缩后，它不会保存之前的任何信息，只留下质量、角动量和电荷等三个特征参数。
- 这种无毛的黑洞让天文学家很困惑。但霍金却发现，在事件视界表面上，涨落形成的虚粒子可能会被强行分开，一颗坠入黑洞，一颗逃逸到无限远处。黑洞，或许也会通过巧妙的方式辐射出粒子。

在20世纪的前30年里，出现了3种理论，它们从根本上改变了人类对于物理和现实本身的认识。物理学家们仍在努力探索着它们的影响，并试图将它们结合在一起。这3种理论分别是狭义相对论（1905年）、广义相对论（1915年）和量子力学理论（1926年）。阿尔伯特·爱因斯坦（Albert Einstein）对第一个理论贡献很大，完全一个人提出了第二个理论，对第三个理论的发展也起到了重要作用。然而，因为量子力学充满了概率和不确定性元素，爱因斯坦一直没有完全接受它。人们经常引用他说过的一句话："上帝不掷骰子。"而这句话很好地总结了他对量子力学的看法。但是，大多数物理学家却欣然接受了狭义相对论和量子力学，因为它们描述的效应是可以直接观察到的。另一方面，因为广义相对论似乎在数学上过于复杂，当时又不能在实验室中得到检验，只是一个纯粹的经典理论，看起来还与量子力学不兼容，所以广义相对论在很大程度上被忽略了，只能悄无声息地存在了近50年。

20世纪60年代早期，天文观测的拓展极为迅速，当时发现的很多新现象（比如类星体、脉冲星和致密 X 射线源）似乎都在暗示宇宙中存在极强的引力场，而且这种强引力场只能用广义相对论来描述。这又唤起人们对经典广义相对论的兴趣。类星体是类似恒星的天体，如果它们真的像光谱红移所显示的那样遥远，那它们一定比整个星系还要亮很多倍；快速闪烁的脉冲星是超新星爆发后的残余部分，它也被认为是密度极高的中子星；搭载在航天器上的仪器观测显示，致密 X 射线源也可能是中子星，当然，也可能是密度更高的假想天体——黑洞。

碍眼的强引力场

当我们把广义相对论应用在这些新发现或者假想的天体上时，会面临严峻的问题，如何才能让它与量子力学兼容？根据过去多年的研究，物理学家也取得了一些新的进展，我们或许可以在不久之后发展出一套完全自洽的量子引力理论，在宏观天体上，它将与广义相对论一致。当然，我们也希望，它不会出现数学运算上的无穷问题，这可是长期困扰其他量子场论研究者的大问题。这些进展与当年发现的某种黑洞量子效应存在着紧密相关，因此，新的进展也为黑洞与热力学定律建立起了显著的联系。

让我简单描述一下黑洞是如何产生的。想象有一颗恒星，它的质量是太阳的 10 倍。这类恒星的寿命大约是 10 亿年，在大部分的生命旅程中，它都试图通过把核心部分的氢转化为氦来产生热量，释放的能量足以产生强大的向外的压力，来抵抗恒星自身的引力，同时这个现象也会使恒星的半径保持在太阳半径的 5 倍左右。这种恒星的表面逃逸速度大约是每秒 1000 千米。也就是说，如果一个物体从恒星的表面以小于每秒 1000 千米的速度垂直向上发射，将会被引力场拉回去，返还恒星表面，但是如果物体的速度大于这个值，就可以逃离到无穷远处。

当恒星耗尽核心的燃料后，就再也没有东西可以维持向外的压力，在自身的引力作用下，恒星就会开始塌缩。当恒星收缩时，表面的引力场将会变得更强，逃逸速度也将会增加。当半径缩小到 30 千米时，恒星表面的逃逸速度会增加到每秒 300000 千米，也就是光速。在那之后，从恒星发出的任何光都无法逃离出去，会被引力场直接拉回来。而根据狭义相对论，没有任何物体的运动速度会比光速更快，所以如果连光都无法逃脱，就更没有别的物体可以逃脱了。

这就是一个黑洞的形成，其中任何物体都不能逃脱到无穷远处的时空区域。黑洞的边界被称为视界，相当于来自恒星的光组成的波阵面，这些光无法逃脱，只能在史瓦西半径

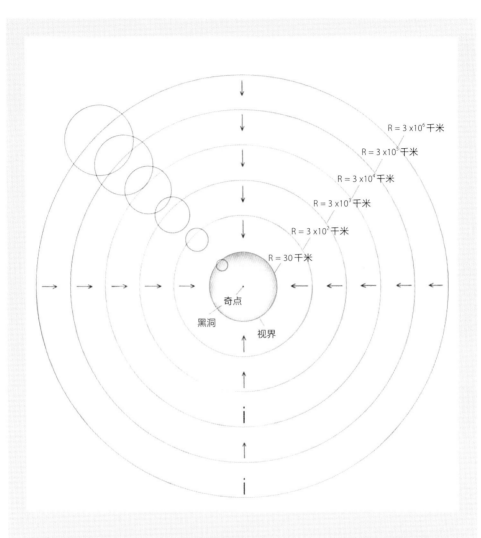

R = 3 ×10⁶ 千米

R = 3 ×10⁵ 千米

R = 3 ×10⁴ 千米

R = 3 ×10³ 千米

R = 3 ×10² 千米

R = 30 千米

奇点

黑洞

视界

本图描述了10个太阳质量的恒星塌缩的过程，半径从最初的300万千米（约为太阳半径的5倍）减小到了30千米，在最后，它消失在了"视界"内（视界定义了一个黑洞的外边界）。随后，恒星继续塌缩到所谓的时空奇点，不过，我们还不清楚它在这一点上的物理定律。图中6个小圆圈分别代表了从连续表面释放的光波波前（波在介质中传播时，刚刚开始位移的质点构成的面，称为波前），它记录了恒星在塌缩到对应尺度时的状态（恒星的半径和波前都是采用对数标度）。当逃逸速度从每秒1000千米增加到光速时，波前开始发生变化，随着逐渐接近光速，大部分波前就被困在塌缩后恒星的体积之内了。当恒星消失在视界中时，逃逸速度就已经达到光速。在这个时候，黑洞内部的光就再也无法被外界所观测到了。

的位置上徘徊，半径的计算公式是 $2GM/c^2$，其中 G 是万有引力常数，M 是恒星质量，c 是光速。对于一个约为 10 个太阳质量的恒星，史瓦西半径可以达到 30 千米。

现在有非常好的观测证据表明，同样大小的黑洞存在于双星系统中，比如以 X 射线源著称的天鹅座 X-1（参见《基普·索恩：把黑洞看成一张膜》）。同时，宇宙中还可能散布着大量更小的黑洞，它们不是由恒星塌缩而来，而是由宇宙"大爆炸"不久后高温高密介质的高度致密区域塌缩形成。对我们正要描述的量子效应来说，这种"原初"黑洞是最有趣的部分。一个重达 10 亿吨（约一座山的质量）的黑洞，半径却只有 10^{-13} 厘米（中子或质子的大小），它可能在太阳系的轨道上绕行，也可能在银河系中心的轨道上绕行。

黑洞和热力学之间可能存在关联的第一个证据，是 1970 年从数学上发现的。当其他物质或辐射落入黑洞时，视界的表面积（即黑洞的边界）总会增加，而且，如果两个黑洞碰撞或并合形成一个黑洞，新产生黑洞的视界面积将大于两个原始黑洞视界面积的总和。这些性质表明，黑洞的视界面积和热力学中熵的概念存在相似性。我们知道，当并不了解一个系统的具体状态时，熵可以被看作一个系统的无序性或者等价的度量值。著名的热力学第二定律则表示，熵总是随着时间的推移增加的。

当时，我和几位朋友一起扩展了黑洞的性质和热力学定律之间的类比。其中包括在华盛顿大学工作的詹姆斯·M. 巴丁（James M.Bardeen），以及在法国默冬天文台（Meudon Observatory）工作的布兰登·卡特（Brandon Carter）。热力学第一定律指出，系统熵的微小变化都会伴随着系统能量成比例的变化，这个比例因子被称为系统温度。卡特和我发现，黑洞质量的变化量和视界面积的变化量之间也存在一个类似的规律。这里的比例因子涉及表面引力，是一个衡量视界处引力场强度的量。如果一个人同意视界的面积类似于熵，那么表面引力就类似于温度。表面引力在视界面的每一个点上都相同，就像处于热平衡状态的物体中的每一点温度都相同一样，凭借这一点我们又进一步认识到它们的相似性。

尽管熵与视界面积有明显的相似性，但我们并不清楚如何用这个面积来定义一个黑洞的熵。一个黑洞的熵意味着什么？在 1972 年，雅各·D. 贝肯斯坦（Jacob D.Bekenstein）提出了一个至关重要的建议，当时他是普林斯顿大学的一名研究生，之后在以色列的内盖夫大学（the University of the Negev）教过书。他提出，当黑洞通过引力塌缩产生之后，会迅速地转换到一个稳定状态，这个状态只有三个特征参数：质量、角动量和电荷。除了这三个性质，黑洞没有保留塌缩天体的任何其他细节信息。这一结论就是大家熟知的"黑洞无毛"定理，后来我和卡特、艾伯塔大学（the University of Alberta）的沃纳·伊斯雷尔（Werner Israel）、伦敦国王学院（King's College London）的戴维·C. 鲁滨逊（David C.Robinson）共同证明了这个定理。

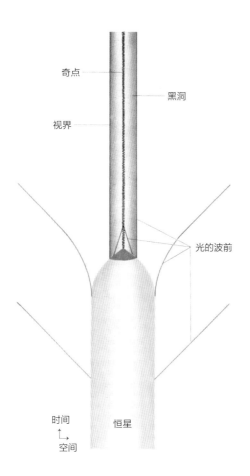

奇点

视界

黑洞

光的波前

时间
空间

恒星

本图所描述的是恒星引力塌缩，其中三维空间中的两个维度被压缩。垂直的维度是时间。当恒星的半径达到某一临界值，即史瓦西半径时，恒星所发出的光就再也无法逃离出来，但是它们会停留在这个半径的位置上，形成视界，即黑洞的边界。在黑洞内，恒星将继续塌缩形成一个奇点。

无毛定理意味着大量的信息在引力塌缩过程中丢失了。例如，黑洞的最终状态与天体塌缩前是由物质还是反物质组成无关，也与天体是球形还是极不规则的其他形状无关。换言之，一个给定了质量、角动量和电荷的黑洞，可能是由无数物质形态中的任何一种塌缩形成的。实际上，如果不考虑量子效应，物质形态有无穷多种，因为无穷多个质量无穷小的粒子所组成的粒子云也能通过塌缩形成黑洞。然而，量子力学的不确定性原理却提示，一个质量为 M 的粒子的行为，类似于一个波长为 h/mc 的波，其中 h 是普朗克常数（ 6.62×10^{-27} erg·s），c 是光速。如果一个粒子云要通过塌缩形成黑洞，那么这个波长必须要小于即将形成的黑洞的大小。因此，尽管有很多物质形态都能形成一个给定质量、角动量和电荷的黑洞，但数量可能是有限的。贝肯斯坦认为，我们可以把这个数取对数以后的值解释为黑洞的熵，可以用来衡量当一个黑洞形成时，在塌缩到视界之内以后，有多少信息不可逆地消失了。

在贝肯斯坦的提议中，有一个看似致命的缺陷：如果一个黑洞的熵是有限的，同时还与视界的面积成正比，那么它也应该有一个与表面引力成正比的有限温度。这将意味着，黑洞处在一个温度非零的热辐射平衡状态。然而，根据经典理论，黑洞会吸收任何落在它上面的热辐射，理论上不会向外发出任何辐射，所以这样的平衡并不存在。

这个悖论一直持续到1974年年初，当时我正在思考，按照量子力学，黑洞附近的物质应该如何运动。令我非常惊讶的是，黑洞似乎在以稳定的速率发射粒子。像当时所有人一样，我并不相信黑洞会发出任何辐射。因此，我把大量精力放在试图摆脱这个令人尴尬的效应上。但是它并没有消失，以至于我不得不接受它。使我最终相信这是一个真正的物理过程的证据，来自这些辐射出的粒子都有一个精确的热谱：黑洞就像一个普通的热体一样，不仅会产生，还会释放粒子和辐射，它的温度还与表面引力成正比，与质量成反比。这就意味着黑洞可能在某些有限的非零温度上达到热平衡，这个推论与贝肯斯坦的建议完全一致，即黑洞具有有限的熵。

艰难幸存的粒子

从那时起，许多人通过各种方法证实，有对应的数学解可以支撑黑洞是可以发出热辐射的。我们可以这样理解这种辐射：量子力学表明，整个空间充满着成对的"虚"粒子和反粒子，它们不断地成对出现、分离，然后再重聚、湮灭。这些粒子之所以被称为虚粒子，是因为它们与"实"粒子不同，不能被粒子探测器直接观察到。然而，我们还是可以观测到虚粒子的间接影响，比如在激发态氢原子的光谱上产生的小移动——"兰姆移动"（Lamb

Shift）——已经证实了虚粒子的确存在。当一个黑洞存在时，虚粒子对的一个成员可能会落入黑洞，而另一个在黑洞外，这样两个粒子就无法发生湮灭。那个被留在黑洞外的粒子（或反粒子）要么跟随同伴落入黑洞，要么就会逃到无穷远处。第二种情况看起来就像是粒子从黑洞中辐射出来的一样。

我们也可以用另一种方式来看待这个过程，对于落入黑洞的那个粒子来说——假设这个粒子是反粒子，可以把它看成是一个正沿着相反的时间方向运动的粒子。因此，落入黑洞的反粒子就像是沿着时间相反方向，从黑洞里跑出来的粒子。当这个粒子到达正反粒子对的最初点时，它会在引力场的作用下发生散射，沿着时间正向飞行。

因此，虽然在经典力学中不允许粒子从黑洞中逃逸出来，但在量子力学中，却是可以的。不过，在原子物理和核物理的很多情景中，都存在粒子按照经典物理无法穿过的障碍，但在量子力学中，粒子可以通过隧道效应穿过这些障碍。

黑洞周围屏障的厚度与黑洞的大小成正比。这意味着仅有很少的粒子可以从天鹅座 X-1 中那么大的黑洞里逃脱出来，但粒子可以从更小的黑洞中很快地逃离出来。进一步的计算表明，黑洞辐射出的粒子有一个热谱，对应的温度随黑洞质量下降迅速增加。对于一个太阳质量的黑洞，粒子的温度只比绝对零度高出大约一千万分之一开尔文。这个温度的黑洞会被弥漫的宇宙微波背景辐射完全淹没。另一方面，一个质量只有 10 亿吨的黑洞，即一个大约有质子大小的原初黑洞，温度却为 1200 亿开尔文，对应的能量大约为 1000 万电子伏特。在这样的温度下，黑洞将会产生正负电子对以及质量为零的粒子，如光子、中微子和引力子（假定的引力能量载体）。一个原初黑洞将以 6000 兆瓦的速率释放能量，相当于 6 个大型核电站的总功率。

当黑洞辐射出粒子时，质量和体积会持续减小，这会使更多粒子更容易地通过隧道效应逃逸出去。因此，辐射的速率将持续增大，直到黑洞本身完全辐射而消失。最终，宇宙中的每一个黑洞都会以这种方式蒸发掉。然而，大质量黑洞所需要的时间非常漫长：一个太阳质量的黑洞可以存在约 10^{66} 年。另一方面，一个原初黑洞本应该在宇宙大爆炸（我们所知道的宇宙开端）后 100 亿年中几乎完全蒸发。即使还没有完全蒸发，也应该会向外辐射能量约为 1 亿电子伏特的硬伽马射线。

根据 SAS-2 卫星对于宇宙 γ 背景辐射的观测数据，我和加州理工学院的唐·N. 佩奇（Don N.Page）所做的计算表明，宇宙中原初黑洞的平均密度小于每立方光年 200 个。如果原初黑洞集中在星系"晕"（围绕在每个星系周围，并且包含众多快速运动的恒星薄云）中，而不是均匀分布在整个宇宙中，那么我们银河系范围内的密度可能要比这个数字高出 100 万倍。这将意味着，最接近地球的原初黑洞可能就在冥王星所处的距离上。

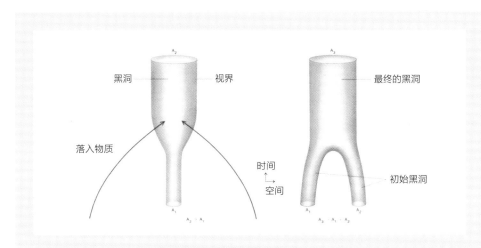

黑洞的某些性质表明，黑洞视界的面积与热力学中熵的概念有相似之处。随着物质和辐射持续地掉入黑洞（左侧的空间－时间图），视界的截面面积将会持续增加。如果两个黑洞发生碰撞或合并（右图），新视界的截面面积将大于原来两个黑洞的视界面积之和。热力学第二定律指出，一个孤立的系统的熵随着时间的推移总是会增加的。

　　黑洞蒸发的最后阶段进展非常迅速，甚至会产生爆发现象。这种爆发的剧烈程度取决于其中存在多少种不同的基本粒子。之前一直认为，所有的粒子都是由 6 种不同的夸克所组成的，那么最终爆炸将会产生相当于 1000 万吨级氢弹的能量。另一方面，欧洲核子研究中心的 R.哈格多恩（R.Hagedorn）提出了不同的理论，他认为存在无穷多质量越来越高的基本粒子。当一个黑洞变得越来越小、越来越热时，就会发出越来越多不同种类的粒子，爆发出的能量也会比基于夸克假设的计算值高出 100000 倍。因此，观测黑洞爆发会为基本粒子的物理学规律提供非常重要的信息——而且是通过其他方法得不到的信息。

　　黑洞爆发时会产生大量高能伽马射线。虽然搭载在卫星或气球上的伽马射线探测器可以探测到伽马射线，但是要搭载一个能从单次大爆发中俘获大量伽马射线光子的探测器却很困难，它的体积会非常大。如何解决这个问题呢？要么利用航天飞机在轨道上建立一个大型伽马射线探测器；要么把地球的上层大气作为一个探测器，后一选择看起来更容易也更廉价。当一个高能量的伽马射线进入大气中，会产生大量的电子－正电子对，它们会以比光速还快的速度（光因为和大气分子相互作用而被减速）穿过大气层。因此，电子和正电子将在电磁场中产生一种音爆或激波。这种激波称为切伦科夫辐射，由此产生的闪光可以在地面上探测到。

　　由爱尔兰都柏林大学（University College Dublin）的尼尔·A.波特（Neil A.Porter）

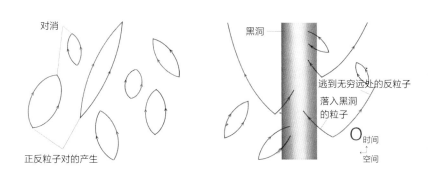

"空"的时空中充满了粒子（黑）与反粒子（彩色）组成的"虚拟"粒子对。在时空中某一点同时产生的一对粒子（粒子和反粒子），互相分离，相遇后又湮灭。它们被称为虚粒子，是因为它们不同于"真正的"粒子，不能直接探测到，然而，却可以探测它们的间接影响。

和特雷弗·C.威克斯（Trevor C.Weekes）开展的实验表明，如果黑洞以哈格多恩（Hagedorn）的理论预言的方式爆发，在我们银河系的空间范围内，每100年最多会爆发两个黑洞。这意味着原初黑洞的密度小于每立方光年1亿个。随着观测手段的发展，这类观测的灵敏度还会大幅提高，即使不能得到任何关于原初黑洞的有利证据，也能在科学研究上产生很大的价值。通过确认黑洞密度的最低上限，也可以说明，早期宇宙确实是非常均匀而且没有扰动的。

重生的黑洞

其实宇宙大爆炸就类似于一个黑洞爆发，但在尺度上要大得多。因此理解黑洞是如何产生粒子的，将有助于我们了解宇宙大爆炸是如何创造我们现在的一切。在黑洞中，物质会塌缩，信息会消失，新的物质也会在同一位置上重新生成。因此，我们现在的宇宙或许也有这样一个前身，在这一时期中，物质先塌缩，然后在大爆炸中重新产生。

如果塌缩成黑洞的物质有净电荷，产生的黑洞也将携带相同的电荷。这意味着黑洞会吸引那些虚拟正反粒子对中携带相反电荷的成员，而排斥带有同种电荷的成员。因此，黑洞也会优先辐射出带有与自己同种电荷的粒子，从而迅速失去自身的电荷。同样地，如果

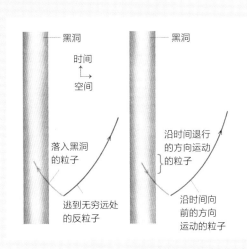

在黑洞的附近，正反粒子对中的一颗粒子可能会落入黑洞，留下另外一个粒子在外面，它没有同伴可以相互结合从而湮灭。如果这个幸存的粒子没有跟随它的同伴落入黑洞，那么它可能会逃到无穷远处。这个时候，黑洞就像是在辐射粒子与反粒子。

正在塌缩的物质存在净角动量，那么由此产生的黑洞将会旋转，并优先发射可以带走黑洞角动量的粒子。黑洞会"记住"塌缩物质的电荷、角动量和质量，而"忘记"其他一切，因为这 3 个物理量被耦合到远程场中了：电荷耦合到电磁场，角动量和质量耦合到引力场。

　　普林斯顿大学的罗伯特·H. 狄克（Robert H.Dicke）和莫斯科大学的弗拉基米尔·布拉金斯基（Vladimir Braginsky）的实验表明，在这些现象中，远程场和量子属性派生的重子数并不相关（重子是包括质子和中子的一类粒子）。因此，一个由大量重子塌缩形成的黑洞，也无法保留它的重子数，但会辐射出同等数量的重子和反重子。所以，黑洞的消失违背了粒子物理中最宝贵的一条定律：重子数守恒定律。

　　出于自洽性的要求，贝肯斯坦提出的黑洞熵为有限值的猜想也有相应的限制条件，它要求黑洞应该产生热辐射。但是，根据详细的量子力学理论计算粒子的生成，你就会发现，让黑洞辐射热就像期待奇迹一样。科学家需要找出合理的解释：发射的粒子是通过隧道效应从黑洞中某一区域逃出，不过外部观察者对这个区域的质量、角动量和电荷以外的其他任何信息都一无所知。这就意味着，如果黑洞辐射出的粒子只有能量、角动量和电荷相同，那么它们才可能以任何方式组合在一起，或者具有任何形态。事实上，黑洞也有可能发射出一台电视机或 10 本皮革装订的普鲁斯特（Proust）的书，但是要让粒子按这种方式组合，可能性微乎其微。

　　除了量子力学本身带来的不确定性外，黑洞的辐射增加了一个额外的不确定度，或者说不可预测性。在经典力学中，一个人可以同时预测粒子的位置和速度，而量子力学中的不确定性原理却表示，这些测量中只有一个是可以被预测的，所以观察者可以预测位置或速度的测量结果，而不能同时预测这两者。或者，他可以预测一个结合了位置和速度的测量结果。如此一来，观察者做出明确预测的能力就削减了一半。对于黑洞来说，情况会更糟糕。因为由黑洞辐射的粒子来自人们几乎没什么了解的区域，肯定无法预测粒子的位置和速度，只能预测特定粒子被辐射出来的概率。因此，当爱因斯坦说"上帝不掷骰子"时，他似乎犯了两个错误：如果考虑黑洞辐射粒子的情况，那么上帝不仅会掷骰子，有时还会将骰子掷到人们看不见的地方。

原初黑洞，每一个都和一个基本粒子大小差不多，重量约为10亿吨，可能在作为宇宙起源的大爆炸发生后不久就已经大量形成了。这样的黑洞温度约为700亿开尔文，对应的能量为1000万电子伏特。数据点和阴影区代表在附近空间中实际测量到的弥漫伽马射线能谱。测量表明，在宇宙中这种黑洞的平均数密度肯定是小于每立方光年100万个。基于宇宙中物质密度和黑洞分布的合理假设，图中实线就是这样的一个原初黑洞数密度所给出的预测光谱。

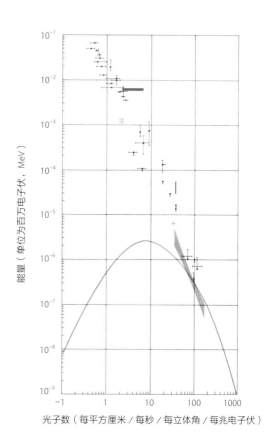

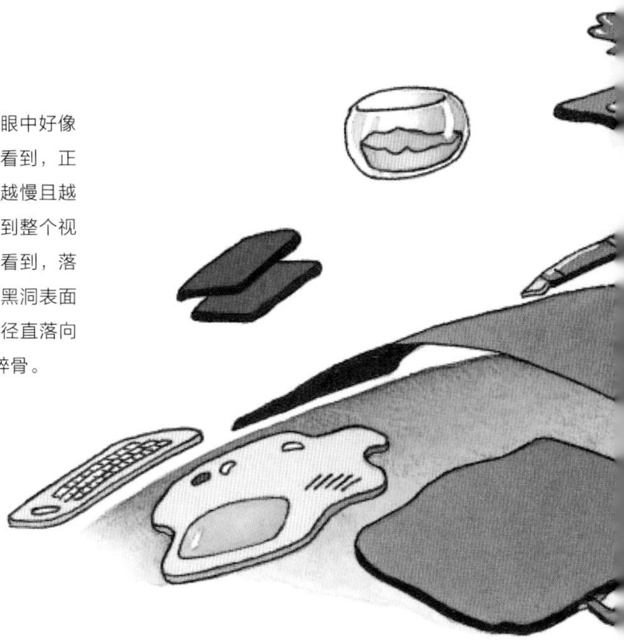

黑洞的表面在文白格（待在飞船上）的眼中好像
一个球形的薄膜，被称为视界。文白格看到，正
在落入黑洞的古拉什在视界上变得越来越慢且越
来越扁；根据弦理论，古拉什也会分布到整个视
界上。因此，代表外部观察者的文白格看到，落
入黑洞的所有物质包含的信息都停在了黑洞表面
上。但古拉什却发现自己穿过了视界，径直落向
黑洞中心，而在那里他将会被压得粉身碎骨。

萨斯坎德：
落入黑洞的信息去哪了[○]

伦纳德·萨斯坎德（Leonard Susskind）

弦理论的早期创立者之一。他在康奈尔大学获博士学位，从1978年
开始在斯坦福大学担任教授。他在基本粒子物理学、量子场论、宇
宙学和黑洞理论等领域做出了许多贡献。他根据自己对引力的研究
提出，信息可以被压缩到更低的维度，他称这个概念为全息原理。

───────────
○ 本文写作于 1997 年。

精彩速览

- 任何物质都无法从黑洞中逃脱，但黑洞本身却会通过霍金辐射蒸发，失去能量或质量。
- 落入黑洞的信息最终命运如何？物理学家有两种截然相反的意见。有些人认为，信息一旦进入黑洞就永远消失了；另外一些则认为，信息会随着黑洞蒸发出的能量返回外部世界。
- 这个黑洞信息问题同时关系着广义相对论和量子力学，对它的探究可能指引我们找到量子引力理论。

在太空中的某个地方，文白格教授的资料储存盒被他的对手古拉什教授破坏了。盒中存放着关于一个极其重要的数学公式的唯一一份资料，这份资料将为未来若干代人类使用。为了破坏盒子，古拉什策划了一个极其恶毒的阴谋——在盒上放置一颗氢弹，并成功地引爆。随着"轰"的一声巨响,资料盒被炸成一团电子、核子、光子，可能还夹杂着一颗中微子。文白格气得发疯。他没有记下这个公式，也想不起它的推导过程。

后来，在法庭上，文白格指控古拉什犯下了无可挽回的罪行："这个愚蠢的家伙所干的事是无法补救的。这个坏蛋毁掉了我的公式，必须赔偿。取消他的终身教职！"

"胡说！"古拉什泰然自若地回答道："信息永远不可能被毁掉。你太懒惰了，古拉什。不错，我把你的东西搅乱了一点，但你需要做的也不过就是去把炸碎了的资料盒中的每个粒子找到，并把它们的运动倒转过来。自然法则具有时间对称性，因此只要你把所有粒子的运动倒转，就可以重新得出你那愚蠢的公式。这确凿无疑地证明，我绝对没有毁掉你的宝贵信息。"结果，法庭判古拉什胜诉。

文白格的报复行动之恶毒也不逊于对方。待古拉什出城时，文白格偷走了他的计算机连同所有文件，包括他收集的烹饪菜谱。为了使古拉什永远不能再享用他那道有名的松露炖鳗鱼，文白格把这台计算机发射到太空中，让它径直落入一个邻近的黑洞。

在审判文白格的法庭上，古拉什怒不可遏。"你这次做得实在太过分了，文白格。没有任何办法能把我的文件弄出来。这些文件在黑洞内部，如果我进入黑洞去取文件，我肯定会被撕得粉碎。你这次是真正毁掉了我的信息，必须赔偿。"

"法官大人，我反对！"文白格跳了起来。"人人皆知黑洞最终将蒸发，只要等待足够长的时间，黑洞就将辐射出它的全部质量，变成四面飞散的光子和其他粒子。不错，这一时间可能长达 10^{10} 年，但关键在于原则上是可行的，时间长短无关紧要。这跟用炸弹的情况没有什么区别。古拉什所要做的就是把残骸的运动路径倒转过来，这样他的计算机就将从黑洞中飞回他手里。"

"不对！"古拉什大叫。"两者完全不同。我的菜谱消失在黑洞的边界，即视界后面。任何东西只要一越过视界进入黑洞内，就永远不可能再出来，除非它能超过光速。而爱因斯坦教导我们，任何东西的运动速度都不可能超过光速。黑洞蒸发产物来自视界之外，它根本不可能包含我那丢失了的菜谱，甚至连搅乱后的菜谱也没有。他是有罪的，法官大人。"

法官被弄糊涂了。"我们需要请几个专家证人。霍金教授，你有什么意见？"

英国剑桥大学的史蒂芬·霍金（Stephen Hawking）站到了证人席上。"古拉什说得不错。在大多数情况下，信息被搅乱后实际上是丢失了。例如，如果把一副新的扑克牌抛到空中，扑克牌原先的次序就打乱了。但是，在原则上，如果我们知道扑克牌抛出过程的确切细节，是可以追溯回最初次序的。这叫作微观可逆性（Microreversibility）。但是，我在1976年的论文中证明，微观可逆性的原则虽然在经典力学和量子力学中总是成立的，但对于黑洞却不适用。由于信息不能从视界中逃出，因此黑洞是自然界中一种全新的不可逆性来源，文白格的确毁掉了信息。"

法官转向文白格："你对此有何意见？"文白格请出了荷兰乌得勒支大学的教授赫拉

德·特霍夫特（Gerard't Hooft）当他的证人。

特霍夫特开始发表他的看法："霍金错了。我认为，黑洞肯定不会破坏通常的量子力学法则。否则这理论就完全乱了套。除非能量守恒不再成立，否则微观可逆性是不可能失效的。如果霍金的看法正确，宇宙的温度将在比 1 秒还短得多的时间内上升到 10^{31} 度。由于这种情况并未发生，因此必定存在解决这个问题的某种办法。"

还有二十多位著名的理论物理学家被请到法庭上作证。但唯一搞清楚了的事实是，他们无法取得一致意见。

信息悖论

文白格和古拉什当然是虚构的人物。但是，霍金与特霍夫特以及信息掉到黑洞以后会发生什么情况的争论都不是虚构的。霍金关于黑洞吞噬信息的说法，使人们注意到量子力学和广义相对论之间可能存在严重的矛盾。这个问题被称为信息悖论。

不管什么东西，一旦掉进黑洞，就不能指望它会再飞出来。霍金认为，用物体原子的性质编码的信息是不可能找回来的。爱因斯坦曾用"上帝不会掷骰子"这一说法来拒绝量子力学，而霍金则声称"上帝不仅掷骰子，有时还把骰子掷到看不到的地方"——也就是掷进了黑洞里。

特霍夫特则指出，如果信息真的丢失了，那么量子力学就站不住脚了。尽管量子力学有众所周知的不确定性，但它却以一种极为特殊的方式控制着粒子的行为，它是可逆的。当一个粒子与另一个粒子发生相互作用时，前者可能被吸收或反射甚至可能分解为其他粒子。但人们始终可以根据相互作用的最终产物来重构出这些粒子的初始状态。

如果黑洞破坏了这一规则，那么能量就可以被创造，也可以被消灭，从而动摇了物理学中最重要的一条根本原理：能量守恒定律。量子力学的数学结构保证了能量守恒，也保证了可逆性；两者中任何一个不成立，就意味着另一个也不成立。本文作者萨斯坎德和托马斯·班克斯（Thomas Banks）及约翰·普雷斯基（John Preskill）于 1980 年在斯坦福大学证明，黑洞中的信息丢失可导致庞大的能量凭空产生。基于这些理由，作者和特霍夫特认为掉进黑洞中的信息必定可以通过某种方式为外界所获取。

有些物理学家觉得，黑洞中究竟发生了什么情况的问题就像数针尖上有多少天使一样，纯粹是学究式的讨论甚至带有神学的味道。但实际上完全不是这么一回事。这个问题关系到未来的物理学法则。在黑洞中发生的过程其实只是基本粒子间相互作用的极端情况。对于现今的最大加速器所能达到的粒子能量（约为 10^{12} 电子伏特），粒子间的引力小得可以忽略不计。但是，如果粒子达到"普朗克能量"（10^{28}电子伏特），如此巨大的能量（也就是质量）聚集在微小的区域内，所产生的引力强度就会超过其他力。这样的粒子发生的碰撞与量子力学和广义相对论皆有关系。

看起来，我们需要能达到普朗克能量的加速器来指导我们建立未来的物理学理论。不过，以色列特拉维夫大学的什穆埃尔·努辛诺夫（Shmuel Nussinov）指出，这样一台加速器至少要跟已知宇宙一样大才行。

然而，已知的物质性质或许能为普朗克能标的物理学提供一些启示。基本粒子的许多特性使物理学家猜想它们其实并不"基本"：它们实际上存在大量尚未发现的内部结构，这类结构是由普朗克能标的物理学决定的。如果某个理论有能力解释我们观测到的电子、光子、夸克或中微子的性质，我们就找到了一个能把广义相对论和量子力学正确地统一起来的理论，即量子引力理论。

对于能量大于普朗克能标时所发生的碰撞，我们几乎一无所知。不过我们可以作一些有根据的猜测。在这样高的能量下，正面对撞将把极大的能量浓缩到极小的体积内，导致黑洞形成，并随后蒸发掉。因此，确定黑洞是否会破坏量子力学法则对于探索粒子的终极结构是至关重要的。

当巨大的能量或质量聚集于极小体积内，以至于引力压倒了其他作用力，且所有物质均在自身引力的作用下塌缩时，黑洞就产生了。此时物质挤在一个小得不可思议的区域内，科学家称之为奇点，奇点的密度实际上为无穷大。但我们感兴趣的不是奇点本身。

奇点周围是一个称为视界的假想表面。对于一个具有星系质量的黑洞来说，视界到黑洞中心的距离约为10^{11}千米——大约与太阳系的边缘到太阳的距离差不多。质量相当于太阳的黑洞，视界距中心约有1千米；质量相当于一座小山的黑洞，其视界距中心只有10^{-13}厘米，差不多等于质子的半径。

视界把空间分为两个区域，我们可以认为它们就是黑洞的内部与外部。假定古拉什在黑洞附近搜寻他的计算机时，朝着远离黑洞中心的方向发射出一个粒子，如果他离黑洞不是太近，而且这个粒子的速度又很快，则该粒子就可能克服黑洞的引力逃之夭

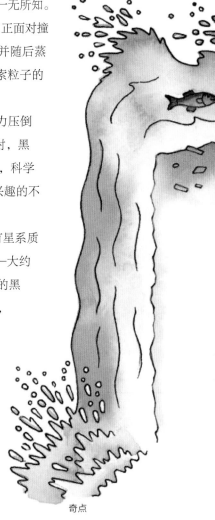

奇点

天。如果粒子速度达到了最大值即光速，则它逃离黑洞的可能性也最大。然而，如果古拉什距奇点太近，则引力就会大得甚至把光线都被吸进黑洞。视界就是一个设立了"警告标志"的地方："无法返回点"，任何粒子或信号都不可能穿过视界从黑洞内部跑到外部。

在视界上

黑洞量子力学的开拓者之一、不列颠哥伦比亚大学的威廉·G. 昂鲁（William G.Unruh）

我们可以把不可见的视界比喻为河流上的一条界线。在这条线的左边，水流速度要比"光鱼"游动的速度更快。所以如果一条光鱼偶然游过了这条线，它就永远无法回到上游了；它必定会落下瀑布粉身碎骨。但是，鱼在穿越这条线的时候什么都感觉不到。同样，进入视界的光或人也无法返回外面；进入视界的物体无可避免地会落入黑洞中心的奇点，但在视界处感受不到任何异样。

提出的一个比喻有助于阐明视界的作用。想象有一条越到下游流得越快的河。栖息在该河的鱼中，游得最快的是"光鱼"。但在某个地方，河的流速达到了光鱼的最大速度。很明显，任何光鱼一旦游过了这一点，就再也不能逆流返回，它注定会被冲到下游更远处的奇点瀑布下面，在岩石上被撞得粉身碎骨。然而，对于毫无警觉的光鱼来说，游过这一"无法返回点"并没有什么特别之处，没有急流或激波之类的东西提醒它已经越过了这条生死线。

那么，当古拉什一不留神跑到离黑洞视界太近的地方时，又会出现什么情况呢？同自由自在地游动的光鱼一样，他也感觉不到有任何特别之处，既没有巨大的力量，也没有震动或闪光。他对着手表检查了脉搏——正常。他的呼吸频率也正常。对他来说，视界同其他任何地方一样，毫无区别。

然而，在一艘安全地停留在视界之外的飞船上观察古拉什的文白格，却会发觉前者的情况相当古怪。文白格从飞船上向视界放下一根吊索，其上拴着一台摄像机和其他传感器，以便更好地跟踪古拉什。当古拉什掉向黑洞时，他的速度逐渐增大，直至接近光速。爱因斯坦发现，当两个人相对高速运动时，每个人都觉得对方的时钟变慢了。此外，靠近一个大质量天体的时钟也比放在空空荡荡的空间中的时钟走得慢。文白格看到的是一个迟钝得令人奇怪的古拉什。当古拉什向下掉落时，他朝文白格挥动拳头，但他的动作似乎越来越慢。在视界处，文白格看到古拉什的动作慢得完全停顿下来了。虽然古拉什穿越了视界，但文白格却永远看不到他到达视界。

事实上，古拉什不仅是动作越来越慢，而且他的身体似乎也被压成了一张薄片。爱因斯坦也证明，当两个人相对高速运动时，每个人都会看到对方在运动方向上变扁了。更奇怪的是，文白格还将看到，掉进黑洞的所有物质——包括构成黑洞的原始物质以及古拉什的计算机等——全都在视界处变扁并停了下来。对于外界的观察者来说，所有这些物质都出现了相对论时间延缓，在文白格看来，黑洞就是一个在视界处堆满压扁了的东西的巨大废料场，但古拉什却感觉不到视界有什么异乎寻常之处，直到他后来撞在了奇点上，被极其巨大的力量压得粉身碎骨为止。

研究黑洞的理论物理学家这些年来发现，黑洞的性质从外面可以用视界上的一个数学膜来描述。这层膜具有许多物理性质，如导电性和黏性等。20 世纪 70 年代初，由霍金、昂鲁和希伯来大学的雅各布 D. 贝肯斯坦（Jacob D.Bekenstein）发现的一个性质可能是其中最惊人的。他们发现，由于量子力学的缘故，黑洞尤其是它的视界似乎含有热量。视界就是一层某种类型的热物质。

视界的温度取决于它是在何处测量的。假定文白格安装在吊索上的传感器中包括一支温度计。在离黑洞视界很远的地方，他发现温度与黑洞的质量成反比，对于质量相当于太

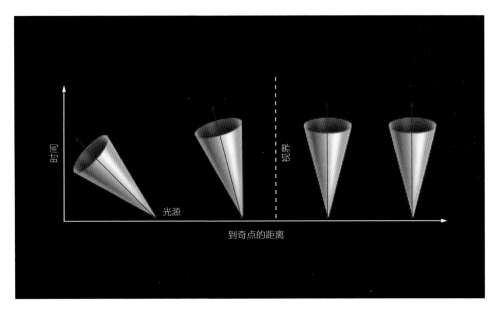

光锥描述了源于一点的光线的路径。在视界外，光锥指向上方，也就是指向时间流逝的方向。但在视界内，光锥倾斜了，于是光落回了黑洞中心。

阳的黑洞来说，这个"霍金温度"约为 $10^{-8}°C$——远低于星系际空间的温度。然而，当文白格的温度计接近视界时，它测量到的温度就越来越高。到视界的距离为 1 厘米的地方，它测得的温度为千分之一摄氏度。到视界的距离相当于原子核直径的地方，它记录的温度为 100 亿摄氏度。温度最终将高到任何温度计也无法测量出来。

　　热物体还有一种内在的无序性，称为熵，它与一个系统能够承载的信息量有关。想象一个有 N 个格点的晶格，每个格点上可以有一个原子，也可以没有原子。这样，每个格点就含有 1 "比特"信息，可以表示该格点上是否有原子。整个晶格有 N 个这样的比特，可以包含 N 单位的信息。由于每一格点可以有 2 种选择，而总共又有 N 种组合方式，因此整个系统的状态可以是 2^N 种状态中的任何一种（每一状态都对应一种不同的原子构型）。熵（或无序性）的定义是所有可能状态数的对数。在这个例子中，它大约等于 N，这个数字也体现了该系统所能承载的信息容量。

　　贝肯斯坦发现，黑洞的熵与视界面积成正比。精确的公式是霍金推导出来的，按照此公式，每平方厘米的黑洞视界面积对应着 3.2×10^{64} 的熵。在视界上，携带信息的无论是什么样的物理系统，必定都是极小的，而且分布也极其密集：它们的线性尺度不会超过质

子直径的 $1/10^{20}$。它们还有一个独特的性质，就是对于落入黑洞的人来说是隐形的，这样古拉什在穿过视界时就完全注意不到它们。

熵以及黑洞的其他热力学性质的发现，使霍金得出了一个非常有趣的结论。同其他热物体一样，黑洞必定也向周围的空间辐射能量和粒子。这种辐射是从视界边缘发出的，因此并不违背任何东西都不能从视界以内逃出的规则。但是，辐射会使黑洞丧失能量和质量。这样，一个孤立的黑洞将逐渐辐射掉它的全部质量并消失。

以上这些描述尽管有点古怪，但相对论专家早在几十年前就已经熟知这些理论了。当我们跟随霍金去追寻那些在黑洞形成期间和黑洞形成之后掉进黑洞的信息的命运时，才会遇到真正有争议的问题。具体地说，就是信息能够随着蒸发产物逃出来吗（虽然是以一种极其混乱的形式）？还是它永远消失在视界之后了呢？

古拉什跟着他的计算机掉进了黑洞，他坚持认为计算机存储的内容进入了视界以内，这样外界再也不能获得这些信息。概括地说，这就是霍金的观点。相反的观点可以用文白格的这段话来说明："我看见计算机掉向视界，但从未看到它穿过视界。由于温度极高，辐射极强烈，我无法再跟踪计算机。我认为这台计算机蒸发掉了，随后它的能量和质量又以热辐射的形式返回到外面。量子力学的自洽性要求，蒸发出的能量同时也带走了计算机中的所有信息。"这就是特霍夫特和本文作者所持的立场。

黑洞互补性

有没有这种可能：古拉什和文白格在某种意义上都是正确的？换言之，文白格的观察是否可能与下述假设一致：古拉什和他的计算机在到达视界之前就已被气化并被辐射回宇宙空间，尽管他自己在那之后很久，直到遇到奇点之前都一直未察觉有任何异常。我和拉鲁斯·索尔拉休斯（Lárus Thorlacius）及约翰·乌格卢姆（John Uglum）在斯坦福大学率先提出，上述两种认识并不矛盾，而是相辅相成的，这个理论就是黑洞互补性原理。特霍夫特的著作中也提出了极为类似的想法。黑洞互补性是一种新的相对性原理。在狭义相对论中，我们发现，尽管不同的观察者眼中的时间和空间间隔各不相同，但事件仍发生在确定的时空位置。而按照黑洞互补性，甚至连确定的时空位置也不存在了。

把这一原理应用于亚原子粒子的结构，就可以更清楚地理解它是如何发挥作用的。假定文白格的吊索上还装了一个高倍率的显微镜，这样他就能够观看一个原子掉向视界的过程，起初他看见原子由原子核和周围的一团负电荷云构成。云中的电子运动速度很快，以致看起来一片模糊。但是，当原子越来越接近黑洞时，它的内部运动似乎就放慢了，于是电子逐渐能看得见了。原子核中的质子和中子依然运动得很快，因此其结构无法看清。但是再过一会，电子的运动停了下来，而质子和中子的运动则开始放慢。又过一会，构成质子和中子的夸克就显现出来了。（同原子一起掉向视界的古拉什则没有看出什么变化来）。

许多物理学家相信，基本粒子是由更小的单元构成的。虽然还不存在阐述这一机制的确定无误的理论，但有一个候选理论目前看来最有希望，就是弦理论。这一理论认为，基本粒子并不是一个点，而是类似一根能够以多种模式振动的微小橡皮筋。基本的振动模式频率最低，其他振动模式则是频率更高的谐波，它们可以互相叠加。弦的振动模式有无穷多个，每一个均对应于一种不同的基本粒子。

我们可用另一个比喻来说明问题，人们无法看清一只正在飞翔的蜂鸟的翅膀，因为它的翅膀扇得太快了。然而，用较高的快门速度拍摄一张蜂鸟照片，就可以看见翅膀了，这样蜂鸟看起来也显得大了些。如果一只蜂鸟掉进黑洞，当它逐渐接近视界，翅膀的振动看似逐渐放慢时，文白格会看见它的翅膀显现出来，而蜂鸟似乎也在变大。现在假定蜂鸟翅膀上的某些羽毛扇动得还要更快一些，那么再过一会儿这些羽毛也能看得到了，从而使蜂鸟看上去变得更大。文白格将看见蜂鸟不断地变大，但随着蜂鸟一起掉向视界的古拉什则看不出蜂鸟莫名其妙地变大。

同蜂鸟的翅膀一样，弦的振动通常也是快得无法检测的，弦是极其微小的东西，只有质子直径的 $1/10^{20}$ 那么长。但当弦掉向黑洞时，它的振动逐渐放慢，于是外部的观察者就能看出越来越多的振动模式。我和阿曼达·皮特（Amanda Peet）、索尔拉休斯（Thorlacius）及阿瑟·梅日卢米扬（Arthur Mezhlumian）在斯坦福大学进行的数学研究揭示了高阶振动逐渐停下来时弦的行为。弦会展开并变长，就好像它在极热的环境中不断遭到粒子和辐射的轰击一样。在相对较短的时间内，弦和它携带的所有信息就将布满整个视界。

所有掉进黑洞的物质都会发生这种情况，因为根据弦理论，任何东西最终都是由弦构成的。每一条基本的弦都扩展开来，并与其他所有的弦重叠，直至严严实实地覆盖在视界上。每一段微小的弦（长度仅有 10^{-33} 厘米）都能存储一个比特的信息。因此，弦使黑洞的表面能够存储在黑洞诞生时和诞生后掉入黑洞的海量信息。

弦理论

这样看来，视界是由黑洞中的所有物质构成的，这些物质分解成了一大团纠缠在一起的弦。对外界的观察者来说，信息从未真正掉进黑洞。它在视界上停了下来，随后被辐射回外面。弦理论使黑洞互补性得以具体实现，因而是摆脱信息悖论的一条途径。对于外界观察者（也就是我们），信息从未失去。更重要的是，视界上的信息就是一段段微小的弦。

从头到尾跟踪一个黑洞的演化历程远远不是弦理论家现在拥有的技术手段所能完成的任务，但是某些激动人心的新成果正在使这些难以捉摸的概念向定量的方向发展。数学上最容易处理的黑洞是"极端"黑洞。没有电荷的黑洞会蒸发到所有物质都被辐射出去，但是有电荷或（理论上）有磁荷的黑洞则不能如此。当这类黑洞的引力与黑洞内剩下物质的静电斥力或静磁斥力相平衡时，蒸发过程就会停下来。这残留下来的稳定天体就被称为极端黑洞。

根据我早些时候提出的建议，印度塔塔基础研究所（Tata Institute of Fundamental Research，TIFR）的阿肖克·森（Ashoke Sen）在1995年证明，对于某些带电荷的极端黑洞，弦理论所预测的信息比特数恰好能够解释按视界面积计算出的熵。两者的吻合为黑洞与弦之间的一致性提供了第一个强有力的证据。

不过，阿肖克·森计算的黑洞是微型的。后来，加利福尼亚大学圣巴巴拉分校的安德鲁·施特罗明格（Andrew Strominger）和哈佛大学的卡姆兰·瓦法（Cumrun Vafa），稍后还有普林斯顿大学的柯蒂斯·G.卡伦（Curtis G.Callan）和胡安·马尔达西那（Juan Maldacena），把这一分析推广到既有电荷又有磁荷的黑洞上。与阿肖克·森的微型黑洞不同，这些新黑洞可以大得让古拉什平安穿过视界。这些理论物理家同样发现黑洞与弦是完全一致的。

有两个研究团队对霍金辐射进行的新计算更为激动人心。一个团队是塔塔基础研究所的素密·R.达斯（Sumit R.Das）和麻省理工学院的萨米尔·马图尔（Samir Mathur），另一个是塔塔基础研究所的阿维纳什·达尔（Avinash Dhar）、高塔姆·曼达尔（Gautam Mandal）和斯彭塔·R.瓦迪亚（Spenta R.Wadia）。这些研究者分析了即将成为极端黑洞的天体把最后一点额外的能量或质量辐射出去的过程。弦理论完美地解释了此类黑洞产生的霍金辐射。量子力学用电子从高能激发态到低能基态的跃迁来解释原子的辐射，与此类似，量子弦可以解释激发黑洞的辐射能谱。

　　我认为，量子力学极有可能是与引力理论相容的。物理学的这两大潮流现在正融合成一个可能以弦理论为基础的量子引力理论。信息悖论在物理学这场正在进行的革命中发挥了极不寻常的作用，我们也正在稳步向着最终解决信息悖论的方向前进。文白格的看法可能会被证明是正确的（尽管古拉什或许永远不会承认）：松露炖鳗鱼的食谱并未永远从世界上消失。

基普·索恩：
把黑洞看成一张膜^㊀

基普·S. 索恩（Kip S.Thorne）

美国物理学家，曾长期担任加州理工学院的费曼理论物理学教授。他的主要研究领域是广义相对论和天体物理学。

理查德·H. 普赖斯（Richard H.Price）

探测到了引力波的LIGO项目的主要发起人。他还参与创作了《超时空接触》（Contact）和《星际穿越》（Interstellar）这两部著名的科幻电影。

有没有什么简单的办法能帮助我们理解黑洞这个概念呢？黑洞是广义相对论预言的怪异天体，它能俘获光线、弯曲空间、延迟时间。我们能像对待性质明白又直观的普通天体那样认识黑洞吗？时至今日，研究者已经广泛认同黑洞在某些天体物理过程中发挥着作用，尤其是为类星体提供了能量（类星体是非常遥远的点状光源，其亮度相当于整个星系）。为了更方便地理解黑洞是如何发挥作用的，我和同事发展出了一种新的黑洞范式（Paradigm）——一种想象、思考和描述黑洞的新方法。在这种方法里，我们尽可能地把黑洞当作普通物质组成的普通天体。按照我们的描述，黑洞是一个球状或者扁椭球状的导电薄膜。

㊀ 本文写作于 1988 年。

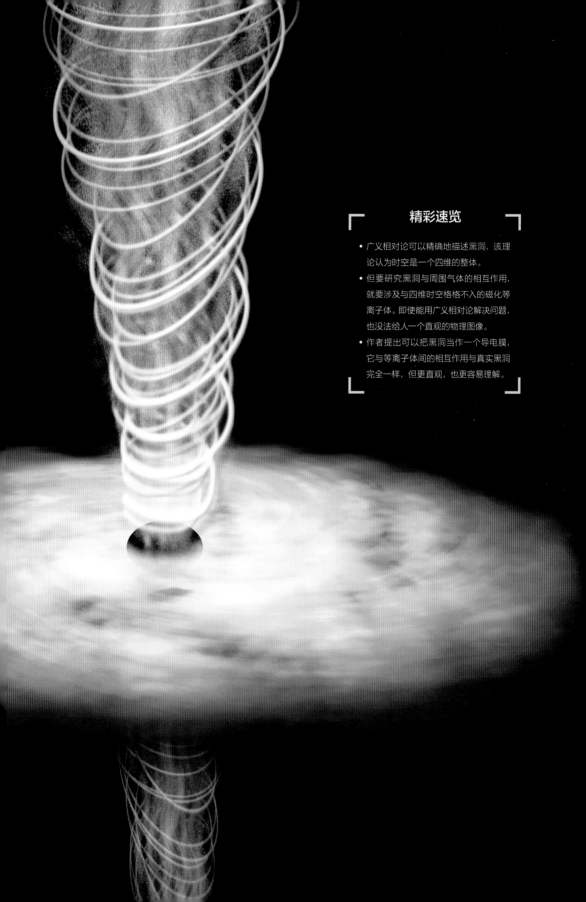

精彩速览

- 广义相对论可以精确地描述黑洞，该理论认为时空是一个四维的整体。
- 但要研究黑洞与周围气体的相互作用，就要涉及与四维时空格格不入的磁化等离子体。即使能用广义相对论解决问题，也没法给人一个直观的物理图像。
- 作者提出可以把黑洞当作一个导电膜，它与等离子体间的相互作用与真实黑洞完全一样，但更直观，也更容易理解。

作为一个理论概念，黑洞有悠久的历史。200 年前，英国物理学家约翰·米歇尔（John Michell）和法国数学家皮埃尔 - 西蒙·拉普拉斯（Pierre-Simon Laplace）各自独立预言存在一种"黑暗天体"：一种具有极强引力的天体，以至于光线都无法从中逃逸。他们的预言是基于牛顿的光微粒假说和超距引力理论。这个版本的黑洞并没有存活很长时间。19 世纪初，实验显示光是一种波，而非牛顿设想的微粒。不久之后，詹姆斯·克拉克·麦克斯韦（James Clerk Maxwell）提出了光的电磁波理论。拉普拉斯意识到他的预言的理论基础坍塌了，于是撤回了这个假说。

然而到了 1917 年，随着广义相对论的诞生，牛顿的引力理论让位于爱因斯坦。物理学家意识到，虽然麦克斯韦的光波不受牛顿引力的影响，但却会被爱因斯坦的引力吸引。证明光会被引力吸引的第一个观测证据来自 1919 年。利用那一年的日食，天文学家发现，来自遥远恒星的光线被太阳轻微地偏折了。根据广义相对论的方程，可以直接得出这样的结论：如果保持太阳质量不变，不断压缩其体积，掠过太阳边缘的星光会偏折得越来越厉害。当太阳的周长缩小到 18.5 千米的时候，星光就会被太阳困住无法逃脱，太阳本身发出的光也一样。此时太阳会变成一个黑暗的天体，这和当年米歇尔与拉普拉斯的预言很类似。

不过，广义相对论所预言的这个黑暗天体，其物理结构与 18 世纪的黑暗天体有根本上的不同，而且要复杂得多。它们不是由物质构成的，尽管它们有质量，是恒星经引力塌缩形成的。黑洞一旦形成，就变成了弯曲的时空区域。在这个区域中，时空扭曲得过于强烈，以至于光都无法从中逃出——这样一种结构在爱因斯坦之前是无法想象的。1968 年，普林斯顿大学的约翰·阿奇博尔德·惠勒(John Archibald Wheeler)为这类天体起了一个名字——黑洞。

理论物理学家花了 40 多年的时间才终于承认黑洞是广义相对论的严肃预言，是值得在宇宙中寻找的未知天体。天文学家起初对这个概念更加抵触。直到 20 世纪 60 年代中叶，天文学家还认为宇宙是一个整洁的地方，其中大部分现象都已经被他们认识和理解了，在这样的环境中，根本没有黑洞这种异类的容身之地。

不过，到了 1963 年，在发现类星体后，天文学家的观念动摇了。类星体惊人的能量输出意味着需要庞大的质量来驱动。而它们快速的光度波动又暗示着它们的中心能量源非常小。大质量集中在小空间内，一定会产生强大的引力场，因此研究者开始怀疑类星体是黑洞。随后到了 1967 年，天文学家又发现了脉冲星，这是一种会发出极为规律的射电脉冲的天体。一年后，天文学家认识到，脉冲星实际上是转动的中子星。它们是质量相当于太阳、但周长只有大约 60 千米的超致密天体。中子星的大小大约是黑洞的 3 倍，也就是说，根据广义相对论，把中子星压缩到 1/3，它就会变成一个黑洞。

从那以后，望远镜、射电天线以及其他的探测器不断接收到更多的奇怪信号。谜题和惊喜层出不穷，反复刷新着天文学家的认知。由一颗或者多颗恒星经引力塌缩形成的黑洞，已经成了天文学家尝试解释观测结果时习惯考虑的一个可能原因。而驱动类星体的是一个质量超过太阳 1 亿倍的黑洞，这基本上已经成了公认的事实。

在天体物理学中处理黑洞，经常会让人感觉有点别扭。这应该归咎于我们用以描述黑洞的范式。"范式"这个概念是由托马斯·S.库恩（Thomas S.Kuhn）在 20 世纪 60 年代中期提出的，指科学家群体用来研究某个特定问题的全套表述工具。库恩本来是个物理学家，后来改行成为哲学家和科学史学家。以理论物理为例，它的范式包括一系列描述物理定律的方程、许多利用这些方程解决了的问题以及一套辅以特定术语的图像和图示，最后这点对我们要考虑的问题尤其重要。有了这些强大的工具，人们可以直观地表达一些数学概念。这些图像、图示和术语对于物理直觉非常关键，而直觉可能导致顿悟，催生新知识。当然，数学是最终的裁判，只有通过它才能判断顿悟所得是否正确。

在 20 世纪六七十年代，物理学家建立了一个优雅和强大的范式来描述黑洞：弯曲时空范式。它所依赖的数学基础是广义相对论，后者把时空看作一个四维实体。这个范式的标志性图示是时空图，即一个时间维加两个空间维所组成的示意图。被称为世界线的曲线代表了粒子（比如光子）在时空中的运动轨迹。

黑洞在时空图里被表示为一个叫作视界的圆柱面。在那里时空被强大的引力严重地弯曲，以至于光子被困在视界上或视界内。视界标志着一个无法返回点，光子以及任何其他的粒子可以通过它掉入黑洞，却无法从中逃出。视界切断了黑洞和宇宙中其他部分的所有联系。

这些图示以及弯曲时空范式的其他工具，曾帮助我们深刻认识不受外部宇宙影响的独立黑洞的物理本质。不过对于天文学家而言，光是认识这类黑洞是不够的。要把黑洞当作一种天体来认识和研究——比如理解它们是如何驱动类星体，就需要知道黑洞是如何与其周围的气体和磁场相互作用的。不幸的是，在弯曲时空范式下研究这些问题非常困难。弯曲时空与天文学家用来描述磁化等离子体（热电离气体）的图景格格不入。弯曲时空范式用的是统一的四维时空语言，而磁化等离子体理论用的是人们更熟悉的三维空间语言，时间是要完全区别对待的。

那么在解释类星体的时候，天体物理学家是如何处理黑洞的呢？ 20 世纪 70 年代后期之前，研究者为了回避语言和图像中的矛盾，会避免使用弯曲时空范式。他们不把引力看作时空的弯曲，而是回到牛顿的范式，把引力看作是一种吸引力。在引力弱的地方，也就是远离视界的地方，牛顿和爱因斯坦的引力理论得出的结论是高度一致的。不过这种一致

两种范式

弯曲时空范式（下图左）和膜范式（下图右）的黑洞图像不同。
弯曲时空把时间和空间统一成四维时空（示意图省略了一个空间
维度）。"光锥"代表了在时空中特定点发出的光线的传播路
径。"世界线"（红色）代表了粒子的运动轨迹。任何质量不为
零的粒子运动速度必定小于光速，因此每条世界线都应该包含于
顶点在其上的光锥之中。在远离黑洞的地方，光锥的开口指向正
上方；靠近黑洞的地方，由于黑洞影响了光线的传播，光锥的开
口向内倾斜。一个被称为视界的垂直面与光锥的外边缘相切。因
此，光子可以悬停在视界上，沿着切线运动；但速度小于光速的
粒子必然穿过视界掉入黑洞。膜范式则把黑洞描述成三维空间中
的普通球形膜，它的尺寸与弯曲时空中的黑洞视界一样。当黑洞
自转时，膜从球形变成椭球形。光子（蓝色）可以悬停在膜上，
它们随着膜一起转动。质量更大的粒子则穿过膜掉入黑洞。

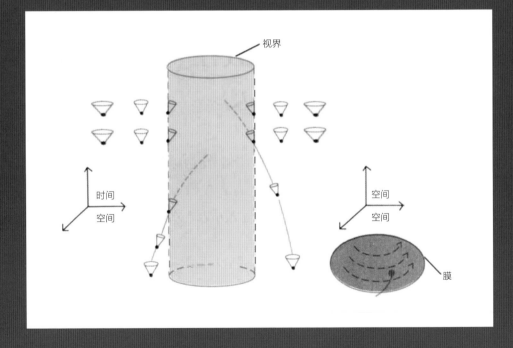

性在视界附近就被破坏了，因此天体物理学家手动限定了自己计算的适用范围。

早期的类星体模型就是用这种方法来描述物质吸积是如何提供能源的。身处星际气体较为稠密的环境的黑洞，会通过其引力拉扯周围的物质；如果下落的气体几乎不带有角动量，那么吸积物质的分布就是接近球形的。不过，通常情况下气体都有一定的旋转速度，因此会收缩成一个盘。气体在下落时会被压缩、加热。像所有热气体一样，它们会以射电电波、可见光和 X 射线的形式发出辐射。在计算类星体能量辐射的时候，天体物理学家会尽量地将靠内区域的辐射包括进来，直到接近广义相对论预言会形成视界的地方，然后强行截止。

这种方法或许看起来相当粗暴，不过它带来的误差并不大。相比之下，湍动、炽热的吸积气体中发生的物理过程存在很多不确定性，这才是更大的误差来源。本文作者和其他人曾尝试用更精确的弯曲时空范式来处理黑洞吸积过程，结果事倍功半。因此在处理黑洞吸引物质下落的问题时，使用弯曲时空范式是没有必要的。

不过吸积物质并非黑洞的唯一能量来源，剑桥大学的罗杰·彭罗斯（Roger Penrose）在 1969 年的论文中证明，黑洞能以转动的形式储存大量的能量。华盛顿大学的詹姆斯·M.巴丁（James M.Bardeen）不久后指出，宇宙中的黑洞通常都是快速旋转的。这是因为物质在塌缩成黑洞前，或者掉入黑洞前几乎都是以一定速率转动的。而随着它们向内掉落，它们会转动得越来越快，这使得黑洞总是在高速自转。黑洞的转动能为类星体能源提供了另一种有趣的解释。

数值计算表明，黑洞的转动能足以充当类星体能源。给定质量的黑洞存在一个转动速度上限：如果塌缩或吸积的物质转动过快，离心力就会抵抗向内的引力，使物质无法继续下落，从而阻止黑洞的转动速度进一步增加。大多数黑洞的转动速度可能都接近这个极限速度，研究者可以据此估算出以转动能的形式储存在黑洞中的能量。一个黑洞中所储存的转动能可达 1 亿倍太阳质量之多（约 3×10^{48} 千瓦时），这些能量足可以供类星体以目前观测到的光度闪耀数十亿年。

不过，直到 1977 年，一直没人能找出一种可行的黑洞转动能提取机制。牛顿引力理论下的黑洞图景对此无能为力，因为按照牛顿的引力理论，一个转动的物体产生的引力场和这个物体在静止时产生的引力场并无二致。由转动所贡献的额外引力成分完全是广义相对论的效应，在牛顿引力中无论如何也找不到对应的东西。

经过对能量提取机制的不断探索，1977 年，剑桥大学的罗杰·D. 布兰福德（Roger D.Blandford）和他的研究生罗曼·兹纳耶克（Roman Znajek）找到了一种方法。他们利用广义相对论证明，穿过黑洞视界的磁场可以从中汲取转动能量。当我们检验他们的计算时，

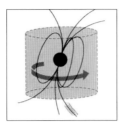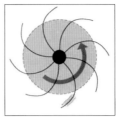

要理解脉冲星的能量输出，可以想象磁感线冻结在转动中子星（左）内部。中子星是非常致密的奇异天体。在特定的半径之外（圆柱面），磁感线扫过空间的速度将超过光速，随着磁感线绕转的带电粒子就跟不上了；结果是，在俯视图中（右）这些电荷使磁感线向后弯曲，并沿磁感线以接近光速的速度向外运动。因此中子星的转动驱动等离子体外流，并最终把能量转换成了辐射。

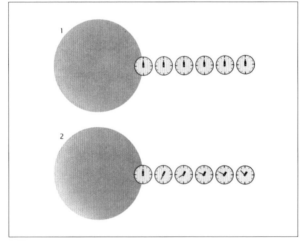

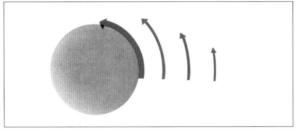

被黑洞视界影响的时间和空间。上图：与视界间的距离各不相同的时钟，经过1小时（在远离黑洞的地方测出的"通用"时间）后发生的变化。最初所有时钟同步（1）。1小时后各时钟显示不同的时间（2）。由于引力时间延迟，越靠近黑洞，时钟走得越慢；紧邻视界的时钟，时间根本没变。下图：到旋转黑洞的距离不同的观测者们的运动情况。紧邻视界的观测者将和黑洞同步旋转；而离黑洞越远的观测者转动的速度越慢。每个观测者相对于他们所处的绝对空间都是静止的，但绝对空间本身被黑洞的旋转所拖曳。

也不得不同意这个结论。他们的计算清楚明确。不过对我们来说，计算背后的物理图像并不直观：我们找不到一种简明的语言和图像来描述黑洞和磁场的相互作用。

我们希望找到一种直观的方式来理解布兰福德－兹纳耶克机制，这促使我们提出了黑洞的膜范式。我们的策略是，把广义相对论的数学语言转换成一套三维空间的语言，与处理磁化等离子体时用的一样；并且创造一套与这种语言相配的黑洞图示。这个工作开始于20世纪80年代早期，由一群当时在加州理工学院的学者发起，如今这些人已经散落在欧洲和美国各处了。这群发起人有：道格拉斯·A.麦克唐纳（Douglas A.MacDonald）、孙纬武（Wai-Mo Suen）、伊恩·H.雷德蒙特（Ian H.Redmount）、张晓鹤（Xiao-He Zhang）、罗纳德·J.克劳利（Ronald J.Crowley）、沃伊切赫·H.茹雷克（Wojciech H.Zurek）和本文的两个作者，我们自称加州理工范式学会。

膜范式试图把黑洞描述成简单的三维天体，和它的近亲中子星没有太大的差别。转动的中子星通过磁场为脉冲辐射提供能量，因此也可以称为脉冲星。我们在此回顾一下脉冲星的辐射机制，因为对这个机制的标准描述方式是一个很好的例子，我们希望能建立起类似的图像，来理解类星体的能量来源。

中子星是大质量恒星塌缩形成的，尽管名为中子星，实际上它除了中子也含有质子和电子，这使它具有极佳的导电性。电流在中子星中几乎不会衰减，由电流产生的感生磁场也是如此。在图像化的范式语言中，可以把磁场描述为"冻结"在这些导电性极好的物质上。

中子星就像一块永磁体，我们可以想象磁感线从它的北极穿出，向外延伸弯曲，并绕回到南极穿入。这个天体磁铁是在旋转的。中子星的前身恒星通常或多或少都有一定的自转速度。形成中子星的过程中，塌缩又令旋转加速。因此大多数的中子星都是高速旋转的，转动周期从1秒到0.001秒。由于中子星的磁场和其内部物质冻结在一起，因此磁场也必须跟着旋转。

磁感线这种虚构图像表明，磁场旋转会带来一个重要结果：即使中子星转动速度不快，在距离它足够远的地方，磁感线在空间中旋转的速度也会超过光速。中子星周围的带电粒子（等离子体）冻结在磁感线上，正如磁感线冻结在中子星上一样。因为粒子的运动速度不能超过光速，因此这些粒子迫使磁感线向后弯曲来抵抗它们的旋转，并且沿着磁感线滑动，以略低于光速的速度向外逃逸。这样一来，中子星的磁场就像一个杠杆，把中子星的转动能转换成了外流等离子体的动能。

至于能量如何转换成射电脉冲辐射，还有脉冲星其他典型特征又是如何产生的，细节非常复杂，在本文中也不是重点，因此就不赘述了。重点是，我们利用简单直观的辅助概念（磁感线）和经验法则（导体和磁感线的冻结）对脉冲星的本质和它对周围物质的作用有了基本的认识。我们希望也能找到类似的思维工具，用来理解磁场如何从黑洞中提取转动能。

我们的首要任务是把黑洞从四维时空中拿出来，放进三维空间。我们这样做不仅仅是要让黑洞更方便描述，还因为磁场在四维时空里并不是一个独立的东西。在四维时空中，磁场和电场组成了统一的、不可分割的电磁场。这严重违反了一般人的物理直觉。为了把电磁场重新分割为电场和磁场，我们需要重新建立一个三维空间，并使之与四维时空在数学上相调和。

为此我们需要一组观测者。爱因斯坦理论中的观测者可以想象成一个人，携带着一组校准好的尺子和一组同步时钟，可以测量事件的位置、时间、速度、加速度等。在相对论中，位于同一点、相对运动的两个观测者对同一物理量也会得出不同的测量值。也许更出人意料的是，在相对论中这两个观测者对三维空间的定义也会有所不同。对于四维时空中的哪些事件发生在同一时刻——即哪些点组成了那个时刻的三维空间，两个观测者的看法是不一致的。

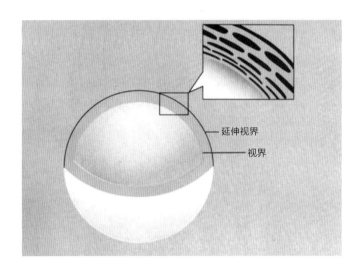

延伸视界是黑洞的真实视界外侧的假想面。它是膜范式中的黑洞边界。视界本身不可以被膜范式研究，因为没有观测者可以停留在视界上。延伸视界和视界之间是先前落入黑洞的物质和场。因为引力的时间延缓效应，这些物质的下落时间越来越慢（在远方观测者看来），并未穿过视界进入黑洞内部。这些"遗迹"与天体物理过程无关，被延伸视界所隐藏。

因此，在定义三维空间和与之对应的独立磁场时，也只能针对特定的观测者。在膜范式中，我们在每个时空区域中指定了一个特定的观测者，从而恢复了独立的磁场，并可以想象黑洞周围存在的磁感线。结果，我们有了一系列观测者，这些观测者将四维时空分成一个个三维的切片，并把统一的电磁场分割成独立的磁场和电场。我们称这些观测者为基准观测者（FIDO）。我们会通过他们的视角来研究黑洞附近的物理规律。在选定基准观测者之后，我们就可以用熟悉的三维语言来讨论黑洞了。

为了让膜范式既简洁又有威力，基准观测者的选择应该按照严格的数学法则。恰好，这些数学法则可以很自然地用语言和图像来描述。每个基准观测者必须保持与黑洞的距离不变，并且保持其纬度不变（这个纬度是根据黑洞的自转轴定义的）。此外，基准观测者必须处于很特殊的轨道运动状态：在某种意义上，他们在三维空间中都保持静止。

"保持静止"是否意味着这些基准观测者，无论距离黑洞多远，相对于遥远的恒星都是静止的呢？非也：转动的引力场会拖曳其周围的"绝对空间"一同转动。在地球附近，这一效应非常微弱，不过在黑洞周围就十分明显了：黑洞拖曳着周围的空间和空间中的基准观测者，就像浸在糖浆中旋转的高尔夫球拖拽着其周围的糖浆一同旋转一样。在这个类比中，基准观测者相对于糖浆（绝对时空）保持静止，不过糖浆相对于厨房的四壁（远处的恒星）在旋转。在接近黑洞的地方，基准观测者和绝对空间的旋转速度和黑洞一样（1亿太阳质量的黑洞，转速可达每分钟90圈）；而在远离黑洞视界的地方，它们相对于远处的恒星也基本保持着静止。

这样谈论转动速率，好像我们有一个统一的时间标准似的。但实际上在远处的观测者看来，基准观测者的时钟走得并不一样快。越靠近黑洞视界，他们的时钟看起来走得就越慢。无限靠近黑洞视界时，时钟几乎完全停了下来。这个现象叫作引力时间延迟，地球引力场同样会导致这种现象，只不过效果微乎其微：地球表面的时钟和同步轨道卫星上的时钟快慢只相差十亿分之一。

某一特定基准观测者的时钟只能描述其所在位置的物理现象，要用膜范式处理发生在更大空间范围内的大尺度物理过程，我们需要定义第二种时间。我们可以想象调整每个基准观测者的时钟，让靠近视界的时钟本身走得更快，并且把所有时钟的初始时间对准。这样，尽管存在强烈的引力时间延迟，靠近视界的时钟与远处的时钟依然会保持同步。这些调整过的时钟定义了一个全局时间，它在所有地方都以同样的步调流逝，就像经典物理中的时间一样，符合我们的日常直觉。

使用基准观测者遇到的最大的尴尬，就是在视界上和视界内无法选定基准观测者。在视界上，由于引力太强了，只有以光速运动的光子才能够悬停在那里。作为一个实在的物体，基准观测者一定运动得比光速慢，因此如果他位于视界上或视界内，就会落入黑洞中心。因此他与视界间的距离无法保持不变，不能满足我们选择基准观测者的标准。因此，膜范式的绝对空间必须截止于视界之外。

省略掉视界之内，并不影响人们考察极端接近视界的物理现象。从远处看，越是靠近黑洞视界，物理过程就进行得越缓慢。比如一个掉向黑洞的弹珠，在远处的基准观测者看来，它起初下落速度很快，但当靠近视界时就慢了下来。最终，它粘在了视界上，下落的速度指数下降，但会紧随着黑洞旋转。

而在悬停于视界附近的基准观测者看来，下落的弹珠加速到接近光速，然后经历了所谓的"洛伦兹 – 斐兹杰惹收缩"，这种效应会影响以相对论速度运动的物体。当弹珠经过基准观测者时，观测者会发现弹珠被压缩得越来越厉害，直到变成无穷薄。（在跟随弹珠一起落向黑洞的第三个观测者看来，弹珠没有减速和收缩，而是直接一头扎进视界。这就是广义相对论时空观的神奇之处）。

因此，按照基于基准观测者的膜范式，黑洞视界外堆满了来自过去的遗迹。这些厚度无穷小的薄层像海底沉积物一样堆积在一起，以指数衰减的速度向视界坠落下去，从此再与世界其他部分无缘。因为膜范式是用来直观地理解天体物理过程的，因此尽管它对视界上以及视界内的物理过程无能为力，这也并不碍事。事实上我们正是这样"把灰尘扫到地毯下面"：在真正的视界外面建立一个称为"延伸视界"的结构，并忽略它里面发生的事情。

如果我们不打算描述延伸视界下面的物质和场，那么我们就必须通过延伸视界描述黑洞如何与周围环境作用。特别是在基准观测者眼中，磁场和电场与延伸视界的相互作用一定要和四维时空中电磁场与真实视界的相互作用一致，也就是说膜范式一定要与弯曲时空范式协调一致。因此我们在定义新范式下延伸视界的性质时，要让基准观测者测量到的场与新视界的作用方式与弯曲时空范式的预言一致。

1978 年，兹纳耶克和巴黎大学的蒂博·达穆尔（Thibaut Damour）分别提出，描述视界上电磁场的方程组与描述导体中电场和磁场的方程类似。在膜范式中，我们利用了这种相似性，把延伸视界当作导体组成的球面膜（如果黑洞旋转，则是椭球面）。

正如所有导体一样，延伸视界这层膜在外部垂直电场的作用下也会产生面电荷，并且面电荷的分布正好可以屏蔽外部电场，使其无法穿透进入视界内。这种屏蔽作用符合高斯定律，后者断言电场线只能开始并终结于电荷。同样，膜也会响应外部平行磁场，产生面电流，符合把电流和磁场联系在一起的安培定律。膜上面电流的强度也恰好可以保证外部平行磁场不会进入膜内部。

结果，利用面电流和面电荷的概念，我们可以简单优美地重现广义相对论对视界上电

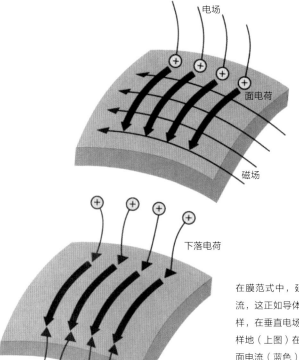

电场

面电荷

磁场

下落电荷

在膜范式中，延伸视界上可以产生面电荷和面电流，这正如导体构成的薄膜一样。像真正的导体一样，在垂直电场的作用下，膜上会出现面电荷；同样地（上图）在平行磁场的作用下，膜上也会产生面电流（蓝色）。面电荷的密度和面电流的强度正好可以将外场屏蔽于膜之外。当带电粒子落入黑洞（下图），可以视作堆积在膜之上。电荷是守恒的，它们会通过面电流在膜上重新分布。

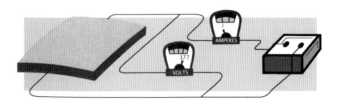

正如大部分导体一样，膜也有电阻。电阻率的精确数值是377欧姆·米，这意味着在膜表面边长1米的正方形区域驱动1安培的电流需要377伏特的电压。这个相对很高的电阻值也意味着膜可以吸收所有进入它的电磁波。因此这个膜的行为像真正的黑洞视界一样，可以吸收所有的辐射。

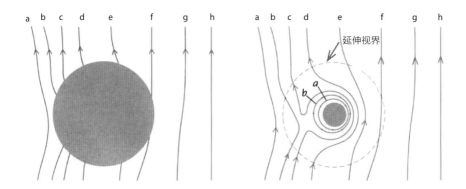

作为对膜范式的检验，我们设计了一个思想实验，让黑洞横穿一个高强度的磁场区域。按照膜范式，延伸视界像一个表面电阻率为377欧姆·米的导体面（左）。磁感线划过球面，激发出膜表面的涡流，因此磁感线会被略微扭曲，与此同时球面会感受到一定强度的拖曳。在延伸视界内部（右）磁感线其实并未穿过视界，它们在黑洞周围缠绕，最终断裂形成环。这种复杂的结构被延伸视界所遮盖，并不影响黑洞的天体物理作用（图中延伸视界和视界之间的间隙被夸大了）。

磁场的描述。根据膜需要遵从电荷守恒定律，就能得出广义相对论描述的电磁场的一个特征。无论携带电荷落入黑洞的粒子是电子还是正电子，当它们碰撞到延伸视界上时，都可以视为转换成了膜上的面电荷。这些面电荷在膜上以面电流的形式到处移动。从这个角度看，电荷既没有产生，也没有消灭。黑洞周围的真实电荷与这些堆积在膜上的虚拟（但直观且效果很好）电荷的总和保持不变。

电磁场的另一个特征在膜范式中的形式同样很简单，相当于欧姆定律的一种变形。欧姆定律把电流强度和驱动电流的电场强度联系在一起。几乎所有的导体都存在一定的电阻；一个导体薄片的电阻可用面电阻率来定量表示。把广义相对论的数学语言翻译成膜范式后，膜获得了一个精确的面电阻率，377 欧姆·米。也就是说，在膜表面边长 1 米的正方形区域驱动 1 安培的电流需要 377 伏特的电压。和铜片比起来，这个电阻率相当高（一毫米厚的铜片的面电阻率为 0.000018 欧姆·米）。这个性质有一个特别的作用，高电阻率让膜成了电磁辐射的理想吸收体。在膜范式中，膜的 377 欧姆·米电阻率正对应黑洞的性质：辐射只能进不能出。

在天体物理学里，我们主要关心的不是黑洞如何与辐射场（快速振荡的电磁场）相互作用，而是黑洞如何与变化相对较慢的大尺度磁场相互作用。要理解把黑洞视为导体膜为什么能帮助我们理解这种相互作用，先思考一下这个简单的问题：在某个遥远星系中存在高强度磁场，有一个黑洞横穿磁感线进入这个磁场中。黑洞将如何影响磁场？磁场又将如何影响黑洞的运动？

膜范式认为，黑洞与磁场的相互作用方式，基本上就跟一个与黑洞视界一样大，表面电阻率为 377 欧姆·米的球形导体膜一样。当一个导体球面进入磁场时，根据电磁理论，因电磁感应产生的表面电流（涡流）会贡献一个新的磁场分量，从而扭曲了原先的磁感线。与此同时，外部磁场会对感应电流施加一个力，阻碍导体穿越磁场。

因此，根据膜范式我们可以得到这样的结论：当磁感线接近延伸视界的时候，它们会被轻微地扭曲。与此同时，黑洞会感受到有一定的拖曳力量阻碍它前进，阻力的精确数值可以通过求解膜范式下的方程得到。需要强调的是，用弯曲时空范式可以得到完全相同的结果。膜范式的优点就是明显和直观；在做计算之前人们就可以对扭曲和拖曳的性质和强度有个感性认识。

膜范式之所以具备这样的优点，部分原因是它把无关紧要的部分隐藏起来了。如果我们暂时把膜范式放在一边，进入视界内部一窥究竟，我们会发现，因为引力时间延迟效应，磁感线不会穿过黑洞视界。相反，磁感线会缠绕在黑洞周围并最终断裂，形成环渐渐向视界收缩。这些紧密缠绕的磁感线也是被延伸视界遮住的历史遗迹中的一员。只有那些扭曲程度一般的磁感线在天体物理学中才起着重要作用，而且也只有它们在延伸视界外是可见的。

对于研究旋转黑洞与磁场更加复杂的相互作用，也就是类星体的可能供能机制，膜范式又有何帮助呢？膜范式强调，黑洞不能像中子星那样维持自身的磁场。在中子星的内部，电流不受阻碍地流动，让中子星的磁场几乎可以无限地保持下去。然而黑洞膜的高电阻意味类似的电流会在数分钟内耗散掉，磁场也会因此消散。如果想驱动类星体，在类星体的一生中都必须有磁场穿过延伸视界。

落向黑洞的星际气体可以提供这样的磁场。所有的星际气体都带有磁场，当气体落入黑洞时，它们会被加热而电离，磁场会冻结在电离的气体上。吸积的等离子体的旋转和湍动让磁场混乱地纠缠在一起。一部分磁场被等离子裹挟着落入了延伸视界之中。膜上感生出的涡流不断消耗着磁场无序部分的能量，留下了有序的、干净的磁感线，它们从南极穿入膜中又从北极穿出。一旦这种有序的磁感线在黑洞上建立，它就不会被耗散；吸积盘上的等离子体和磁场会把这些磁感线维持下去，除非吸积盘被黑洞吹散或吞噬。通过这种方式，黑洞可以获得大约 10000 高斯的磁场，大约是地球磁场强度的 10000 倍。

这些有序的磁场是如何旋转的？如果膜像中子星一样具有零电阻，那么这些磁感线会冻结在膜上而被迫与其以相同速度转动。如果膜有无限大的电阻，那么磁感线会自由地在

类星体中心黑洞的延伸视界上会产生有序磁场。黑洞被甜甜圈一样的热电离气体吸积盘环绕（上图）。当盘内侧的一团气体落入延伸视界时（1，2），它裹挟着一团纠缠在一起的无序磁场（彩色线）。无序磁场下落时产生了涡流（箭头），涡流在高电阻的膜上把能量耗散掉（3）。只有延伸到黑洞之外的有序磁场才能够保留，加入之前积累起来的磁场（4）。

膜中滑动，而不必旋转。实际的电阻率是 377 欧姆·米，这意味着磁感线会和膜一起旋转，不过不会保持同步。脉冲星能量转移的图景，在这里也同样适用：这些磁感线尽管会滑动，但依然会在旋转过程中被缠绕起来，像杠杆一样撬动等离子体，使其以很高的速度向外抛射，通过这种方式把黑洞的转动转换成气体的高速外流。

膜范式还提供了第二种同样有效的方法帮我们想象这一过程。这种方法既可定性描述，也可定量计算能量转移过程。磁场运动会产生电场，当带有磁场的黑洞快速旋转的时候，在延伸视界附近产生的电场可以在膜的两极和赤道间产生高达 10^{20} 伏特的巨大电压。就好像延伸视界是一个巨大的电池一样。

类星体不同部位之间的电势差驱动的电流，沿着磁感线流动，把膜和它周围的物质连接起来，形成了一个超大型直流电路。更多带有负电荷的粒子从膜的赤道区域落入黑洞，相当于正电荷沿着磁感线从赤道区域流出；更多带有正电荷的粒子从膜的两极落入黑洞，相当于正电荷沿着其他磁感线流回两极区域。在延伸视界上，电流从两极流到赤道区域，使电路在一端闭合。在远离黑洞的地方，电流通过等离子体从赤道区域的磁感线进入两极的磁感线，让电路在另一端闭合。

这个远处的载荷区域的电阻可能和膜类似。在实验室中，如果发电机的内阻和载荷的电阻匹配，能量转换效率最高。大约有一半的电路能量转移给了远处的等离子体，剩下的一半能量变成了延伸视界上的"废热"。

总的结果是，载荷区域的等离子体获得加速，向外喷出，正如布兰福德和兹纳耶克最初的计算那样。通过复杂的等离子体物理过程，一部分等离子体的动能可能转换为类星体的高强度辐射。加速的等离子体也可能驱动了高度集中的电离气体喷流，天文学家在许多类星体中都曾观测到这样的喷流，它们从类星体的核心向外延伸达数光年之远。虽不确定，但很可能许多类星体都是通过这种方式获得能量的。因此膜范式提供了一个直观的图景，让我们理解黑洞是通过什么样的过程和宇宙的其他部分联系在一起的。

20世纪初，爱因斯坦提出相对论，
证明了光线能够被引力场改变，
也预言了黑洞的存在。
自那时起，科学家一直在研究、
观测这种神秘莫测的天体，
而通过近百年的探索，
黑洞的样子已逐渐清晰。

第二章 探
EXPLORATION 索

黑洞判定标准

琼-皮尔斯·拉索塔（Jean-Pierce Lasota）

1987—1998年，担任法国天文台相对论天体物理及宇宙学部门负责人，后来在法国国家科学研究中心做研究主管，目前任职于法国巴黎天体物理研究所。

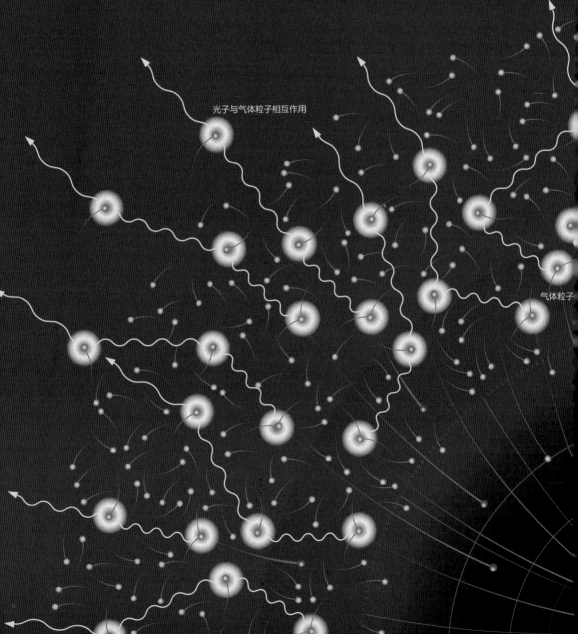

光子与气体粒子相互作用

气体粒子

精彩速览

- 尽管黑洞具有一些独特性质，但天文学家尚未据此找到黑洞，关于黑洞的推测缺乏实质性的证据。
- 在双星系统中，黑洞的鉴定尤为困难，因为天文学家发现了另一种致密天体——中子星，它与黑洞的部分性质一致。
- 到20世纪末，天文学家找到了区分中子星与黑洞的方法，据此天文学家能够证实，黑洞的确存在。

在浩瀚的宇宙中，天文学家能够感知黑洞的存在。这类令人着迷的天体位于许多星系（包括我们所在的银河系）的中心，它们与普通的恒星结合，形成一个个双星系统，甚至可以在星际介质间独自遨游。黑洞是宇宙中最致密的天体，包含着科学上已知的最极端的物质形式——几乎是无穷大的质量集中在一个体积趋近于零的点上。因而，对于科学家而言，观测黑洞也是一个极大的挑战。正如名字里形容的那样，它们完全是"黑"的：在天文学家能够探测到的水平上，它们不会发射任何电磁辐射。

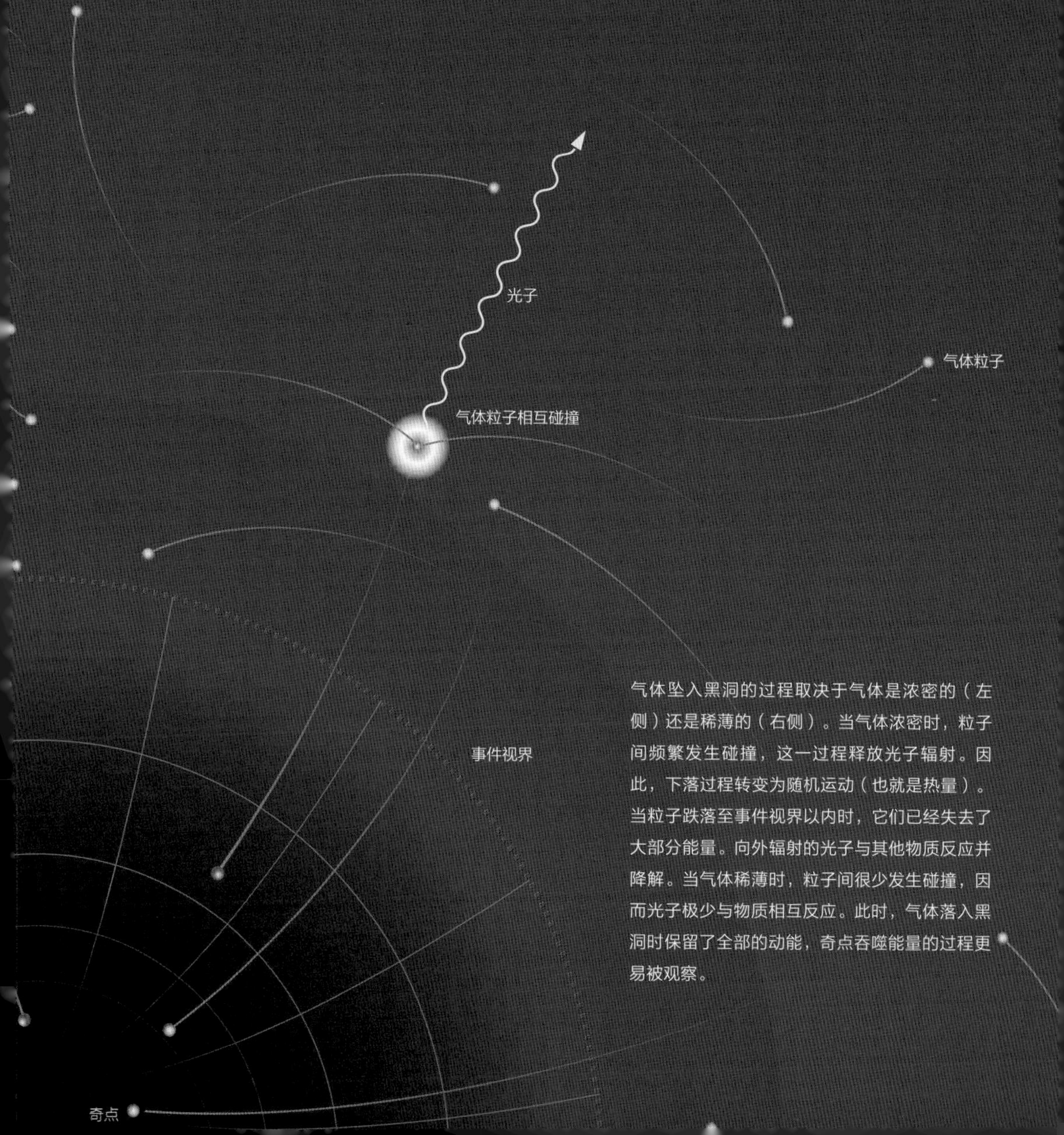

光子

气体粒子

气体粒子相互碰撞

事件视界

气体坠入黑洞的过程取决于气体是浓密的（左侧）还是稀薄的（右侧）。当气体浓密时，粒子间频繁发生碰撞，这一过程释放光子辐射。因此，下落过程转变为随机运动（也就是热量）。当粒子跌落至事件视界以内时，它已经失去了大部分能量。向外辐射的光子与其他物质反应并降解。当气体稀薄时，粒子间很少发生碰撞，因而光子极少与物质相互反应。此时，气体落入黑洞时保留了全部的动能，奇点吞噬能量的过程更易被观察。

奇点

为了推测出黑洞的存在,研究人员不得不依赖于两类间接证据。首先,在星系中心附近,恒星的旋转速率很快。好在黑洞10亿倍于太阳的质量提供了巨大的引力,保证恒星不会因为离心力而飞散。质量如此庞大的天体必然十分致密,理论物理学家尚不知道除黑洞以外还有什么天体具备这样的密度。其次,许多星系的中心和双星系统以极快的速率喷发辐射和物质,它们必定拥有一种极其有效的能量产生机制,而理论上效率最高的机制就是黑洞。

但是,所有这些证据仅仅证明了某种致密天体的存在。尽管黑洞具有一些独特性质,但天文学家尚未据此找到黑洞,关于黑洞的推测缺乏实质性的证据。在双星系统中,黑洞的鉴定尤为困难,因为天文学家发现了另一种致密天体——中子星,它与黑洞的部分性质一致。中子星是物质的另一种极端存在形式,它在引力的作用下变得极为致密,成为一颗有一座城市大小的原子核。许多大质量恒星演化历程的终点就是中子星。质量与太阳相当的中子星的半径约为30千米,与质量约为太阳10倍的黑洞的"事件视界"(Event Horizon)的半径相当。根据可观测的性质,例如物体落入星体时的温度,我们根本无法区分两者。黑洞与中子星的区分也成为了黑洞研究的一个中心问题。

到20世纪末,天文学家找到了区分中子星与黑洞的方法。中子星具有坚硬的固体表面,因此落在中子星上的物质可以在表面堆积;而落入黑洞的物质则会被吞没,永远消失。这造成两者周围区域发射的辐射存在细微的差异,据此天文学家能够证实,黑洞的确存在。

X 射线双星

黑洞巨大的引力使它们成为效率极高的发动机。进入事件视界后,任何物质都无法逃脱,即使以光速运动也无法幸免。高速运动的物体被吸向视界,在这一过程中物体可能与其他物体碰撞并碎裂,温度也会升高——由于物体的运动速度接近光速,因此可以转换成热量的动能与物体静止时蕴含的能量($E=mc^2$)相近。如果要使物体离开黑洞,返回最初的位置,它就必须将很大一部分质量转化为纯能量。因此,我们说黑洞把静止的物质转变成了热能。

这一能量转换的效率取决于黑洞的旋转速率。物体在成为黑洞的一部分时,只有少数性质能够保留下来,角动量便是其中之一。虽然无法直接观测到黑洞的旋转,但它可以使视界附近的时空发生扭曲。黑洞的旋转速率不能无限增长,一旦超过最高速率,黑洞的表面将不复存在。当黑洞以近乎最高的速率旋转时，可以将落入物体 42% 的质量转化为能量，而静止的黑洞只能转化物体 6% 的质量。相比之下，普通恒星中热核聚变的效率只有 0.7%，而铀的裂变反应的效率只有区区 0.1%。

如果黑洞周围的粒子能够通过碰撞等方式传递能量，落入物质的温度会高得无法想象。刚好处于视界外的质子的特征温度高达 $10^{13}°C$，相当于它的大部分质量转化成了纯能量。在如此高的温度下，物质应当发出伽马射线。然而，尽管质子和一般的离子很容易被加热，它们辐射能量的效率却并不高。相反，它们通过碰撞把能量传递给辐射效率更高的粒子（特别是电子），这些粒子发射能量较低的光子，如 X 射线。因此，天文学家可以从电子分布密集的区域观测到大量的 X 射线。

事实上，天文学家已经从某些 X 射线双星系统中观测到这一现象。自从 1962 年首次发现以来，天文学家已经找到几百个这样的系统。它们是天空中最明亮的 X 射线源，可能是由一颗普通恒星及其所围绕的一个看不见的天体构成。其中一部分 X 射线双星能够持续不断地辐射 X 射线，而其余的 X 射线双星（称为 X 射线暂现源）只能在几个月的时间里间或被观察到，在生命周期的大部分时间里它们几乎不发射 X 射线。这些 X 射线双星中，大多数只能观测到一次，在爆发时，它们以 X 射线的形式发射出的能量高达 10^{30}~10^{31} 瓦，相当于太阳总输出功率的 10 万倍。

这类辐射的能量分布与黑体光谱的形状近乎一致。从太阳、灼热的煤到人体，各类物体发出的光谱也都与 X 射线暂现源相似，尽管后者的强度要高很多。黑体光谱由"光学厚"（Optically Thick）的介质产生，这种介质的密度极大，光子只有经过无数次与电子的碰撞才能通过。碰撞过程使光子散开、遭到破坏，并产生新的光子。这时，原先的辐射源信息在多次碰撞过程中被抹去，所得的光谱只取决于温度及发射面的大小。在"光学薄"（Optically Thin）的气体中，光子在逸出前几乎不与电子发生相互作用，它们的光谱取决于物质自身的性质。

据推测，X 射线双星的温度为 $10^7°C$，与黑洞的预期温度相符。为了产生可观测的光子发射，一个黑洞每年必须吞掉（即吸积）的物质的质量相当于 10^{-9}~10^{-8} 个太阳质量，这与普通恒星丢失质量的速率相符（丢失的质量通常转移到恒星的伴星那里了）。因此，X 射线双星是宇宙中存在恒星质量的黑洞的最好证据之一。

黑洞的两个性质

但是，上述论据可能同样适用于中子星。虽然不像黑洞那样威力巨大，但中子星仍然

恒星成为引力

恒星成为引力与向外的压力对抗的战场，两者的平衡决定了恒星的大小（图中的三个物体质量均与太阳相当）。太阳这样普通的恒星中，气体受恒星核心中的核反应驱动产生向外的压力。当质量与太阳类似的恒星死亡，形成致密、发光的白矮星，这时的压力是量子"简并"的，由电子紧密的排布方式产生。而在大质量恒星爆炸后形成的中子星中，原子结构被破坏，原子核聚集成团。黑洞中没有向外的压力，引力无法被平衡，因此星体向中心塌缩，穿越一道有去无回的界线——事件视界——并最终趋近于一个体积为零的点。

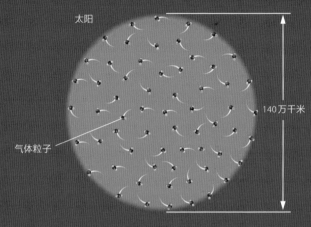

太阳

140万千米

气体粒子

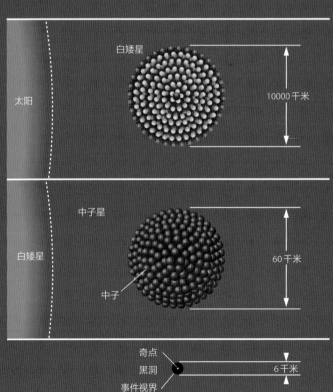

太阳

白矮星

10000千米

白矮星

中子星

60千米

中子

奇点

黑洞

事件视界

6千米

是一种非同一般的"发动机"。物质撞击到中子星表面时，速度可达光速的一半，此时物质转化为能量的效率约为 10%——与黑洞的效率相距不远。

事实上，天文学家知道，许多双星系统中的致密天体并不是黑洞。同单个脉冲星一样，双星系统中的射电脉冲星也是高速旋转的磁化中子星。天文学上的黑洞不可能有磁场，它们几乎没有特征，也不可能像脉冲星那样发出有规律的脉冲。与此类似，X 射线脉冲星也不可能是黑洞。任何规则而稳定的脉冲都可以排除存在黑洞的可能性，甚至不规则的 X 射线爆发也与中子星有关。在这种情况下，中子星提供了一个供物质堆积且可以间歇性爆发的表面。

遗憾的是，这个说法反过来并不成立：没有观测到脉冲或爆发现象并不意味着黑洞一定存在。例如，中子星以非常快的速率吸积物质时，就不会产生 X 射线爆发。由于吸积速率随时间而变，因此有可能出现意想不到的情况，例如，人们曾一度猜测圆规座 X-1 双星系统中有一个黑洞，但随后人们却从中观测到 X 射线爆发。

有两个性质可以帮助我们确认双星系统中存在黑洞：它们没有坚硬的表面，且质量可以无穷大。黑洞的质量取决于它的形成过程，特别是演化成黑洞的恒星的质量，以及被它吞进去的物质的质量。任何物理学原理都不能确定一个黑洞的质量究竟能有多大，而其他致密天体（如中子星），也不可能具有无穷大的质量。

除了黑洞以外，所有天体的质量都受限于它们抵抗自身引力的能力。在普通恒星中，由热核聚变提供动力的粒子热运动产生向外的压力，从而阻止恒星塌缩，但是死亡的恒星（如中子星和白矮星）则不会产生能量。在这些天体中，抵抗引力的压力通过"简并"（Degeneracy）产生，这是一种在密度极大的情况下，由量子力学相互作用产生的作用力。

根据泡利不相容原理，给定空间内能够容纳的费米子（Fermion，两类基本粒子中的一类，包括电子、质子和中子）的数量是有限的。在白矮星中，电子试图占据最低的能级，但是根据上述原理，它们不可能全部处于最低能级上。每一能态中仅允许有两个电子，因此电子逐渐由低能级向高能级堆积，从而具有确定的能量值，具体的数值则取决于密度。这一过程产生了与引力相抗衡的压力（同样的效应也使原子中的电子能级不会塌缩到其他能级上）。苏布拉马尼扬·钱德拉塞卡（Subrahmanyan Chandrasekhar）在 1930 年证明，白矮星的质量必定小于 1.4 个太阳质量。

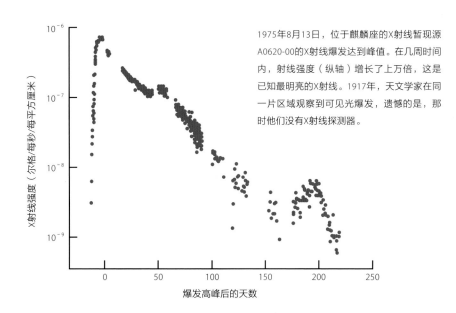

1975年8月13日，位于麒麟座的X射线暂现源A0620-00的X射线爆发达到峰值。在几周时间内，射线强度（纵轴）增长了上万倍，这是已知最明亮的X射线。1917年，天文学家在同一片区域观察到可见光爆发，遗憾的是，那时他们没有X射线探测器。

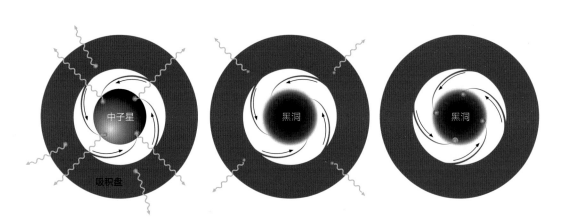

吸积物质辐射能量的三种方式。气体落在中子星上时，通过碰撞释放能量（左图）。但当气体落向黑洞时不会发生碰撞，而是穿越视界并消失。它们或是在到达视界前释放能量（中图）——气体密度较大，因此气体原子间相互碰撞——或是携带能量进入墓地（右图）。天文学家可以根据辐射的方式推断出天体的类型。

黑洞与中子星

中子星的密度非常大，即使是电子简并也无法抵抗引力。这时原子被压垮，质子和电子聚合成中子，随后原子核互相融合，形成一个中子球。由于这些中子不能全都占据同一能态，因此它们积聚并产生向外的压力。

科学家对简并核物质的性质所知甚少，因为在研究这种物质时必须要将中子，以及它们的组成单元——夸克——之间的强相互作用力考虑进去。因此，研究人员尚不清楚中子星的最大质量是多少，但可以通过一种简单的论证方式进行推测。在简并恒星中，引力随质量的增加而增大。为了抗衡增大的引力，组成恒星的物质必须变得更硬。由于声音的传播速度随着介质硬度的增加而加快，在超过某一临界质量时，声音在物质内部传播的速度就会超过光速，这显然违背了相对论的基本原则。根据这一原则，临界质量约为太阳质量的 6 倍。美国、法国和日本的研究团队通过更细致的计算，将最大质量限制在 3 个太阳质量以内，而所有已知的中子星的质量都不超过 2 个太阳质量。

排除了一系列可能性之后，天文学家将黑洞——或者谨慎起见，暂且称之为黑洞候选者——确定为质量超过 3 个太阳质量的致密天体。在双星系统中，通过测量恒星的运行速度，结合开普勒定律，可以确定恒星质量的下限。目前天文学家已经知道 7 个 X 射线暂现双星（X-ray Transient Binaries）中的致密天体必定符合黑洞的判定标准。在一些其他条件的共同制约下，天文学家估计这些黑洞的实际质量在 4~12 个太阳质量之间。

如果这些天体表现出另一种区别于中子星的性质——黑洞没有坚硬的表面，那么将天体鉴定为黑洞的可信度就会进一步提升。事件视界是一个"有去无回"的临界表面，任何东西一旦穿过视界，掉入黑洞，就会从宇宙中永远消失。

如果一团掉进黑洞的热等离子体没有足够的时间辐射热能，这些能量也将随着物质一同被拖进黑洞，随后平流穿过视界并消失。这一过程并不违背质能守恒定律，因为热能被纳入黑洞的质量以后，会大大降低黑洞"发动机"的效率。与此相反，当热等离子体落在中子星上时，它的全部热能最终将通过自身或中子星的表面辐射出去。

因此，如果吸积物质因为某种原因而未能在遇到视界或中子星表面前散发热量，将有利于天文学家区分黑洞和中子星。1995 年，我在日本京都的一次研讨会上将这类吸积物质称为"径移主导吸积流"（Advection-Dominated Accretion Flow，ADAF），现在这一术语已被普遍使用。炽热而稀薄的等离子体发射辐射的效率较低，因此天文学家一直在寻找这样一些暗淡的 X 射线和伽马射线源，它们的亮度低于辐射效率在 10% 左右的射线源。

寻找处于爆发活动中的黑洞

杰弗里·E. 麦克林托克（Jeffrey E.McClintock）

对天文学家来说，要试图去观察那些正在吞噬能量的黑洞，再也没有比 X 射线暂现源更好的选择了。一个典型的 X 射线暂现源会在一周之内使其 X 射线变亮上百万倍，使其可见光变亮 100 倍。它会在变暗之前一直保持这种明亮的状态，这一过程将持续约 1 年，而它再次呈现明亮状态则要花上 10 年至 1 个世纪。其他变化的 X 射线源，例如 X 射线爆发源和脉冲 X 射线恒星，都不会产生这样剧烈、漫长而罕见的亮度增长。

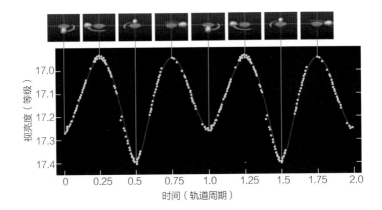

在双星系统GRO J1655-40中，伴星亮度的变化可以让天文学家测出黑洞的质量。通常来说，恒星不会以这样的方式产生亮度的波动。但是，这颗恒星因为黑洞的引力而变形。它就像一个梨子，从侧面看的时候更大，所以似乎会产生更多的光（小图）。轨道周期反映了黑洞的质量。

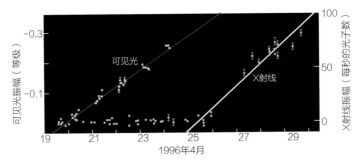

双星系统GRO J1655-40在可见光波段变亮（左边）之后的第六天，X波段开始变亮（右边）。

天文学家估计，银河系中可能有几千个 X 射线暂现源处于休眠状态。目前，20 多个这样的天体在爆发过程中被发现。它们都属于致密天体——黑洞或者中子星，正在从自己无辜的伴星中拉拽并吸积气体。

这些系统中，黑洞暂现源 GRO J1655-40 的价值最为突出。这个黑洞是由张双南和合作者于 1994 年使用伽马射线天文卫星（Gamma Ray Observatory Satellite）发现的，当时张双南任职于美国航空航天局马歇尔太空飞行中心。在那以后，天文学家从中观察到众多重要现象，包括其伴星的轨道速度的变化（这使得致密天体的质量得以准确测量）、黑洞正在快速自转的迹象、黑洞附近可能存在的振荡以及物质喷流正在以接近光速的速度向外喷射。

伴星的轨道速度使得天文学家能够推断出致密天体可能具有的最低质量：3.2 个太阳质量。更精确的质量估计需要额外的技巧，因为这依赖于两个数值：伴星的质量和轨道相对于我们视线的倾角。这些量都可由伴星绕黑洞运行时所产生的亮度变化推算出来（上图）。从侧面观测时，这颗被黑洞引力拉长的伴星亮度最高，而当伴星继续运行四分之一轨道，从它的顶端看去，其亮度最弱。幸运的是，轨道平面和吸积盘近乎是以侧面呈现在我们的视线中。而且，它的表面没有类似于恒星亮斑那样的瑕疵。结果，科学家对这个黑洞候选者做出了有史以来最精确的质量测量：7.0 个太阳质量。

GRO J1655-40 分别在 1994 年和 1996 年有过两次密集的爆发，这在 X 射线暂现源中是前所未有的。在 1996 年的爆发事件中，它的 X 射线爆发开始于 4 月 25 日，而可见光早在 6 天之前就开始持续变亮了（下图）。理论学家认为 X 射线爆发延迟现象出现的原因是，物质向内扩散、黑洞附近的气体变浓密是需要时间的。X 射线光谱的形状表明，黑洞在以接近它所允许的最大速率的 90% 转动。

四个月后，麻省理工学院的罗纳德·雷米拉德（Ronald A.Remillard）和合作者使用罗西 X 射线计时探测器（Rossi X-ray Timing Explorer Satellite）探测到 X 射线出现间歇性的振动。振动频率达每秒近 300 次，是在黑洞系统中观测到的最快频率。根据理论，振动频率取决于事件视界的半径，而这个半径又与黑洞的质量和自转速率有关。利用测出的系统质量，天文学家正在对黑洞的自转速率进行首次严格的测量。

在爆发之后的几个月中，两股物质喷流分别从这个源的两侧喷发出来，速度达到了光速的92%。喷发物质的加速可能发生在吸积盘的内部边缘，在那里，气体必然以接近光速的速度围绕黑洞旋转。

这个系统现在已经回归到宁静态。此时，黑洞周围的气体并没有向内侧旋转并向外辐射 X 射线，而是径直掉入黑洞内部，气体在被吞噬之前没有时间产生辐射。在该过程中，气体原子以及它们约 99.9% 的热能将从宇宙中流入黑洞，永远消失。

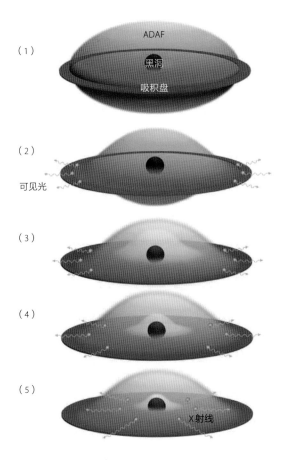

（1）

ADAF

黑洞

吸积盘

（2）

可见光

（3）

（4）

（5）

X射线

X射线暂现系统中的吸积流包含高温、稀薄、呈球状的气体（粉色）以及将其包裹的低温、浓密、扁平状的吸积盘（红色）。处于宁静态时（1），高温气体在落入黑洞时只发散少量的辐射，天文学家将其称为径移主导吸积流（ADAF）。但在爆发过程中，不稳定的吸积盘加热并发出可见光（2）。吸积盘的内部边缘开始向黑洞移动（3，4，5），取代ADAF直至释放出X射线。该模型解释了为什么天文学家在GRO J1655-40中观察到，可见光与X射线爆发之间存在6天的间隔。

判定标准

落向致密天体的物质并不是径直掉入的。由于角动量守恒的缘故，物质稳定在大致呈圆形的轨道上。仅当存在摩擦力时，由于摩擦使角动量减少，物质才能够从圆形轨道上进一步下落。此外，摩擦力还能加热吸积气体。如果气体能够快速冷却，它将失去轨道能量并变成一个平而薄的"吸积盘"（Accretion Disk）。天文学家已经在许多双星系统中观测到吸积盘。但如果冷却效率不高（ADAF 就是这种情形），则物质几乎呈球形。

早在 1977 年，东京大学的一丸节夫（Setsuo Ichimaru）就利用上述设想解释了天鹅座 X-1 大质量双星系统的某些性质。在该系统中，天文学家发现了首个黑洞候选者，但遗憾的是，一丸节夫的研究工作没有引起人们的注意。直到 1994 年，当时任职于哈佛大学的拉梅什·纳拉杨（Ramesh Narayan）和李英素（Insu Yi，音译），哥德堡大学的马雷克·阿布拉莫维奇（Marek Abramowicz）和陈希明（Ximing Chen），京都大学的加藤正治（Shojo Kato），以色列理工大学的奥代德·雷格夫（Oded Regev）以及本文作者共同提出了光学薄 ADAF 的简单理论模型，天文学界对 ADAF 才重新产生兴趣。这些研究人员与哈佛 – 史密森尼天体物理中心的安·埃辛（Ann Esin）、马哈德万·罗恩（Rohan Mahadevan）和杰弗里·E.麦克林托克（Jeffrey E.McClintock），京都大学的本间文雄（Funio Honma）等人共同努力，使 ADAF 模型取得了一个又一个成功。例如，ADAF 解释了银河系中心的光谱，从而证实了剑桥大学的马丁·J.里斯（Martin J.Rees）在 1982 年所提出的设想。

"宁静 X 射线暂现源"（Quiescent X-ray Transient）是一类双星系统，它的吸积流由两部分构成。里面的一部分是 ADAF，而外部则是一个扁平吸积盘。这些系统大部分时间处于宁静态，在此期间所观测到的微弱辐射基本上都是 ADAF 发出的。在少数情况下，系统会产生强烈的辐射爆发。由于 ADAF 稳定性很高，因此这些爆发必定是在外部的吸积盘内被触发的。

1996 年 4 月 20 日，麻省理工学院的麦克林托克和罗纳德·雷米拉德（Ronald Remillard），宾夕法尼亚州立大学的杰尔姆·欧罗斯（Jerome Orosz）以及耶鲁大学的查尔斯·贝林（Charles Bailyn）组成的团队正在观测 X 射线暂现源 GRO J1655-40。起初，观测似乎出现了严重的错误，但他们很快意识到，他们有幸碰上一次极为罕见的 X 射线爆发事件。在其后的 5 天中，该双星系统在可见光波段的亮度不断增强，但其 X 射线一直未被探测到。

到了第 6 天，GRO J1655-40 的 X 射线亮度开始增强。正如斯特拉堡天文台的琼 – 玛

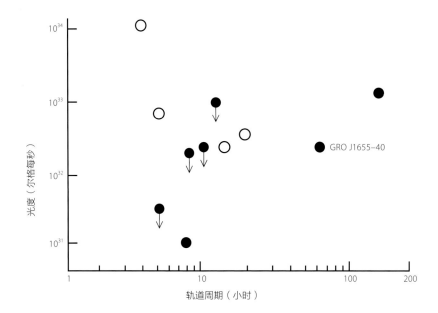

通过比较质量超过（实心点）与低于（空心点）3个太阳质量的天体的光度（纵轴），可以为黑洞的存在提供证据。在轨道周期（横轴）相同的情况下，较重的天体更加暗淡，但此时两者吸积物质的速率相同，因此释放的辐射量也一致。造成这一矛盾的可能原因是，物质和能量正在从我们的宇宙中消失，而能够完成这一过程的只有黑洞（图中的箭头表示光度是测量值的上限）。

丽·阿默里（Jean-Marie Hameury）、麦克林托克、纳拉杨和本文作者所证明的那样，X射线的延迟出现为吸积流由两部分组成提供了有力证据。远离黑洞的外部吸积盘发射可见光，但不发射 X 射线。因此，爆发开始时，只能在可见波段观测到。随后物质以更快的速度向黑洞扩散，稀薄的 ADAF 区域逐渐被填满，直到开始发射 X 射线。观测结果为这一理论提供了出乎意料的完美证明。

利用宁静 X 射线暂现源，麦克林托克、纳拉杨和哈佛－史密森尼天体物理中心的迈克尔·加西亚（Michael Garcia）首次提出一个定量标准，将表面坚硬的中子星与黑洞区分开。由于吸积速率相同时，宁静中子星暂现源比黑洞亮度更高，我随后提出了一个不同的标准。虽然吸积速率无法直接测定，但我们可以用轨道周期作为吸积速率的指标，因为具有相同轨道周期的天体应以大致相同的速率吸入物质。综合考虑这些因素，研究人员认为黑洞系统应比具有相同轨道周期的中子星系统暗淡——在周期已知的星体中，已得到证实的黑洞的确要比中子星暗淡。

曾有一些研究使天文学家对简单的 ADAF 模型产生了怀疑，因为它没有考虑向外流动的问题。而更复杂的模型，需要找到黑洞后才能够进行验证。目前，物质流入黑洞的模型仍然是黑洞研究中的热点问题。无论如何，当天体的质量太大、超出中子星的范围时，我们可以将天体从"黑洞候选者"这一类别划入"已证实的黑洞"。

钱德拉和 XMM 等 X 射线天文台的进一步观测，会让更多的此类天体系统进入人们的视线。黑洞可能仍将是黑的，但它们不可能再隐藏在伪装之下了。我们将揭示它们的庐山真面目。

捕捉黑洞影像

精彩速览

- 黑洞是宇宙中最神秘的天体之一。目前，天文学家只能通过黑洞对恒星的引力作用，以及盘旋着落向黑洞的炽热气体发出的辐射，间接观测这类天体。
- 天文学家正借助一个由射电望远镜组成的观测阵列，拍摄位于银河系中心和M87星系中心的超大质量黑洞。
- 更好地理解黑洞，不仅有助于解释这些黑洞产生的异常现象，还能检验爱因斯坦的广义相对论，并为极端环境中引力的本质提供重要线索。

埃弗里·E. 布罗德里克（Avery E.Broderick）

加拿大滑铁卢大学物理与天文系副教授。他在推动超大质量黑洞的高分辨率视界成像的研究中起到了带头作用。

亚伯拉罕·洛布（Abraham Loeb）

美国哈佛大学的天文学教授，还是以色列雷霍沃特魏茨曼科学研究所（Weizmann Institute of Science）的客座教授。他在第一代恒星、超大质量黑洞和伽马射线暴的理论研究中做出了开创性贡献。

你或许在电视上看过这样一个广告：一名移动通信技术人员跑到偏远的地方，冲着他的手机大喊："现在你能听到我吗？"设想这名技术人员跑到了银河系的中心，那里潜伏着一个大质量黑洞——人马座A*（Sagittarius A*，缩写为Sgr A*），质量相当于450万颗太阳。随着这名技术人员靠近到黑洞周围1000万千米以内，我们会听到他的语调越来越缓慢，嗓音越来越低沉，最后变成一种单调的耳语声，而且接收效果会越来越差。如果我们目送他落向黑洞，随着他逐渐被"冻结"在黑洞边界（即事件视界，Event Horizon）附近的时间里，我们会看到他的影像变得越来越红，越来越暗。

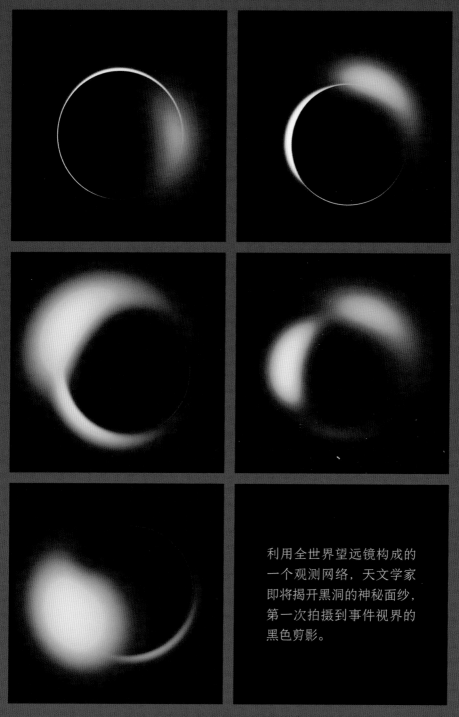

利用全世界望远镜构成的
一个观测网络，天文学家
即将揭开黑洞的神秘面纱，
第一次拍摄到事件视界的
黑色剪影。

银河系中心黑洞的黑暗盘面，以及被它的引力俘获的炽热气体，在射电望远镜阵中看起来大概就会像这些计
算机模拟图像（左图）。不过，星际气体可能会模糊掉一些精细的细节（右图）。

不过，这名技术人员本人将体会不到任何时间变慢的感觉，也不会在事件视界的位置上看到任何稀奇古怪的东西。只有等他听到我们说"不，我们听不到你说话！"的时候，他才会意识到自己已经穿过了视界。他根本不可能与我们分享他最后的观感——没有任何东西能从事件视界内部的极端引力中挣脱出来。穿过视界一分钟后，黑洞深处的引力会把他撕个粉碎。

在现实生活当中，我们当然不可能真的派一名技术人员踏上这条"不归路"。不过，天文学家已经开发出不少技术，很快他们就能应用这些技术，第一次拍摄到黑洞在炽热的发光气体背景上留下的黑色剪影。

"打住！"或许你会觉得有些惊讶，"天文学家不是早就公布了一大堆有关黑洞的观测数据和各种各样的照片吗？"这话说得没错，但那些照片拍到的都是黑洞周围的气体或其他物质，黑洞本身只是一个不可分辨的斑点；还有些照片拍到的只是从某个天体中倾泻而出的巨大能量，天文学家推测这个天体应该是黑洞。

天文学家已经在天空中发现了一些质量足够大、密度足够高的天体，如果爱因斯坦的广义相对论是正确的，它们就必定是黑洞。因此在谈论这些天体的时候，人们通常习惯就把它们当成是黑洞（在本文中也不例外）。不过到目前为止，我们仍然无法确定这些天体是否拥有一个让物质只进不出的视界——这个视界才是定义黑洞的最重要特征。提出这一问题并非只为满足纯粹的好奇心，而是因为这样的视界涉及理论物理学中一个最深层次谜题的核心。显示黑洞事件视界黑暗剪影的照片，将帮助我们理解发生在黑洞周围的异乎寻常的天体物理过程。

未解之谜大本营

事件视界在物理学家眼中之所以魅力无穷，是因为它们代表了20世纪物理学的两大成就——量子力学（Quantum Mechanics）和广义相对论（General Relativity）之间的一个根本性矛盾。

时间可逆性(Time Reversibility)是量子力学描述物理体系时必须具备的一个重要特征；任何量子过程都有一个逆过程与之对应，理论上可以用它来恢复原过程可能会破坏的任何信息。相反，把引力解释成空间弯曲并预言黑洞存在的广义相对论却认定，没有任何逆过程能够把已经落入黑洞的东西再"打捞"上来。解决量子力学和引力之间这一矛盾的迫切需求，已经成为弦理论学家追寻量子引力论的一大主要动力——这一理论应该会预言，引力的种种性质源于遵从量子力学定律的相互作用。

从更基础的层面上讲，物理学家想知道爱因斯坦的广义相对论到底能否如实描述引力，特别是在它的预言跟传统牛顿理论存在惊人偏差的极端环境下——例如事件视界的存在。黑洞恰好集两大优点于一身：它既是爱因斯坦引力方程最简单的一组解（一个黑洞的所有特征仅由它的质量、电荷和自转这三个参数完全确定），又处在引力与牛顿理论最不相同的环境当中。因此，黑洞是搜寻爱因斯坦方程在极端环境下出现偏差的"黄金地段"，而那些偏差将提供通往量子引力论的线索。反过来，如果爱因斯坦的方程在黑洞附近仍然有效，那就将大大扩展广义相对论的已知适用范围。

黑洞周围发生了什么？与此有关的天体物理学问题，也迫切需要回答。黑洞由落入其中的气体和尘埃等物质"哺育"。这些物质在下落靠近黑洞视界的过程中获得了巨大的能量，产生热量的效率比除此之外最有效的能源——核聚变高出整整20倍。这些盘旋着的炽热气体发出的辐射，让黑洞周围的吸积盘变成了宇宙中最明亮的物体。

天体物理学家在某种程度上可以构建这些吸积物质的模型，但吸积流中的气体如何从一条半径较大的轨道迁移到靠近视界的轨道，最终又如何落进黑洞，这些过程的确切细节目前仍不清楚。吸积流中带电粒子的移动所产生的磁场，必定在吸积流变化的过程中扮演了非常重要的角色。不过，这些磁场如何产生结构，这些结构又如何影响黑洞的观测性质，我们对此几乎一无所知。尽管用计算机模拟整个吸积区域正变得越来越可行，但理论学家要想对此进行真正从零开始的理论计算，至少还要再过几十年才行。对于启发新想法、筛选相互竞争的模型来说，将观测数据作为计算的输入条件将是必不可少的。

更让天体物理学家窘迫不安的是，我们对黑洞喷流（jet）的理解极度贫乏。所谓喷流，是指超大质量黑洞附近的力不知通过什么方式，将物质以超相对论性速度（最高可达光速的99.98%）向外喷出而形成的一种现象。这种令人惊叹的物质喷流向外延伸可以超过整个星系的尺度，而它们的源头却是黑洞附近准直性极佳的强烈束流，紧凑程度让它们可以从太阳系一般大小的"星系针眼"中穿过。我们不知道是什么机制让这些喷流加速到如此高速，甚至不清楚这些喷流由什么东西构成——到底是电子和质子，还是电子和正电子，抑或主要由电磁场构成。为了回答诸如此类的问题，天文学家迫切需要对黑洞周边的气体进行直接观测。

远距离窥探

遗憾的是，直接观测黑洞困难重重。首先，不管从哪种天文学尺度上来说，黑洞的个头都极小。已知的黑洞似乎可以分成两个大类：一类是恒星质量的黑洞，它们是大质量恒星死亡后的残骸，质量通常介于5~15倍太阳质量之间；另一类是超大质量黑洞，位于星系的中心，质量大约是太阳的数百万倍到上百亿倍。一个15倍太阳质量的黑洞，事件视界的直径仅有90千米——在星际距离上小到了根本无法分辨的程度。就算是一个10亿倍太阳质量的超大黑洞，把它放到海王星轨道之内也显得绰绰有余。

其次，黑洞细小的个头和强大的引力会产生极快的运动——在一个恒星质量黑洞的边缘，物质完成一整圈公转所用的时间甚至超不过1微秒。要观测变化如此迅速的现象，需要使用灵敏度极高的设备。最后，只有很小一部分黑洞周围拥有大量气体可供吸积，因此能够被我们看到；银河系中的绝大多数黑洞迄今仍然未被发现。

为了应对这些挑战，天文学家已经开发出多种技术，尽管还无法拍到疑似黑洞的直接影像，但已经提供了大量信息，揭露了紧紧围绕疑似黑洞旋转的物质的种种性质及行为方式。比方说，通过观察附近恒星的运行方式，天文学家就能称量出一个超大质量黑洞的重量，就像利用行星的轨道来给太阳称重一样。在遥远的星系里，超大质量黑洞附近的单个恒星无法分辨，但那些恒星的光谱能够揭示它们的速度分布，从而得出这个黑洞的质量。银河系中心的超大质量黑洞人马座A*距离我们足够近，能够用望远镜分辨出它附近的一颗颗恒星，因此迄今为止，我们对这一黑洞的质量估算也是所有黑洞中最准确的。可惜的是，这些恒星位于黑洞周边非常外围的地方，远远深入不到广义相对论效应变得显著的核心区域，而那些核心区域才是我们最感兴趣的地方。

天文学家还在黑洞附近发出的辐射随时间变化的模式当中，寻找广义相对论留下的记号。比如说，一些恒星质量的黑洞发出的X射线辐射，在亮度上会发生准周期变化，这一变化周期又与黑洞吸积盘最内侧附近理论预计的轨道周期十分接近。

迄今为止，探测超大质量黑洞最富有成效的方法，是观测吸积盘表面铁原子发出的荧光。吸积盘携带着铁原子快速转动，再加上黑洞本身强大引力的作用，会使铁原子荧光的特征波长发生偏移，并扩散到某个波段范围。在快速自转的黑洞附近，吸积盘本身围绕黑洞旋转的速度会加快（这一点要归功于某种广义相对论效应，即黑洞的旋转会拖曳周围的空间），因此这种辐射会展现出一种不对称性，从而泄露天机。

日本的"宇宙学及天体物理学高新卫星"（ASCA）和"朱雀"（Suzaku）X射线天文卫星已经观测到了这样的辐射，天文学家把这些观测解读为高速自转黑洞的直接证据，那些吸积盘中的轨道速度高达光速的1/3。

恒星质量的黑洞自转有多快，相关信息来自于一类特殊的双星系统。在这种双星系统中，一个黑洞和一颗普通恒星相互绕转，彼此间距近到了让黑洞可以从恒星上窃取"食物"的地步。对少量此类系统的X射线光谱及轨道参数进行的分析表明，这些黑洞的自转速度

怪物的巢穴

一个天体是不是黑洞，要看它是不是拥有最关键的特征——事件视界。在这个球形边界以内，没有任何东西能够克服黑洞的引力而从中逃脱。气体被吸积成一个炽热明亮的圆盘围绕黑洞旋转，盘上偶尔会出现类似太阳耀斑一样的亮斑。这个盘可以如下图中描绘的那样像一张薄饼，也可能在旋转平面的上下两侧张开一个很大的角度，还可能沿径向外延伸很远。许多超大质量黑洞还会以逼近光速的速度发射出明亮的喷流。

科学家认为吸积盘的内边缘位于所谓的"最内侧稳定圆轨道"（Innermost Stable Circular orbit）附近。比这条轨道更靠近黑洞的任何物质，都会沿着某条不稳定的轨道迅速落入黑洞。在光子轨道上，光在理论上可以永远围绕这个黑洞旋转下去，但实际上，最微弱的扰动都会使光螺旋式地靠近或者远离黑洞。

超大质量
黑洞

喷流

亮斑

吸积盘

事件视界

光子轨道

最内侧稳定圆轨道

达到了广义相对论允许的同等质量黑洞最大自转速度的65%~100%；超高自转似乎是一种普遍现象。

光（从射电波一直包含到X射线）和高能喷流并不是黑洞发出的仅有的两样东西。两个黑洞发生碰撞时，它们会动摇周围的时空结构，产生引力波，就像池塘里的涟漪一般向外传播。这种时空涟漪应该能够在很远的距离上被检测到，不过所需设备的灵敏度必须达到令人难以置信的地步。（注：2016年2月，美国科学家宣布引力波探测器LIGO首次探测到了引力波。）

直视黑洞的窗口

尽管提供了大量信息，但我们以前介绍的所有技术当中，没有任何一种能够获得黑洞事件视界的影像。不过现在，技术进步将让直接拍摄黑洞视界的梦想很快变成现实。即将成为拍摄目标的黑洞就是我们银河系里的庞然大物——人马座A*。这个黑洞距离我们"仅有"26000光年，是天空中所有已知黑洞里看上去圆面最大的一个。一个10倍太阳质量的黑洞，距离我们必须比最靠近太阳的恒星还近100倍时，看起来才会跟人马座A*一样大。尽管宇宙中还存在着比人马座A*更大的超大质量黑洞，但它们都远在几百万光年以外。

多亏了黑洞引力对光线的弯折，远处一个黑洞的黑色剪影看上去会是这个黑洞本身大小的两倍。即使如此，人马座A*视界的大小看起来也只有区区55微角秒（Microarcsecond，1微角秒=10^{-6}角秒）——就算是远在上海的一粒芝麻，从北京看过去也要比人马座A*的视界大出足足10倍！

尽管现代望远镜的分辨率已经很高，但它们在本质上仍然受到衍射（diffraction）的限制。当光从代表着望远镜口径的有限孔径中穿过时，就会发生衍射这种波动效应。一般而言，一台望远镜口径越大，或者它收集的光线波长越短，这台望远镜能够分辨的最小角度就越小。在红外线波段（选择这一波段是因为红外线能够穿透在可见光波段遮挡人马座A*的尘埃云），能够分辨55微角秒的望远镜口径必须达到7千米。可见光或紫外线的波长较短，在某种程度上能够降低对望远镜口径的要求，但不足以把这一要求降到任何可行的范围之内。

考虑使用波长更长的光进行观测似乎毫无意义——以毫米射电波为例，能分辨55微角秒的望远镜口径必须达到5000千米。不过刚巧，口径跟地球一样大的射电望远镜已经在运行了。

一种被称为"甚长基线干涉测量"（Very Long Baseline Interferometry，缩写为VLBI）

的技术，能够将分散在世界各地的射电望远镜阵检测到的信号综合起来，由此获得的角分辨率足以与单面地球大小的射电天线相媲美。有两个这样的望远镜阵已经运行了十多年：一个是美国的甚长基线射电望远镜阵（Very Long Baseline Array，缩写为VLBA），天线全部设在美国，间隔最远的分别位于夏威夷岛和新罕布什尔州；另一个是欧洲甚长基线干涉测量网络（European VLBI Network，缩写为EVN），天线分布在中国、南非、波多黎各和欧洲。或许你曾经在《超时空接触》（Contact）和《2010》之类的电影里看到过位于美国新墨西哥州的甚大天线阵（Very Large Array，缩写为VLA），尽管在电影里看起来蔚为壮观，但这个天线阵的规模实际上要比VLBA和EVN小得多。

可惜的是，VLBA和EVN只适用于波长超过3.5毫米的射电波，对应的角分辨率最高只有100微角秒，还不足以分辨出人马座A*的视界。另外，在这样的波长范围内，星际气体会模糊人马座A*的影像，就像浓雾会模糊头顶上的路灯一样。能够检测波长不到1毫米的射电波的干涉仪，才能达到拍摄黑洞视界所必需的分辨率。

然而，波长较短的射电波又会遇到其他麻烦：它们会被大气中的水蒸气吸收。正是由于这个原因，毫米波和亚毫米波望远镜都被放置在尽可能高、尽可能干燥的地方，比如夏威夷的莫纳克亚山顶、智利的阿塔卡马沙漠（Atacama Desert）和南极洲。说到底，有两个可用的观测窗口通常是敞开的，波长分别是1.3毫米和0.87毫米。工作在这两个波长的地球般大小的天线，能够达到的分辨率分别约为26和17微角秒，足够分辨人马座A*的视界了。

在夏威夷、美国西南部、智利、墨西哥和欧洲，已经有许多毫米波和亚毫米波望远镜运行着，它们都能被纳入到这样一个全球天线阵中。由于天文学家建造这些望远镜的目的并不相同，利用它们进行甚长基线干涉测量会涉及许多技术挑战，包括开发超低噪声电子器件和超高带宽数字记录仪等。

不过，美国麻省理工学院的谢泼德·S.德勒曼（Sheperd S.Doeleman）率领的一个合作团队已经在2008年解决了这些难题。这个团队利用一个仅由三台望远镜（分别位于美国亚利桑那州、加利福尼亚州和夏威夷莫纳克亚山顶）构成的天线阵，在1.3毫米波长处对人马座A*进行了研究。数量如此之少的望远镜不足以生成图像，但这些研究人员成功地分辨出了人马座A*，因为他们的数据表明，人马座A*拥有一个大小仅37微角秒、只有视界2/3大的明亮区域。如果有更多的望远镜加入进来，拍摄这个事件视界的黑暗剪影应该是可行的。

最近的毫米波甚长基线干涉测量观测已经表明，人马座A*没有事件视界的可能性极低。物质是吸积到一个黑洞里，还是吸积到某些不含视界的天体上，两者在本质上是不同的。不论是哪种情况，吸积的物质在下落过程中都会获得大量能量。如果没有视界，这种能量会在吸积物质最终安定下来的地方转变成热量，随即以辐射的形式释放出去，产生能够被外界观测者看到的特征热辐射谱。相反，对于一个黑洞而言，下落的物质可以携带任意能量跨入视界，从此永远消失不见。

我们可以用人马座A*的总光度（luminosity，即单位时间内辐射出的总能量）来估算吸积物质的下落率。毫米波甚长基线干涉测量观测则给吸积流内边缘的可能大小设定了一个严格的上限，从而也给吸积流下落到内边缘时已经释放了多少能量给出了一个严格的限制。如果人马座A*没有视界（因此也就不是黑洞），剩余的能量必定在吸积物质"尘埃落定"之时辐射出来，主要以红外辐射的方式释放出去。尽管观测得非常仔细，天文学家还是找不到人马座A*发出的任何红外热辐射。目前唯一能在没有视界的情况下解释这一矛盾的方法是，这些物质在急速下落的过程中把所有过剩的能量全部辐射了出去，但这样一来，这些物质的辐射效率就必须高得离谱。

巨型黑洞大头照

我们和其他一些理论学家一样，都在疯狂地忙于预言，未来几年甚长基线干涉测量技术拍到人马座A*的照片时，观测者可能会看到些什么。一般而言，一个黑洞会在周围吸积气体的辐射构成的"背景墙"上投下一个剪影。之所以会形成这样一个"阴影"，是因为黑洞会把从它背后发出并射向观测者的光线全部吞噬。与此同时，从黑洞背后发出又刚好擦过视界的其他光线，会使"阴影"周围增亮而形成一片明亮区域。强大的引力透镜效应会弯折光线，就连处在黑洞正后方的物质发出的光线，都能被弯折到黑暗区域的周围贡献一部分"光亮"。

由此产生的黑色剪影就是所谓的"黑洞大头照"——在这张照片上，黑洞完全是一团漆黑，可谓名副其实。这个阴影不会是一个对称的圆盘，这主要是因为周围气体的旋转速度极高，几乎要接近光速。如此高速运动的物质发出的辐射会发生多普勒频移，辐射方向也会向物质运动的方向汇聚而形成一个狭窄的光锥。因此，在旋转气体朝向我们运动的一侧，辐射会大大增强，而在背向我们运动的另一侧，辐射会大幅减弱。这样一来，出现在圆盘状黑暗剪影周围的就不会是一个完整的亮环，而是一个新月状亮弧。只有在我们的视线恰好与吸积盘旋转轴重合的情况下，这样的不对称才会消失。

靠近巨型黑洞

直到不久以前，对银河系中心附近恒星运动的观测还是天文学家完成的、最靠近人马座A*黑洞事件视界的天文观测。这些恒星的轨道（下图虚线）显示，它们落入了一个质量相当于太阳450万倍的超致密天体的引力"魔掌"。彩色圆点标出了这些恒星自1995年起到2008年止每年所处的位置。背景图片则是2008年拍摄的这些恒星（及其他天体）的红外照片。恒星SO-16距离人马座A*最近，大概只有不到7"光时"（即光传播一小时所经的距离），但这一距离仍比事件视界的半径长出600多倍。

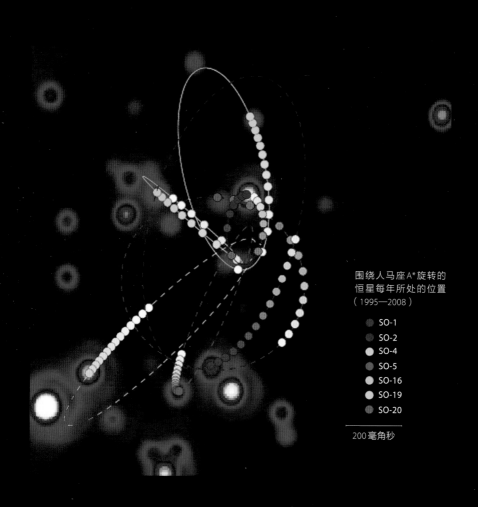

围绕人马座A*旋转的
恒星每年所处的位置
（1995—2008）

⬤ SO-1
⬤ SO-2
⬤ SO-4
⬤ SO-5
⬤ SO-16
⬤ SO-19
⬤ SO-20

200 毫角秒

瞄准超大黑洞

天文学家正在建造几个射电望远镜阵，以便构建一个覆盖全球的观测网络（上图），能够在0.87毫米和1.3毫米的波段附近，观测到人马座A*及其周边区域。这两个波段不会被地球大气过度吸收，也不会被星际气体过度散射。观测网络的庞大尺寸让这些观测拥有足够高的分辨率，能够获得人马座A*事件视界的清晰影像。

人马座A*的样貌将揭示有关黑洞吸积盘朝向（相对于视线方向）和黑洞自转速度的信息——这是了解人马座A*系统的两个最基本参数，对于理解我们可能观测到的其他任何现象都至关重要（见下图）。吸积盘上偶尔会爆发出亮斑，黑洞的引力透镜效应会形成这个亮斑的多个子像（见第22页上图）。如果这些子像能够被分辨出来，它们就能提供有关黑洞附近引力场的详细信息，从而对广义相对论的预言进行最严格的检验。

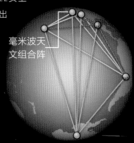

毫米波天文组合阵

采集数据

位于美国加利福尼亚州锡达浅滩（Cedar Flat）的毫米波天文组合阵（Combined Array for Research in Millimeter-Wave Astronomy，缩写为CARMA，见上图），是天文学家建造用来观测人马座A*事件视界的少数几个射电望远镜阵之一。众多这样的天文台构成一个网络（下图），彼此间隔基线长达数千千米（下图中的直线），再利用甚长基线干涉测量技术，就能获得高分辨率的影像，清晰程度可以跟单面地球大小的射电碟形天线拍摄的照片相媲美。有4个天线阵（绿色）已经可以一起使用，2个（粉色）正在建设，最后一个（蓝色）只需要稍加改造，便可适应亚毫米波观测。

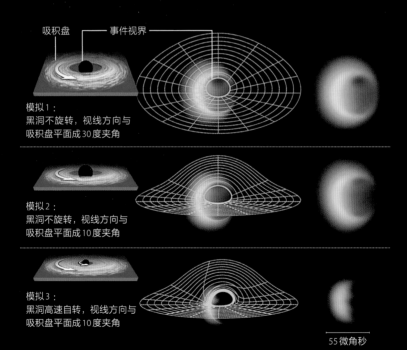

吸积盘　　事件视界

模拟1：
黑洞不旋转，视线方向与
吸积盘平面成30度夹角

模拟2：
黑洞不旋转，视线方向与
吸积盘平面成10度夹角

模拟3：
黑洞高速自转，视线方向与
吸积盘平面成10度夹角

55微角秒

剪影能够透露什么

计算机模拟展示了人马座A*周围一个吸积盘的外观如何随吸积盘朝向及黑洞自转速度的改变而发生变化。下图最右列的三张图片还考虑了星际气体的模糊效应。

绿色的坐标网格位于吸积盘的盘面上，以黑洞作为中心。网格最内侧的圆环处在这个黑洞事件视界的位置上。黑洞的引力会弯折光线，产生所谓的引力透镜效应，扭曲网格的外观，并放大黑洞的剪影。由于吸积盘围绕黑洞旋转的速度接近光速，狭义相对论

效应也会发挥作用，让朝向我们运动的一侧亮度大大增强（图中为事件视界左侧）。在下图最下面的一幅图中，这个黑洞巨大的角动量导致了额外的光线偏折，进一步扭曲了我们看到的黑洞赤道平面，并显著改变了吸积气体的样貌。

因此，将人马座A*的真实影像与这些模拟图像加以比较，就能揭露这个系统的朝向和黑洞的自转，还能根据剪影的大小得到一种测量该黑洞质量的新方法。

利用透镜成像测量引力

通过分析吸积盘上一个亮斑由引力透镜产生的多个子像，天文学家能够测量非常靠近黑洞之处的引力。上一张模拟图所示的，就是适度旋转的黑洞附近一个亮斑形成的像，不同的颜色标明了它的三个子像，具体解释参见下图。

主像（蓝色区域）是亮斑发出的射电波沿最直接的途径传到地球（蓝线）而形成的像。由于这个黑洞强大的引力，该亮斑之前发出的一部分光线在绕着黑洞转了一个弯之后（绿线），也同时抵达地球，形成了二阶像（绿色区域）。更早之前亮斑发出的光线在黑洞周围绕了一整圈（红线），形成了勉强可见的三阶像（红色区域）。由于这些子像的位置和形状取决于非常靠近黑洞的不同地方引力如何弯折光线，对完整影像的分析就能揭示广义相对论能否正确地描述那里的引力。

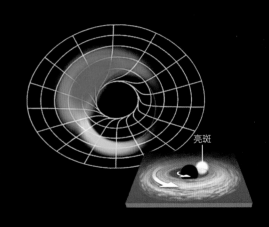

亮斑

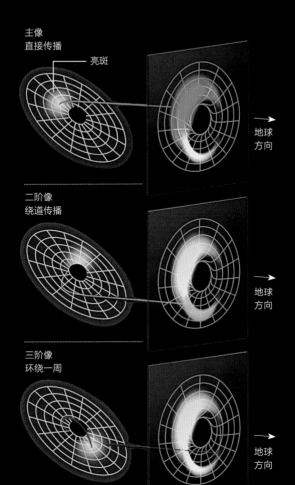

主像
直接传播

亮斑

地球
方向

二阶像
绕道传播

地球
方向

三阶像
环绕一周

地球
方向

黑洞本身的自转也会产生类似效果，但自转方向可能与吸积盘旋转的方向不同。因此这样的照片能让天文学家确定这个黑洞自转的方向，以及吸积盘相对于黑洞自转的倾斜角。这两个参数对天体物理学来说同等重要，这些数据将为吸积理论提供无价的观测输入，彻底解决气体密度和吸积流内边缘几何结构的问题。

甚长基线干涉测量技术应该还能分辨其他一些超大质量黑洞，它们可以跟人马座A*互为对照。我们最近证明，最适合拍摄的第二个目标是据信位于巨椭圆星系M87中心的黑洞。这个黑洞距离地球5500万光年，不久前天文学家对它质量的标准估测值还是大约30亿倍太阳质量，因此他们当时预计，这个黑洞投下的剪影大概不到人马座A*剪影大小的一半。不过2009年6月，美国得克萨斯大学奥斯汀分校的卡尔·格布哈特（Karl Gebhardt）和德国加尔兴马普地外物理研究所（Max Planck Institute for Extraterrestrial Physics）的延斯·托马斯（Jens Thomas）合作，利用最新的观测数据和M87中恒星及暗物质分布的修正模型，测定出这个黑洞的质量相当于64亿颗太阳——足以使它的剪影直径"膨胀"到人马座A*剪影直径的3/4。

从许多方面来看，M87都是一个比人马座A*更有趣、更有希望的目标。它拥有一条精力旺盛的喷流，向外延伸达5000光年；清晰地分辨发射喷流的区域，将为理论学家理解这些超相对论性物质外流提供关键信息。不同于人马座A*，M87位于北天球，现有的天文台在利用甚长基线干涉测量技术观测它时会更加得心应手，因为只有很少几座天文台位于南半球。另外，M87中心黑洞的实际尺寸是人马座A*的2000倍，因此那里发生的动态变化可以用天来衡量，而不像人马座A*那样必须以分钟来计算。吸积盘内边缘附近的轨道周期大约是0.5~5个星期（具体取决于这个黑洞的自转）。连续拍摄M87中心黑洞周围正在发生的事件，要比拍摄人马座A*的类似过程容易得多。最后，我们和人马座A*之间的星际气体会模糊我们获得的高分辨率图像，而M87很可能不会受到如此严重的影响。迄今为止，利用甚长基线干涉测量技术拍摄的最佳M87影像（使用的射电波波长为2~7毫米），分辨率大约为100微角秒，比预期的黑暗剪影大出一倍还多。

不论是人马座A*还是M87，长远看来都存在一个令人兴奋的前景，就是有可能拍到时常能在黑洞辐射中看到的爆发。如果这些爆发中有一些是由吸积流中的亮斑所导致的，就像大多数理论学家预期的那样，他们就能利用这些亮斑，以更高的精度绘制出视界周围的时空结构。与每个亮斑的主像相伴的还有好几个副像，它们是光线通过黑洞周围不同的迂回路径传到观测者眼中而形成的（参见第23页插图）。这些高阶像的形状和位置中，隐藏着黑洞周围时空结构的信息。实际上，每一个像都将提供一种独立的测量方法，透露这束光线所经过的不同地区的时空结构。综合在一起，这些数据将对有关黑洞附近强引力场性质的广义相对论预言构成最严格的检验。

黑洞观测正在跨入一个全新的黄金时代。在爱因斯坦构想广义相对论差不多100年之后，我们终于有能力检验这一理论能否在黑洞这种极端环境中如实描述引力。直接拍摄黑洞，将为广义相对论与其他替代理论的竞争提供一块全新的试验场。一旦拍到人马座A*和M87中心黑洞的影像，我们就能精细地调查黑洞附近的时空结构，而不用再牺牲可怜的移动通信技术人员了。

寻找种子黑洞

詹妮·E.格林（Jenny E.Greene）

毕业于哈佛大学，作为博士论文的一部分，她在银河系的低质量黑洞上，做出了开创性研究。现在，她是美国普林斯顿大学的天文学助理教授，专注于星系结构一般性演化的研究。

精彩速览

- 在宇宙演化的早期就有质量相当于100万个太阳的黑洞存在。这些黑洞如何长得这么快，这么大？
- 这些黑洞的"种子"从何而来？是来自第一批死亡的恒星，还是直接跳过恒星阶段，形成于巨大原始星云的直接塌缩？
- 通过观测和分析遗留下来的"种子黑洞"——中等质量黑洞，天文学家正试图解答上述谜题。初步研究表明，在早期宇宙中，这些直接由星云塌缩形成的中等质量黑洞曾扮演过重要角色。

大约10多年前，天文学家就已经知道，几乎所有大型星系的中心都有一个巨型黑洞——一种引力强大到连光都无法逃脱的天体。恒星死亡后就有可能形成黑洞，不过这类黑洞质量较小，大约在3~300个太阳质量范围之间，它们是黑洞中的"小不点"，真正的庞然大物是那些盘踞在星系中心的黑洞，质量可达数百万至数十亿个太阳质量。

这些被称为超大质量黑洞（Supermassive Black Hole）的家伙带来了大量问题：为什么几乎所有星系中心都有它们的身影？究竟是先有星系后在中心产生黑洞，还是先有黑洞再围绕它形成一个星系？这些巨无霸是怎么形成的？

大质量黑洞从何而来

越发离奇的是，超大质量黑洞在宇宙非常年轻时就已经出现了。2011年6月天文学家就报告说，找到了迄今发现的最古老的超大质量黑洞，这个质量大约相当于200万个太阳的黑洞出生在130亿年前，只比创造了宇宙的大爆炸（Big Bang）晚了7.7亿年。它们为什么能如此迅速地长到这么大？

如此之快的形成速度颇令人费解，因为虽然黑洞有超级宇宙"吸尘器"的名头，但实际上它们也是超级宇宙"吹风机"。被吸向黑洞的星际气体最终会围绕黑洞形成一个巨大的碟形旋涡，天文学家称之为吸积盘（Accretion Disk），吸积盘围绕黑洞高速旋转，里面的物质通过相互摩擦被加热，随着温度升高而不断向外辐射能量，尤其是当这些物质到达吸积盘内侧的事件视界（即连光都有去无回的边界）时辐射尤为剧烈。这些辐射会将后来的物质向外推挤，从而限制了黑洞吸积生长的速度。物理学家的计算表明，一个以最大吸积速度持续吞噬物质的黑洞，其质量每5000万年翻一番，这个速度太慢了，不可能让一个恒星留下的"种子黑洞"在10亿年内长成超大质量黑洞。

天体物理学家已经为这些"种子黑洞"设想了两种成长方式。第一种是在很多年前提出的，其观点是最早的巨型黑洞可能来自恒星残余。因为与后来的星际气体不同，原恒星云中还没有那些能促使气体冷却并形成小规模团块的元素，所以宇宙中最早形成的恒星可能拥有极大的质量，远远超过太阳这样的"后辈"。这些巨大的恒星燃烧更快，因此可以形成超过100个太阳质量的黑洞。接下来，还必须有一些过程能让这些黑洞获得比普通吸积更快的生长速度，比如在一个密集星团中，这样的大黑洞最有可能在星团中心附近生成，周围都是大质量恒星或其他恒星黑洞，于是它可以通过吞噬周围的黑洞轻松突破正常生长极限，在短时间内达到1万个太阳质量。此后，它可以通过更平常的吸积过程，成长为超大质量黑洞，偶尔可能还会把碰到的大型黑洞当作"甜点"。

但当天文学家找到一些出现极早的大型超大质量黑洞后，他们开始怀疑，就算考虑上述加速生长过程，恒星黑洞也很难在这么短的时间内长到这么大。于是，他们开始寻找其他可能生成"种子黑洞"的途径——这些途径所能产生的黑洞，要比濒死恒星中产生的更大。

研究者已经提出一些模型，可跳过中间阶段（恒星），直接产生更大的黑洞。在这些模型中，一大团原恒星云直接塌缩成黑洞，而无须先形成恒星，这样得到的黑洞比死亡恒星留下的更大。该过程能产生1万~10万个太阳质量的黑洞，如此一来就缩短了形成超巨型黑洞所需的时间。由于早期宇宙的条件与今天大相径庭，所以现在的宇宙中不会发生这种直接塌缩的过程。

不过遗憾的是，我们很难证明，究竟是哪个过程产生了超大质量黑洞——是恒星死亡后留下的"种子黑洞"的加速生长，还是星云直接塌缩成大质量的黑洞？尽管天文学家能用望远镜探索宇宙边缘来回溯宇宙形成初期的情况，但要想看到形成中的"种子黑洞"却不可能，由于靠近宇宙边缘，即便是最大的"种子黑洞"也如沧海一粟（詹姆斯·韦伯望远镜或许能看到它们，但该望远镜最早也要在2021年才能发射，而且还要先挨过有关资金投入的政治争论）。基于这个原因，我和同事开始另辟蹊径，转而去寻找那些由于各种原因没能长成超大质量黑洞、一直遗留到今天的"种子黑洞"。

如果"种子黑洞"的形成是从恒星开始，那么我们预计能在星系的中心和外围找到很多未发芽的"种子"，因为第一代死亡恒星可能遍布整个星系。我们还预计，可能会找到一系列质量在100~10万个太阳质量之间的黑洞，因为它们可能在生长的任何阶段，由于"食物"不足而停止"发育"。反过来，如果"种子黑洞"来自原恒星云的直接塌缩，那么能遗留下来的"种子黑洞"会非常稀少，原因很简单：即便真的发生过这种直接塌缩，也必定比正常的恒星死亡罕见得多。不仅如此，残留黑洞也不会有连续的质量分布，我们推测绝大多数残留的"种子黑洞"都超过10万个太阳质量（理论模型表明，这是恒星云直接塌缩形成黑洞的典型质量）。

于是，我和一些天文学家开始在星空中搜索起这种新型黑洞来，它们要比恒星黑洞大，但又比超大质量黑洞小，所以我们称它们为"中间黑洞"，或中等质量黑洞。我们的目的是看看在稀有度及质量分布上，观测结果能否验证那些直接塌缩模型。我们在10多年前就开始着手这项工作，但没多少人正眼相看，因为当时天文学家仅发现了一个中等质量黑洞，认为它不过是罕见的例外。然而那仅是序幕，此后我们陆续找到了数百个这样的黑洞。

究竟多重算是"中等质量"？我将中等质量定义为，估计质量在1000~200万个太阳之间的黑洞。当然这个上限有些随意，不过它要小于目前已知最小的超大质量黑洞，例如银河系中心那个400万个太阳质量的家伙。无论如何界定，标准都必然是模糊的，因为在实际测量中，黑洞质量本身就存在很大的不确定性，比如我们找到的第一批中等质量黑洞前些年突然增重了一倍，而这仅仅是因为我们改进了测量方法。另一方面，由于我们的研究涵盖了超大质量以下的所有范围，所以准确的质量界定实际上对结果没什么影响。目前，我们得到的结果已经让人对黑洞与其所在星系间的相互作用有了新的看法。

"种子黑洞"芳踪难觅

黑洞虽然看不见,现身方式却不少。例如紧贴星系中心做高速圆周运动的恒星就是"此处潜伏着超大质量黑洞"的标志,但中等质量黑洞的质量还无法让它们通过引力展示自己。作为对策,我们转而专注"活跃黑洞",也就是那些碰巧正处在吞食过程中的黑洞,因为高速坠入黑洞的物质能发射出强烈的光芒。

通过数十年的研究,天文学家发现,"活跃黑洞"通常在特定类型的大型星系中出现。星系,尤其是大型星系,一般可分成两类,一类就像我们的银河系一样,有一个围绕中心旋转的、由恒星构成的圆形结构,从侧面看非常像一个碟子,所以叫碟状星系。另一类叫椭圆星系,基本上就是由恒星构成的一个圆球或椭球。实际上,有些碟状星系的中心包含了一个小的椭圆星系,被称为核球(Bulge)。"活跃黑洞"最常出现在大型椭圆星系和有正常核球的碟状星系中。在目前找到的核球中,除了那些因距离太远无法准确观测的,几乎都包含有百万至十亿个太阳质量的黑洞。不仅如此,核球越大,包含的黑洞也越大,黑洞质量通常占核球质量的千分之一,这个出人意料的关联本身就耐人寻味,它似乎表明星系与超大质量黑洞是以某种天体物理学家还不明了的方式在共同演化。更通俗地说,这种质量交织向我们暗示了如何寻找中等质量黑洞的藏身之处:一些最小的星系。但是,究竟是哪些星系?

一个令人迷惑的小星系帮了我们一把。我的论文导师、卡内基天文台的何子山(Luis C.Ho)在他1995年撰写的博士论文中,研究了大约500个离银河系最近的亮星系,结果发现大多数具有大型核球的星系都包含"活跃黑洞",而没有核球的星系则没有,但有一个非常有趣的例外,这就是NGC 4395号星系。NGC 4395是一个完全没有核球的碟状星系,但是它却有一个"活跃黑洞"。其实何子山的导师早在1989年就注意到了这个异常,但当时大多数研究者都认为这不过是特例罢了。要不是NGC 4395,何子山的观测就证实了上述大原则,即无核球就无"活跃黑洞"。

要准确估计NGC 4395所含黑洞的质量是一个挑战。天文学中,测量天体质量通常都要借助轨道运动,比如通过观测环绕太阳运行的某行星的速度及轨道半径,就能计算出太阳的质量。与之类似,星系中恒星的轨道运动能揭示中心黑洞的质量,这种方法要求黑洞质量较大,这样它对恒星的引力作用才会比较明显,易于观测,但NGC 4395的质量太小了。

因此,天文学家不得不依赖一些间接的信息,例如"活跃黑洞"周围会发出X射线,这些X射线的密度会随时间而变——黑洞的质量越大,变化就越慢。2003年,当时还在剑桥大学的戴维·C.席(David C.Shih)和同事发现来自NGC 4395的X射线变化得非常快,

超大质量黑洞的"种子"从何而来?

质量超过100万个太阳的巨大黑洞很早就在宇宙中出现
了。传统观点认为,这些庞然大物是由原初恒星塌缩形
成的"种子黑洞"生长而成的,但这种黑洞很小,通常
不可能这么快就获得如此巨大的质量(上图)。那么,
一个很关键的问题就是,有没有可能形成更大的"种子
黑洞"(中图与下图)?

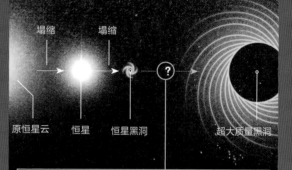

一种解释认为,在星团中的大型恒星黑洞(Stellar-mass Hole)能通过
吞并周围黑洞,快速长到1万个太阳质量。接下来,以这个中等质量
黑洞为"种子",通过不断吞食气体成为超大质量黑洞。

另一种观点认为,原初恒星云直接塌缩成中等质量黑洞,然
后同样通过吞食气体成长为超大质量黑洞。

针对中等质量黑洞的研究旨在弄清上述两个说法究竟哪个是
正确的。

黑洞的分类与分布

研究概览

星系分为几种类型，有些类型必然包含超大质量黑洞。我们的银河系（右图）是一个碟状（或旋涡）星系，中间包含一个核球（大而密集的恒星团）以及一个隐藏在核球中的相当于400万个太阳的超大质量黑洞（蓝色）。同时，科学家在银河系中还找到了很多恒星黑洞（橙色）。

带核球星系和大型椭圆星系似乎在核心都包含超大质量黑洞；相反，中等质量黑洞则在无核球星系中更为常见，例如无核球的碟状星系。恒星黑洞则在所有类型的星系中都会存在。

黑洞分类

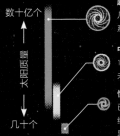

数十亿个

太阳质量

几十个

超大质量黑洞
几百万至几十亿个太阳质量。见于所有大型椭圆星系或带核球星系的中心。

中等质量黑洞
1000至200万个太阳质量。有可能是一些"种子黑洞"未能长成超大质量黑洞而残留至今。

恒星黑洞
已知样本都在4至30个太阳质量之间。大型恒星塌缩而来，理论上该过程能产生3至100个太阳质量的黑洞。

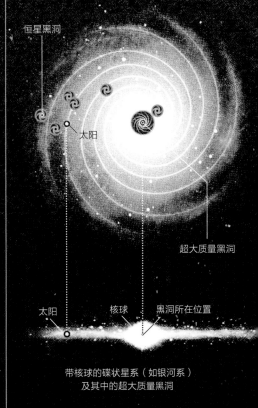

恒星黑洞

太阳

超大质量黑洞

太阳　　　核球　　　黑洞所在位置

带核球的碟状星系（如银河系）及其中的超大质量黑洞

图中的黑洞并未按比例画出。

说明它的质量较小，最合理的估计是在1万~10万个太阳质量之间。同样在2003年，何子山利用其他证据对NGC 4395的质量给出了相同的估计。

较为直接的测量是在2005年，由俄亥俄州立大学的布拉德利·M.彼得森（Bradley M.Peterson）与合作者完成。他们使用了哈勃望远镜和一项名为反响映射（Reverberation Mapping）的成像技术，后者类似于用行星轨道运动来探测太阳质量，不过这里追踪的是围绕黑洞运转的气体云。来自这些气体云的光会有不同的回响时间（Timing of Echo），能帮助我们测量其轨道大小。彼得森与合作者由此论证，NGC 4395中的黑洞大约有36万个太阳质量，不过即便使用了该技术，测得的质量仍然很不确定，数值计算时采用不同假设可使最终结果上下浮动3倍之多。

这样看来，NGC 4395中的黑洞似乎刚好是我们要找的中等质量黑洞，不过在何子山的500个星系中，这是唯一一个有明确"活跃黑洞"迹象的无核球星系，还不足以说明问题。好在2002年又有了第二个样本，当时还在加州理工学院的亚伦·J.巴斯（Aaron J.Barth）用夏威夷的凯克II望远镜（Kech II）拍摄了一个罕见、但未被关注的星系POX 52的光谱，这个星系与NGC 4395类似，虽然不具备超大质量黑洞的一般条件，却显示出某些"活

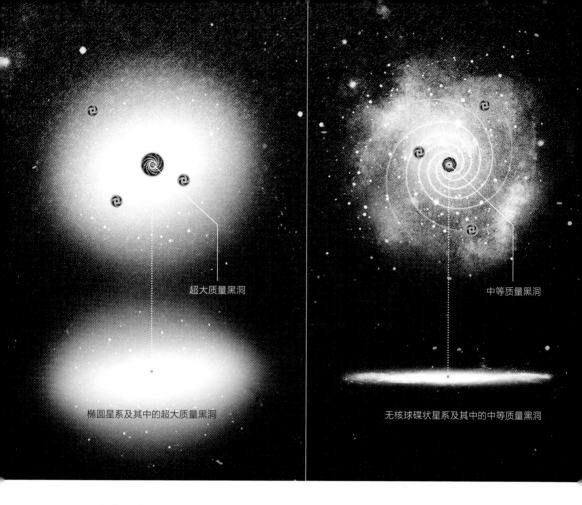

超大质量黑洞

椭圆星系及其中的超大质量黑洞

中等质量黑洞

无核球碟状星系及其中的中等质量黑洞

跃黑洞"的特征［POX 52 既不是碟状星系也不是椭圆星系，而是属于很罕见的椭球星系（Spheroidal）］。

巴斯将拍到的 POX 52 光谱发给何子山看，何子山只瞄了一眼就马上问他，"你在哪里找到这么漂亮的 NGC 4395 光谱？"因为这两个星系的光谱实在太像了，何子山一下子竟没看出来（光谱中的特征能揭示黑洞的存在）。

POX 52 距离我们 3 亿光年（比 NGC 4395 远 20 倍），因此天文学家只能间接估计其质量，不过仍有各种证据表明，POX 52 中寓居着一个约 10 万个太阳质量的黑洞。有它做伴，NGC 4395 中的中等质量黑洞就不再形单影只了。

当然，要解释这些中等质量的"种子黑洞"是如何形成的，我们还需要更多的样本，否则便无法回答很多基本问题，比如中等质量黑洞究竟有多少？是不是每个无核球星系都有一个中等质量黑洞，还是大多数都没有黑洞？其他地方能找到中等质量黑洞吗？会有比已知的这两个更小的中等质量黑洞存在么？只有将这些问题一一解释清楚，我们才能了解"种子黑洞"的形成过程，以及它们在早期宇宙中扮演的角色。

红外搜寻

不尽如人意的是，天文学家常用的技术恰恰不利于寻找活跃的中等质量黑洞。黑洞越大，它的吞食量就越大，于是也就发射出更多的X射线；相反，小黑洞就很暗弱，自然难寻踪迹。这还不算，包含大型黑洞的椭圆星系往往"发育良好"，所以不会包含太多气体，也无法产生新的恒星，这样星系的中心部分就很容易看清，没有什么阻隔，但以碟形结构为主的星系（比如疑为中等黑洞主要宿主的无核球碟状星系）总是有恒星形成，这些年轻恒星的熠熠星光再加上周围的气体云和尘埃，经常让中心的黑洞处于云山雾罩之中。

为了克服上述困难,我和何子山在2004年瞄向一个数据宝库:斯隆数字巡天项目(Sloan

现有证据倾向于中等质量黑洞来自气体直接塌缩，而非恒星塌缩合并

通过分析50万个星系的可见光光谱，研究者已经发现了一两百个估计质量小于200万个太阳的黑洞（见下图）。其他基于X射线和无线电波的研究还找到了更多候选者。目前看来，大多数无核球星系在中心都没有中等质量黑洞存在。上述观测结果倾向于支持"种子黑洞"由气体直接塌缩形成的假说，因为如果早期的"种子黑洞"由恒星塌缩而来，那在星系中，应该可以发现大量质量在一万至百万个太阳之间的黑洞。

基于可见光探测数据得到的中等质量黑洞数目

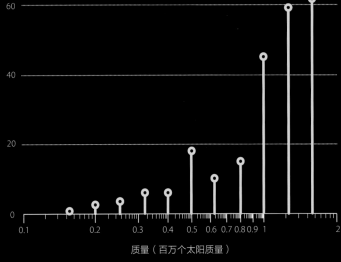

质量（百万个太阳质量）

Digital Sky Survey），这个项目本身就是为了在浩瀚的宇宙中"捞针"，寻找有用的信息。自2000年以来，该项目利用美国新墨西哥州的专用望远镜，已经把全天超过1/4的区域都搜了个遍，记录了上百万个恒星和星系的光谱。

我们梳理了斯隆拍摄的20万个星系的光谱，从中发现了19个新的候选者，它们都与NGC 4395类似：星系不大，包含活跃黑洞，黑洞质量估计不会超过100万个太阳质量。近几年还有一些类似研究，利用斯隆新近的巡天数据，将候选总数扩展到30多个质量不足100万个太阳质量，以及100多个刚刚超过这个界限的黑洞。

上述估算黑洞质量的方法都相对间接。斯隆光谱能告诉我们热气体环绕黑洞旋转的速度，但要直接计算黑洞质量，这才是八字一撇（还需要知道轨道的半径）。然而，天文学家通过观测百万至十亿个太阳质量的活跃黑洞，了解到气体的旋转速度通常与黑洞的质量成正比（黑洞越小气体旋转速度越慢），将这个规律外推到质量更小的黑洞中，我们就可以从斯隆巡天数据中把这些中等身材的家伙挑拣出来。

这些研究证实了我们基于NGC 4395和POX 52的推测，即中等质量黑洞的分布很广泛。而且与我们的猜测一致，这些黑洞倾向于出现在无核球星系中。但从数量上说，它们还是非常罕见的。从斯隆巡天数据来看，大约每2000个星系才有1个具有活跃的中等质量黑洞的迹象。

不过问题还没解决，因为斯隆巡天项目本身可能就遗漏了很多黑洞。它主要依赖星系的可见光（电磁波中能被肉眼看见的那一段），如果星系中尘埃较多，黑洞的信息就很可能被屏蔽。为此，天文学家已经开始用那些能刚好穿透尘埃的"光"来进行探测，比如X射线、无线电波和中红外线。美国乔治·梅森大学的肖毕塔·萨蒂亚帕尔（Shobita Satyapal）和同事已经在利用中红外线波段，在无核球星系中搜寻活跃黑洞存在的迹象。物质在被活跃黑洞吞噬时会发出超短紫外光，把最后的"怒火"射向周围的气体，制造出很多特殊成分，比如高度离子化氖的激发态，而这些离子会在中红外波段留下特殊的印迹。能用这种方式进行搜寻的星系相对较少，萨蒂亚帕尔的小组仅新发现几个中等质量的活跃黑洞。其他天文学家还在X射线和无线电波段发现了中等质量黑洞或小型超大质量黑洞的迹象，后继观测正在对这些候选者进行验证。

这些结果表明，因为受到星际尘埃的遮挡，可见光波段的观测确实遗漏了不少包含着中等质量黑洞的星系，但这仍不足以说明，中等质量黑洞是很常见的。最终结论仍悬而未决，不过还有一种可能是，只有5%~25%的无核球星系含有足够大的中等质量黑洞，可以被观测到。

星系与黑洞的成长史

在无核球星系中找到中等质量黑洞，或许可以解释大黑洞与大核球之间的关联。如前文所述，大型带核球星系中的超大质量黑洞通常都占核球质量的千分之一，似乎这些黑洞的成长与核球的成长具有某种内部联系，如果这种关联是在核球形成过程中建立起来的，那么无核球星系和其中的中等质量黑洞间应该不存在这种关联。

对于带核球星系中，黑洞与核球为何有这种紧密关系，一种主流的解释是，椭圆星系和大型核球是通过碟状星系合并形成的。在合并过程中，引力搅动两个星系盘，使得恒星脱离原先的圆形轨道，进入三维空间中进行随机运动，最终形成球形分布（这解释了椭圆星系或核球的外形）。气体云在合并过程中则相互碰撞，向核球中心聚集，导致恒星爆发式形成，从而增加了核球中恒星的总质量。同时，来自两个星系中心的黑洞也融合到一起，并吞食星系中心的气体云。通过星系合并过程中的这种大尺度行为，大型球核与超大质量黑洞不断生长并同步演化。当黑洞质量达到核球质量的千分之一时，它"吹风机"的能力超过了吸积能力，周围残存的气体被吹出星系中心，加速生长也随之结束。

像NGC 4395这类无核球星系中的中等质量黑洞则无缘享受这些纷至沓来的大餐，它们是营养不良的"种子黑洞"，只能靠星系中心偶尔飘过嘴边的气体云为生，这样的零食当然无法与塑造整个星系演化的盛宴相比。一些无核球星系甚至根本无法形成黑洞，纯碟状星系M33就是如此（一个外形上与NGC 4395非常类似的星系），它即便包含黑洞，其大小也肯定不会超过1500个太阳质量。上述演化图景已是铁证如山，但很多细节仍有待发掘，所以还不能说已经尘埃落定。

至于"种子黑洞"的出生

NGC 4395星系是一个无核球的碟状星系，它是我们找到的第一个核心具有中等质量黑洞迹象的星系。

问题，罕见的中等质量黑洞给直接塌缩理论增添了一些砝码。如果"种子黑洞"是由恒星塌缩而来，那么所有星系中心都应该会有一个质量至少相当于一万个太阳的黑洞。但目前的观测表明，几乎所有无核球星系的中心都没有这么大的黑洞。

当然，随着观测数据不断积累，如今得出的结论也可能发生变化。比如，如果天文学家能对斯隆巡天中那些更为暗弱的星系光谱进行测量，中等质量黑洞的比重可能有所升降。而且，某些星系中的中等质量黑洞也可能没在星系的中心区域。

就目前而言，上述"中等质量黑洞理论"仍有很多问题有待研究。中等质量黑洞是否在特定类型的小星系中更为普遍？是不是绝大多数无核球星系完全没有中等质量黑洞，还是说它们包含的黑洞质量较小难于探测，比如只有1000个太阳质量？又或者说，所有无核球星系都包含质量在1万~10万个太阳间的黑洞，只不过其中大部分都碰巧没有吞食活动，所以没有发射X射线和可见光？不同的答案，意味着星系和"种子黑洞"的形成将遵循完全不同的理论。

黑洞喷流撼动星系团

华莱士·塔克（Wallace Tucker）
钱德拉X射线天文中心的科学发言人，主要研究暗物质、星系团和超新星遗迹等。

哈维·塔南鲍姆（Harvey Tananbaum）
钱德拉X射线天文中心主管、美国科学院院士、2004年度天文学罗西奖（Rossi Prize）得主。
他的研究对象包括X射线双星、类星体及活动星系、光学宁静X射线明亮星系等。

安德鲁·费边（Andrew Fabian）
英国剑桥大学教授、英国皇家学会会员、2001年度罗西奖得主。他已经与其他人合作发表过
500多篇学术论文，内容涵盖星系团和各种大小的吸积黑洞。

精彩速览

- 借助射电望远镜和X射线望远镜，天文学家在星系团中发现了巨大的高能粒子空泡，直径可达数十万光年。产生这些结构所需的能量大得令人无法想象——如同上亿颗超新星同时爆发。
- 巨型黑洞是唯一有能力创造这种庞大空泡的天体。科学家普遍认为，所有靠近黑洞的物质都会被它吞噬，事实却并非如此。磁化的炽热气体会在黑洞周围形成吸积盘，盘旋着落向黑洞。强大的电磁力会积聚起来，将一部分气体抛离黑洞，形成笔直的喷流。
- 喷流不仅能产生空泡，还会加热并磁化星系团中的星系际气体，解答了天文学中许多长期悬而未决的谜题。这一过程似乎还以几百万年为周期循环发生，调控着星系团中心超大星系的成长。

如果给宇宙绘制一幅大地图，它看起来就会像美国的州际公路网一样。星系排成的长链纵横交错，如同高速公路一般穿越星系际空间。道路之间的区域则是宇宙乡间，几乎空无一物。星系长链的交汇之处是宇宙中的"繁华都市"——星系团。

星系团大得惊人，就算用光来丈量它们的大小，也要耗费不少时间。从地球射出的光只用1秒多钟就能抵达月球，太阳发出的光只需8分钟就能照到地球，而银河系中心发出的光却要旅行2.5万年才能光临地球。但即使与普通的星系团相比，银河系也变得不值一提——光要花上1000万年，才能横穿整个星系团。事实上，星系团是宇宙中受到引力束缚的最大天体。宇宙中的"高速公路"是比星系团更大的结构，但引力无法将它们束缚在一起，这些"公路"会随着宇宙一起膨胀。

这里的引力束缚，是指成熟星系团中的星系和其他物质处于一种整体动态平衡之中。星系在星系团内四处游荡，但并不会四下飞散，因为暗物质的引力牢牢抓住了它们。科学家还不曾直接探测到这种神秘的物质，只有从引力作用中发现它的蛛丝马迹。星系团中各种成分的相互作用导致了许多天文现象，天文学家才刚刚领略到其中的奥妙。

与地球上的繁华都市一样，星系团也不仅仅是其中居民的简单集合。发生在星系团尺度上的物理过程，可以影响"微观尺度"上的事件，例如星系的成长和星系中心超大质量黑洞的燃料加注。反过来，黑洞高速喷出的大量物质也能推动整个星系团的演化。乍看起来，这种大小尺度之间的相互作用简直不可思议。从体形上看，那些黑洞比太阳系还小，说它们能够影响整个星系团，就好像说一颗樱桃会影响整个地球一样。

气体失踪案

这些相互作用解开了长久以来一直萦绕在星系团周围的若干难解之谜，所谓的冷流（Cooling Flow）问题便是其中之一。在星系团中，温度高达数百万度（这里是指绝对温度）的气体充斥在星系之间，如果把其中的星系看成繁华都市的中心商业地段，这些气体就是周边向外扩张的居民聚居区。城镇人口大都生活在居民区中，星系团也是如此：气体的质量超过了星系中所有恒星的质量总和。

最初，随着星系团在引力作用下缓慢塌缩，其中的气体也被压缩加热，温度高得足以发出X射线。光学望远镜无法观察到这些气体，而X射线又无法穿透地球大气，因此，只有运行在大气层外的空间天文台，才有机会发现和研究它们。多年前，借助美国航空航天局（NASA）的爱因斯坦X射线天文台（Einstein X-ray Observatory）等观测设备，天文学家注意到X射线会带走大量能量，因此气体应当逐渐冷却，并聚集在星系团中心——这个过程就是"冷流"。本文作者之一费边利用爱因斯坦天文台和德国的ROSAT X射线天文卫星（ROSAT X-ray Satellite），对冷流展开了开创性的研究。他和同事的计算结果表明，冷流应该会产生相当明显的效应——如果冷流持续10亿年，堆积在星系团中心区域的气体将

剖析星系团

星系团是宇宙中配得上"天体"称号的最大结构，由大约1000个星系组成。这些星系在一团球状的炽热气体（下图红色所示）中四处游荡，就像蜜蜂在蜂箱中来回穿梭。星系团自身的引力束缚着星系和气体，使它们不至于四下飞散。星系团的中央是一个巨型椭圆星系，宇宙中最剧烈的爆发过程就发生在这里。

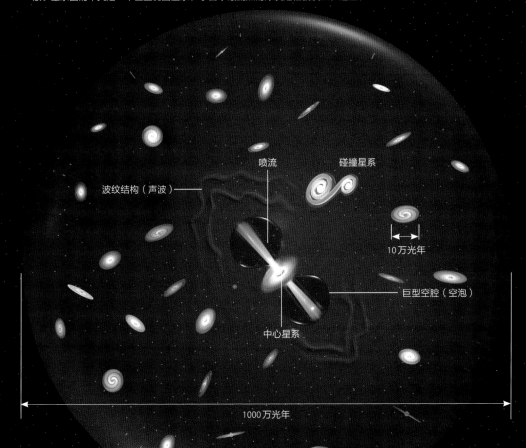

波纹结构（声波）

喷流

碰撞星系

10万光年

巨型空腔（空泡）

中心星系

1000万光年

星系团中的炽热气体会辐射X射线，因而损失能量，气体本应该冷却并落入星系团中心。果真如此的话，几十亿年来，那里应该形成上万亿颗新恒星。可是天文学家并未在星系团中心找到这么多恒星。

X射线

冷流

加热和冷却过程的交替循环，解决了那些恒星神秘失踪的难题。黑洞的喷流将能量返还给气体，阻止了冷流的持续发生。

黑洞吞噬物质

气体冷却并开始下落

黑洞自转加速产生喷流

黑洞耗尽燃料喷流停止

喷流驱散并加热气体

气体不再下落

生成数万亿颗新的恒星。

　　唯一的麻烦在于，天文学家根本找不到这些恒星。他们展开了多次搜索，试图在星系团中心找出大量冷却气体和新生恒星的踪迹，都以失败告终。难道这些气体都被黑洞吞噬了？果真如此的话，这个黑洞的质量应该与万亿颗恒星相当，然而迄今发现的最大黑洞也远没有这么大的质量。本文的另一位作者塔克主张，规模庞大且旷日持久的冷流根本不存在。也许星系团中央星系持久的能量喷发可以解释冷流的消失：这些能量会加热气体，足以抵消辐射冷却过程（这里是指气体发出X射线，X射线带走能量，使气体温度降低的过程）。多年来，射电天文学家一直在搜集有关能量喷发活动的证据。不过要想完全阻止冷流，喷发就必须提供足够的能量，能量还必须分散到相当广袤的宇宙空间之中。中央星系是否拥有这种能力，仍然值得怀疑。因此，矛盾依旧存在：星系团中的炽热气体必然冷却，而冷却的最终产物却神秘消失，不见踪影。

　　1999年，NASA的钱德拉X射线天文台（Chandra X-ray Observatory）和欧洲空间局（ESA）的XMM-牛顿天文台（XMM-Newton）相继发射升空，揭开冷却气体失踪之谜正是它们的主要任务之一。星系团气体辐射能量的速度相当缓慢，因此气体保存着星系团过去几十亿年间的活动记录。例如，超新星爆炸抛出的重元素和能量会注入星系团气体之中，一直保留至今。如同考古学家从地下发掘历史一样，天文学家已经借助新型望远镜，从气体中挖出种种遗迹，拼凑起星系团演化的历史。

巨型空泡

　　天文学家在X射线波段观测到的最明亮星系团，当数英仙星系团（Perseus Cluster），因为它本身光度（luminosity，即发光强度）较高，距离地球也较近（约为3亿光年，"近"是相对于宇宙学标准而言的）。20世纪90年代，ROSAT卫星在这个星系团中心大约5万光年范围内，发现了两个巨大的气体空腔（cavity）。它们形如一个沙漏，中心则是巨型星系NGC 1275。费边和同事利用钱德拉X射线天文台进行了更为细致的观察，揭露了这对空腔的大量细节。观测数据表明，空腔与先前发现的、从巨型星系中央射出的一对射电喷流方向一致。X射线空腔并非空无一物，其中充斥着磁场和高能粒子，比如质子和电子。这些高能量、低密度的空泡（bubble）正从星系团中央升腾而起，推开了周围发射着X射线的炽热气体。

　　其他星系团也拥有空泡。钱德拉X射线天文台分别在长蛇座A、武仙座A和阿贝尔2597星系团中找到了X射线空泡，它们都会发出射电辐射。天文学家还发现了另外一些空泡，在射电波段和X射线波段都显得暗淡无光，表明其中高能粒子的大部分能量已经耗尽。这些"幽灵空泡"已经脱离了中央星系，可能是过去的空泡留下的遗迹。

在钱德拉X射线天文台迄今找到的空泡中，最壮观的一个位于星系团MS 0735.6+7421之中（以下简称MS 0735），它是由加拿大安大略省沃特卢大学的布赖恩·R.麦克纳马拉（Brian R.McNamara）等人发现的。尽管这个星系团的照片不如英仙星系团的清晰，但照片背后的事实却更为惊人。MS 0735拥有两个X射线空腔，每个都宽达60万光年——是我们银河系星盘直径的6倍以上。空腔的大小和周围气体的密度与温度表明，它们的年龄为一亿年，包含的动能相当于100亿颗超新星同时爆发。尽管天文学家对十亿、万亿之类的天文数字已经习以为常，这对空泡的尺寸之大、包含的能量之多，仍然令他们印象深刻。

如此巨大的能量足以揭开冷流消失之谜。事实上，约翰·R.彼得森（John R.Peterson）曾和同事一起，研究了XMM-牛顿天文台取得的能谱，发现拥有这些空泡的星系团中不曾出现过冷流。这一结论强有力地表明，空泡阻止了气体的冷却下落。但这种解释仍缺少关键的一环：能量是如何从空泡传递给气体的呢？

超重低音

乍看之下，这个问题很容易回答：空泡会在气体中产生强劲的激波，就像地球大气中的爆炸会产生冲击波一样。爆炸产生的高能物质以超音速在大气中推进，会将周围的空气挤压成薄薄的气壳。被压缩的气体粒子不断碰撞，就会将爆炸的动能转化为热量。天文学家已经在其他天文现象中观察到了强劲的激波，比如超新星爆炸留下的遗迹中就有激波的身影。

据说，亨利·路易斯·门肯（H.L.Mencken，1880—1956，美国著名新闻编辑及评论家）曾得出这样的结论："任何一道复杂的问题，总会有一个简单明了但却错误的答案。"很不幸，强劲激波加热星系团气体的说法，似乎印证了这句名言。天文学家没有找到这种加热过程产生的高温薄气壳。此外，强劲激波的加热过程也许过于集中在星系团的中央区域，无法阻止大范围内的气体冷却。

声波加热则是一种更为合理的能量转换机制。以人类的标准来看，星系团中的星系际气体极其稀薄（每立方米仅有几千个氢原子，只有地表空气密度的万亿亿分之一），但是声波仍然可以在其中传播。它们会演变成微弱的低速超声波，缓缓加热气体。

费边领导的小组为这一想法提供了确凿的观测证据：他们对英仙星系团的照片进行了特殊处理，找到了一系列几乎同心的波纹结构。他们发现，最内侧的那条波纹是弱激波，

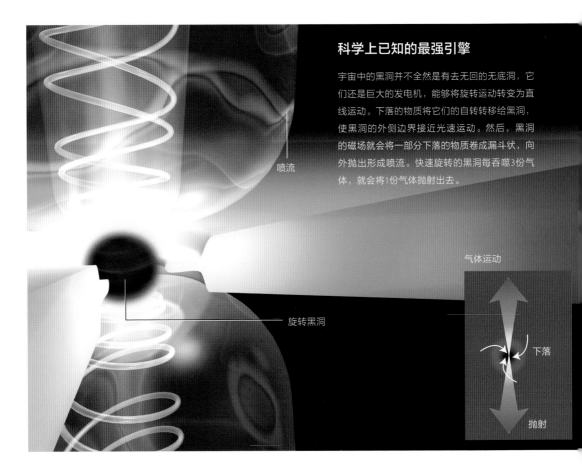

科学上已知的**最强引擎**

宇宙中的黑洞并不全然是有去无回的无底洞,它们还是巨大的发电机,能够将旋转运动转变为直线运动。下落的物质将它们的自转转移给黑洞,使黑洞的外侧边界接近光速运动。然后,黑洞的磁场就会将一部分下落的物质卷成漏斗状,向外抛出形成喷流。快速旋转的黑洞每吞噬3份气体,就会将1份气体抛射出去。

喷流

旋转黑洞

气体运动

下落

抛射

气体的密度和压强在那里发生了跳变,但温度并没有跳变;外侧的其他波纹则是声波,气体密度和压强都是逐渐变化的。波纹之间的间隔约为3.5万光年,根据气体中的声速(计算结果为每秒1170千米)可以推断,产生这些声波的事件每隔1000万年发生一次。把这些声波的音调转换为音符的话,应该是一个比中音C低57个八度的降B调。尽管听起来缺乏乐感,这些声波的威力却十分惊人。

距离我们最近的星系团是5000万光年外的室女星系团,那里也出现了类似的结构。美国哈佛–史密森尼天体物理中心的威廉·福曼(William Forman)和同事借助钱德拉X射线天文台,观测了这个星系团中央占据统治地位的大星系M87。他们发现了许多丝状结构,每条宽约1000光年,长5万光年。与英仙星系团中的波纹结构一样,这些丝状结构可能也是声波的产物。一次能量爆发吹起了一个个空泡,进而产生了这些声波——不过在这个星系团中,每次能量爆发的时间间隔约为600万年。因此,它们的音调听起来要比英仙星系团的声波音调高出大约1个八度。福曼的研究小组还发现了一个半径约为4万光年的、更加炽热的辐射环,可能是一个弱激波的波阵面。他们还在距离星系中心约7万光年的地方,找到了一个巨大的X射线空腔。

问题是,声波中的能量如何加热气体。对英仙星系团的观测表明,内侧波纹的温度在激波波阵面经过时并未升高,这可能是问题的关键。激波会加热气体,但热传导可以迅速将气体粒子的能量带走;从空泡或激波后方加速逃逸出来的高能电子也会加热气体,热传导同样可以带走这些电子的能量。这些都可以有效降低激波波阵面的温度。

电磁龙卷风

然而,天文学家最大的困惑不是气体的加热机制,而是这些空泡的起源。在已知的天体中,能够产生这么大能量的只有一种——超大质量黑洞。它们盘踞在星系的中心,质量介于几百万到几亿太阳质量之间。大多数人习惯将黑洞想象成终极无底洞,认为它们会吞噬所有的物体,事实却并非如此:黑洞也能加速物质,将它们高速抛射出去。黑洞如何抛射物质,已经成了近几年的研究热点。

计算机模拟表明,黑洞就像一台巨型发电机。落向黑洞的气体会加速旋转。磁场则将这种旋转转化为直线运动,将一部分气体弹射出去。这一过程最初是在20世纪70年代,由罗杰·D.布兰福德(Roger D.Blandford)和罗曼·兹纳耶克(Roman Znajek)共同提出的。旋转黑洞会扭曲周围的时空结构,迫使下落气体的磁场变成漏斗形状——犹如一场电磁龙

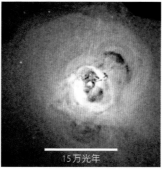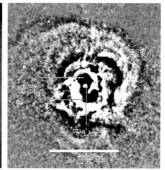

在可见光波段中,英仙星系团显得十分平静(左图),但在X射线波段,星系团立刻活跃起来(中图)。星系之间的宇宙空间充斥着炽热的气体,其中分布着明亮的环带、细丝和条纹。两个空泡横跨在中心星系NGC 1275的上下两侧,从照片上看,空泡中空无一物,其实却包含着高能粒子。增强照片的对比度(右图)就能显现出波纹结构,它们代表了正将能量传给星系际气体的声波。

卷风，裹挟着电磁场和带电粒子向外卷去，形成一对方向相反的喷流。如果黑洞旋转缓慢，那它产生的喷流也会软弱无力，导致大部分气体落入黑洞，永远消失。相反，快速自转的黑洞能将大约1/4的下落气体弹射出去。

科学家预言，星系中心的超大质量黑洞在吸积气体的过程中，自转会越来越快。一旦黑洞吞噬足够的气体，使自身质量增大一倍，黑洞外侧边界（视界）的旋转速度就会接近光速。根据爱因斯坦的相对论，不论黑洞吞噬多少气体，它的转速都不可能达到光速；黑洞仍然可以吞噬更多气体，但对黑洞转速的提升效果只会越来越弱。天文学家用多种观测方法估测了黑洞的自转，证明许多黑洞都在高速旋转，足以产生强劲的喷流。更小的尺度上也存在类似的现象。恒星级黑洞仅有十几倍太阳质量，似乎无法与动辄数十亿倍太阳质量的超大黑洞相提并论，但它们也能射出接近光速的强劲粒子喷流，加热并驱散周围的气体。

计算表明，黑洞的喷流主要由两部分组成：一部分是以大约1/3光速移动的物质外流，构成了漏斗形状的外鞘；另一部分则是漏斗中轴附近的内侧区域，主要是超高能粒子组成的稀薄气体。内侧区域携带了大部分能量，产生了天文学家在射电和X射线波段观测到的巨大波纹结构。

喷流的形状像铅笔一样细长，它们可以笔直地穿越数十万光年，远远超出母星系的势力范围——这是喷流最令人惊奇的特征之一。在长途跋涉中，喷流几乎不辐射任何能量。黑洞附近气体的压力让喷流只能沿着狭窄的束流射出，气体本身的惯性则维持了喷流的细长形状——就像高压水枪射出的水柱或茶壶壶嘴冒出的蒸汽一样。紧紧缠绕在一起的磁场也随着喷流一起射出，可能也对细长形状的形成起到一定的作用。

不论是什么机制维持了喷流细长的形状，推动气体的压力都会随着行程的增加而逐渐减小。喷流速度减慢并向外膨胀，形成巨大的带电粒子磁化云。这些云团持续膨胀，将周围的气体向外推挤，形成了钱德拉X射线天文台观测到的黝黑的X射线空腔。

宇宙间歇泉

事件的经过已经明朗：气体落向快速旋转的黑洞，形成巨大的喷流向外射出；喷流携带着高能粒子，雕凿出巨型空泡，加热辽阔的宇宙空间——就像黑洞在星系团中打了一个饱嗝。黑洞既能影响整个星系团尺度上的事件，也会受到星系团尺度事件的影响。

事情可能是这样发生的：星系团中的气体最初非常炽热，中心星系的超大质量黑洞也十分平静。大约1亿年之后，星系团中央区域的气体冷却下来，形成冷流落向中心星系。

冷流中的一些气体凝聚成恒星，变成了中心星系的一部分，另一些则直接掉向超大质量黑洞，成为它的食物。这些气体聚集成一个吸积盘，并激发出强劲的喷流。

喷流穿透中心星系，直达星系团气体深处，将能量转换为热量，大大削弱了冷流，甚至使之完全停滞。这种行为似乎是自断生路：截断了冷流，超大质量黑洞就等于切断了气体供应，逐渐恢复平静。但这样一来，喷流就会逐渐消散，星系团中的气体也就失去了热源。数百万年之后，中央区域的炽热气体会再次冷却下来，引发中心星系及超大质量黑洞的新一轮成长。这个过程就这样周而复始地循环下去。

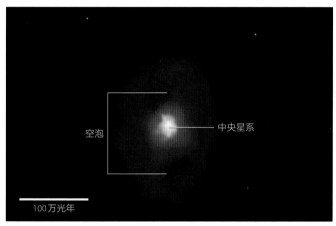

迄今发现的最强烈的喷发现象，已经在星系团MS 0735中持续了1亿年之久。这张射电/X射线合成照片揭露出来的空泡（蓝色），比英仙星系团中的空泡大250倍。

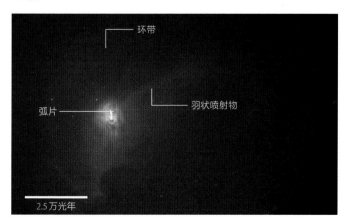

室女星系团的中心星系M87射出的喷流相对较弱——强度只有MS 0735中喷流的万分之一，但是它的细节却异常丰富，包含了弯曲的羽状喷射物（可能是前几次喷发的遗迹）、弧片（可能是激波）和暗淡的环带（可能是声波）。

这一模型得到了观测数据的支持：天文学家拍摄了室女、英仙、长蛇和其他星系团的高清晰X射线及射电波照片，在中心星系超大质量黑洞的周围找到了反复爆发的证据。星系团中的磁化环、空泡、羽状喷发物及喷流的大小从几千光年到几十万光年不等，强有力地表明间歇性爆发活动已在那里持续了数亿年之久。

从这种模型可以得出一个惊人的推论：超大质量黑洞今天仍然能够快速成长。而天文学家过去一直认为，这些黑洞的成长已经逐渐停滞。以星系团MS 0735为例，其中的超大质量黑洞过去1亿年里吞噬的气体相当于3亿颗太阳——在如此"短"的时间内使自身的大小和质量几乎翻了一番。不过该星系团的中央黑洞并没有展示出明显的活动迹象（活动黑洞通常会发出明亮的X射线和可见光）。只有通过星系团中的X射线空腔，我们才得以窥探这个奇特系统的性质。

宇宙活化石

星系间的碰撞使情况变得更加复杂。小星系如果太过靠近星系团中心的巨型星系，就会被撕得支离破碎——它的恒星被大星系吸收，一部分气体落入黑洞，小星系自己的中央黑洞则会跟大星系的黑洞合而为一。至今，一些星系团的中央区域仍会发生这种碰撞，MS 0735星系团中的巨大空腔，大概就是星系并合引发的一系列事件的最终结果——这场碰撞将大量气体送到了超大质量黑洞嘴边。

星系团中星系碰撞扮演的角色，也许能够帮助科学家理解早期宇宙中星系的演化过程。从某种意义上说，星系团也是活化石，仍然保留着数十亿年前宇宙的原始环境——那时星系更加靠近，星系并合频频发生。越来越多的研究指出，与星系的形成和演化相关的许多问题，例如星系的大小和形状、恒星形成的速率等，都可以用一个与星系并合有关的循环来解释。美国哈佛－史密森尼天体物理中心的菲利普·F.霍普金斯（Philip F.Hopkins）和同事用计算机模拟了宇宙的演化，他们发现，富含气体的星系发生并合，会触发恒星大规模形成，并使气体落入星系的中心区域。下落的气体成为超大质量黑洞的食物，令它迅速成长，并在周围发出强烈的辐射。黑洞的"饱嗝"却将大量气体抛出星系，让恒星的形成过程突然放缓，黑洞的吸积也戛然而止——直到星系并合再次发生，打破这暂时的宁静。

影响星系演化的黑洞反馈作用，大都发生在80亿~100亿年以前。自那以后，宇宙变得越来越稀薄，只有星系团还维持着早期的物质密度。因此，星系团中黑洞的"饱嗝"与早期宇宙中的同类事件颇为相似（不过并不完全一样），让天文学家有机会研究宇宙早期的喷流、空泡和声波——正是它们塑造了银河系及其他星系今天的模样。

　　仅有几百万到几亿太阳质量的超大黑洞，竟然能够撼动几十亿到几千亿太阳质量的星系，甚至对数百万亿太阳质量的星系团施加影响。黑洞的致密本质及其强引力场是它们的力量源泉。超大质量黑洞是整个星系中已知最强大的引力势能贮备库。通过吸积盘汲取引力势能，并发射强劲的巨型喷流——黑洞通过"打饱嗝"的方式，大大扩展了它们的势力范围，使它们成为宇宙中最具影响力的天体之一。

靠近黑洞，
验证广义相对论

迪米特里奥斯·普萨尔蒂斯（Dimitrios Psaltis）

亚利桑那大学天文学和物理学教授。他率先通过观测黑洞和中子星的电磁波谱，在强引力场条件下检验广义相对论。

谢泼德·S. 德勒曼（Sheperd S.Doeleman）

麻省理工学院与哈佛-史密森尼天体物理学中心的天文学家，事件视界望远镜项目的协调人。他领导的团队致力于对黑洞进行超高分辨率观测。

精彩速览

- 爱因斯坦的广义相对论自提出以来一直屹立不倒，但它还从未在引力极强的环境下得到验证，例如靠近黑洞边缘的地方。
- 全球射电望远镜观测网络——事件视界望远镜（EHT）将对银河系中心的黑洞，即人马座 A* 的视界做高分辨率观测，从而验证广义相对论。
- 这些观测将给出一系列重要问题的答案，例如，人马座 A* 究竟是黑洞还是诸如裸奇点一类的奇异天体；如果是一颗黑洞，它的性质是否与广义相对论的预言一致。如果EHT探测到与爱因斯坦的预言不一致的结果，未来几年建成的一系列设备将能够对这些结果进行独立检验。

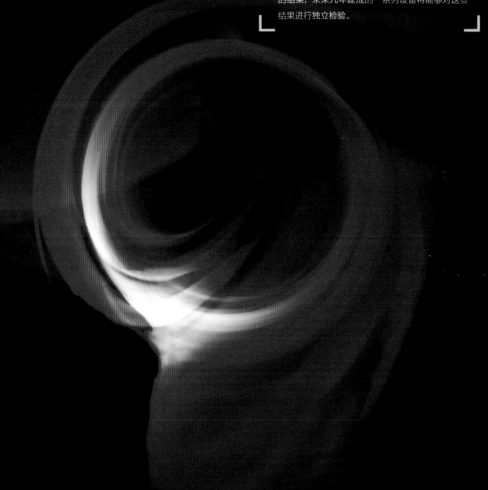

过去整整一个世纪，科学家都在尝试寻找爱因斯坦广义相对论的漏洞，然而没人成功。到目前为止，广义相对论通过了所有检验。然而，这些检验都是在相当弱的引力场中进行的。要对广义相对论进行终极检验，我们需要确认，它在引力极强的情况下是否仍然成立。而今天宇宙中引力最强的地方当属黑洞的边缘，即事件视界。在视界处，引力场强大到使任何越过它的光子和物质都永远无法逃出黑洞。

黑洞的内部是无法观测的。但是，这类天体周围的引力场会使靠近视界的物质发射大量的、可被望远镜捕获的电磁辐射。在黑洞周围，引力将落进去的物质，即吸积流压缩到极小的体积内。这使得下落物质的温度会达到数十亿度，由此，黑洞周边的区域反倒成为宇宙中最亮的地方。

如果我们能够用一个放大能力足以分辨视界的望远镜观测黑洞，就可以跟踪物质旋转下落直至越过视界的全过程，并检验这一过程是否与广义相对论的预言一致。当然，要建成一个足以分辨黑洞视界的望远镜会面临多项挑战。一个显著的问题是，黑洞对于地球上的观测者而言实在太小了。现在天文学家认为，绝大多数星系的中心都存在超大质量黑洞，这些黑洞的质量可达数百万甚至数十亿倍太阳质量，有些黑洞的直径甚至超过我们的太阳系。而即使是它们，由于距离地球非常遥远，在天空中占据的角尺度也极小，因此观测难度极大。距离地球最近的超大质量黑洞是人马座A*，它位于银河系的中心，质量大约相当于400万个太阳。它的视界在天空中的张角只有50微角秒，大约相当于月球上的一张DVD。要想分辨角尺度这样小的天体，我们需要一架分辨能力比哈勃空间望远镜还要高2000倍的望远镜。

不仅如此，我们到黑洞的视线还会因两种不同原因而被遮挡。首先，目标位于星系的正中心，在这里由气体和尘埃组成的稠密云团会封堵住大部分电磁波段。其次，我们想要探测的发光物体是由旋转着落向视界的高度压缩物质组成的灼热旋涡，这些物质本身对大部分波长的电磁辐射也是不透明的。因此，只有极狭窄的波长范围内的辐射，能够从黑洞边缘逃离，被地球上的观测者看到。

事件视界望远镜（Event Horizon Telescope，EHT）项目的目标是通过国际合作来克服这些困难，对黑洞进行细致的观测。为了实现在地球表面观测所能达到的最高角分辨率，EHT采用了一项被称为"甚长基线干涉测量"（VLBI）的技术——天文学家利用位于地球不同位置的射电望远镜同时对同一目标进行观测，将采集的数据分别记录在硬盘上，之后再利用超级计算机整合这些数据，得到一张图像。通过这项技术，分布在地球上不同大洲的许多望远镜组成了一架虚拟的、相当于地球尺寸的望远镜。而望远镜的分辨能力由观测波长与望远镜尺寸的比值决定，所以VLBI通常可以在射电波段对天空进行高分辨率成像观测，分辨能力远超所有光学望远镜。

通过技术革新，在波长最短的射电波段实现VLBI观测，EHT将有能力克服黑洞成像观测上的所有困难。在这些波长上（接近于1毫米），银河系几乎是"透明的"，因此在观测人马座A*时，EHT在视线方向上受到的气体干扰是最小的。相同波长的电磁波还能够穿透落向黑洞的物质，让我们能够深入到人马座A*视界周围最靠近内部的区域。非常巧合的是，一架相当于地球尺寸的望远镜在毫米波段的分辨能力刚好能够分辨距离我们最近的超大质量黑洞的视界。

与此同时，理论天体物理学家也通过建立数学模型和一些计算机模拟手段，对一系列可能的观测结果进行了探讨，并寻求解释这些结果的方法。利用新的超级计算机算法，他们模拟了紧贴黑洞视界边缘的物质的扰动。所有这些数值模拟的结果都显示，黑洞会在吸积流发出的光上投下一片"阴影"。

华盛顿大学的物理学家詹姆斯·巴丁（James Bardeen）在1973年预言了黑洞"阴影"的存在。根据定义，所有进入视界内的光子都无法返回。巴丁发现，在视界之外存在一条可让光子稳定绕行的轨道。如果一束光线跨过这一轨道向内传播，它将被黑洞永久俘获并沿螺旋轨道落向视界。在视界与这一轨道之间产生的光线有可能逃出黑洞，但这仅限于它近乎笔直地径向冲出黑洞的情况。否则，该光束仍将被引力所俘获，其轨迹将折返回事件视界。巴丁发现的这一边界被称作光子轨道。

对于光线来说，黑洞就像一个由光子轨道圈出来的不透明物体。光子轨道形成的亮环与它以内的黑暗区域间的鲜明对比就形成了"阴影"。根据理论预言，在地球上观测到的"阴影"大小实际上会略大于光子轨道。这是因为黑洞周围的强引力场通过引力透镜效应将"阴影"的尺寸"放大"了。

EHT现在已经为观测黑洞的"阴影"以及其他特征做好了准备。2007年和2009年的观测已经证实这一项目在技术上是可行的，所以其终极科学目标是可以实现的。观测的目标分别是人马座A*和室女座A星系（M87）中心的另一个超大质量黑洞。这些早期观测联合了夏威夷、亚利桑那和加利福尼亚的台站，成功测量出上述两个天体在1.3毫米波段射电辐射的延伸范围。两次观测的结果均与理论预言的"阴影"大小一致。

不久后，我们计划利用遍布全球的完整射电望远镜网络进行观测，获得的数据将足以供我们构建出黑洞的精细图像[⊖]。另一个同样重要的观测计划将利用VLBI数据搜寻局部的活跃区域（"热斑"），追踪它们在黑洞周围绕行的轨迹。因为广义相对论同时预言了黑洞的外观和黑洞周围物质的绕转方式，这些观测将提供一系列难得的机会，让我们可以在强引力条件下测试爱因斯坦的广义相对论。在强引力场中，相对论预言的一些极端现象会变得更加明显。

⊖2019年4月10日，人类有史以来第一张黑洞照片面世。——编辑注

检验宇宙审查假说

EHT将帮助我们回答一个基本问题：人马座A*究竟是不是一个黑洞？目前所有能收集到的证据都支持肯定的答案。然而，还没有人直接观测到黑洞，而且仍然有其他符合广义相对论的可能性存在。例如，人马座A*可能是一个裸奇点◯。

物理学中的奇点指的是这样的一个地方，在这里方程的解是无意义的，并且所有已知自然规律均告无效。广义相对论预言，宇宙起源于一个奇点——在这个初始时刻，宇宙的所有组成成分均聚集在一个密度无限大的点上。该理论同时告诉我们，每个黑洞的中心均存在一个奇点——此处引力无穷大，所有物质均被压缩至密度无穷大。

在黑洞中，视界将奇点与我们的宇宙隔绝开来。然而，广义相对论并不要求每一个奇点都被视界包裹。爱因斯坦方程组有无穷多个允许"裸"奇点存在的解。有些解描述的是这样的情况：当普通黑洞以极快的速度自转时，视界会"张开"，露出里面的奇点。也有一些解描述的黑洞本身就没有视界。

与黑洞不同，裸奇点目前仍仅存在于理论研究之中：尚没有人建立起裸奇点在真实世界中形成的机制。当前，所有符合天体物理学规律，针对恒星引力塌缩所做的计算机模拟得出的结果都是有视界的黑洞。因此，罗杰·彭罗斯（Roger Penrose）于1969年提出了宇宙审查假说：自然界会以某种机制审查每一个奇点的裸性，使其总是包裹在视界之内。

1991年9月，加州理工学院的物理学家约翰·普雷斯基（John Preskill）、基普·索恩（Kip Thorne）与剑桥大学的物理学家史蒂芬·霍金（Stephen Hawking）就宇宙审查假说的正确性和裸奇点的存在打了个赌。二十几年过去了，赌局仍然悬而未决，物理学家也热切期待着一个能让这场赌局分出胜负的实验。即使证实人马座A*有一个视界，也不能断言裸奇点在宇宙其他地方不存在，但是，如能确定银河系中心的黑洞是一个裸奇点，那么我们就能直接观测到，在现代物理规律失效的环境下，有哪些奇异的现象。

寻找黑洞的"毛发"

推翻宇宙审查假说并不能给广义相对论致命一击，因为相对论方程也允许裸奇点存在。但我们仍可以期待EHT对另一个长期存在的观点进行验证，即黑洞无毛定理。如果无毛定理是错的，广义相对论至少需要得到修正。

◯ 裸奇点是理论中没有被视界包围住的引力奇点。——编辑注

地球一样大的望远镜

全球范围内的至少9架射电望远镜或干涉阵将参与组建事件视界望远镜（EHT）。每架望远镜都位于高海拔处，以保证地球大气对信号的吸收降到最低。EHT利用全球范围的设备在毫米波段进行观测，它的有效角分辨率将达到数百万分之一角秒——足以看清月球上一张DVD。

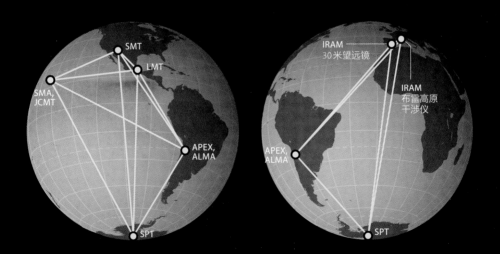

根据无毛定理，任意被视界包裹的黑洞都可以被三个物理量完整地描述：质量、自旋和电荷。换言之，任意两个黑洞，只要质量、自旋和电荷都相等，那么这两个黑洞应该是完全一样的，就像两个电子一样是不可区分的。根据该定理的描述，黑洞是没有"毛发"的，没有任何几何上的不规则性或其他可区分的性质。

最初考虑利用VLBI对黑洞进行成像观测的时候，我们认为可以利用黑洞"阴影"的形状及尺寸来了解黑洞的自转速度及其自转轴的方向。然而，数值模拟却给了我们一个意外的惊喜：在模拟中，无论我们如何改变黑洞的自转速度以及虚拟观测者的位置，黑洞的"阴影"总是呈现为近似圆形，并且其尺寸大约为视界半径的5倍。由于某一幸运的巧合——或者有某一尚未被我们发现的深层次物理规律，不管我们如何改变模型中的参数，黑洞"阴影"的大小和形状都保持不变。这一巧合对于我们验证爱因斯坦的理论是极有利的，因为它仅在相对论成立的前提下出现（见本页图示）。如果人马座A*有一个视界，并且其"阴影"的大小或形状与我们的预言有偏差，那么这就违背了无毛定理——进而也违背了广义相对论。

追踪吸积流

EHT的观测数据所提供的远不只是黑洞的图像，它的每根天线都将记录黑洞辐射的全部偏振信息。这些信息将为我们提供黑洞视界附近的磁场分布地图。这些地图能帮助我们了解自某些星系（如M87）中心发射出的强大喷流背后的物理机制。喷流由速度接近光速的极高能粒子束组成，其长度可达数千光年。天体物理学家相信，是超大质量黑洞视界附近的磁场驱动着这些喷流，研究磁场的分布将有助于对这一假说进行验证。

通过观察黑洞周围物质的运动，我们可以获得更多的信息。围绕在黑洞周围的吸积流被认为是高度湍动和变化的。计算机模拟经常显示，吸积流中存在着局部的、短暂的磁活跃区域——"热斑"，跟太阳表面的磁暴类似。这些热斑可以解释在人马座A*中经常探测到的亮度变化，热斑与周围的吸积流一起以接近光速的速度绕黑洞旋转，在不到半小时的时间内即可完成一周。在某些情况下，当热斑运动到黑洞的背面时，它们会受引力透镜效应影响而产生一个近乎完整的"爱因斯坦环"——一个被引力扭曲的明亮圆环，与哈勃空间望远镜在其他遥远的类星体中拍摄到的一样。在其他情况下，热斑在绕行黑洞一段时间后会因失去能量而消失。

利用黑洞对广义相对论进行测试

天体物理学家基于广义相对论建立起了精致的理论模型。这些模型预言了物质在黑洞附近的行为。事件视界望远镜对银河系中心黑洞的观测将告诉我们现实与理论预言是否一致。如果不一致，爱因斯坦的理论就可能需要修改。

a b c

黑洞会在围绕它的高温物质的辐射中留下一个阴影。原则上，阴影的形状和尺寸取决于黑洞自转的快慢、光线在黑洞附近被引力弯曲的程度以及观测者所在的方位。由于一个幸运的巧合，这三种效应的共同作用使得对于所有黑洞和观测者，阴影总是近似为圆形（图a）。然而，这一巧合仅在爱因斯坦的理论正确并且无毛定理——指的是一个黑洞可以被它的质量、自旋和电荷完整地描述——成立的情况下产生。如果观测发现椭圆形的阴影，如图b或c所示，那么爱因斯坦的理论就无法通过测试。

跟踪闭合相位

黑洞有时候会闪耀。对这一现象的一种解释是，正常稳定的吸积流上出现了"热斑"——温度较高的区域。热斑在消失前会绕黑洞旋转。EHT将用三个望远镜组成一组追踪系统来测量热斑辐射出的光线在到达时间上的差异；利用这些数据，热斑的位置可以通过三角测量的方法得到。右边图中的数值模拟展示了基于两组望远镜的三角测量数据得到的信号（称为"闭合相位"）。热斑的轨道运动会产生类似"心跳"的图样——闭合相位的时间特征。测量这类信号使得绘制黑洞的时空地图与测试广义相对论的预言成为可能。

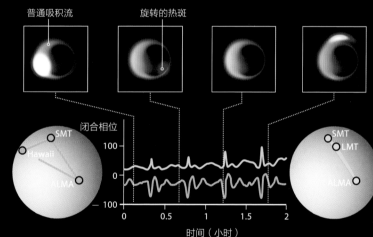

普通吸积流　　旋转的热斑

闭合相位

SMT
Hawaii
ALMA

SMT
LMT
ALMA

100

0

—100

0　　0.5　　1　　1.5　　2
时间（小时）

模拟更加复杂的现实

EHT的科学家正利用超级计算机对处于吸积状态的黑洞进行复杂程度可以比拟真实天体的数值模拟。右侧的图像描述了一个处于非常宁静的辐射状态下的黑洞；左侧图像是一个处于闪耀状态的磁活跃区域。通过这些数值模拟，科学家们建立起了一系列算法，这些算法使得他们能够从真实的观测数据中提取出黑洞阴影的性质。

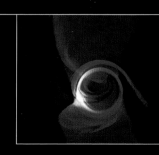

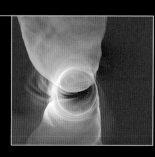

热斑的存在使得对黑洞成像过程的观测变得更为复杂，因为VLBI技术中望远镜的工作方式与延时摄影类似——虚拟快门在整个观测过程中一直处于开启状态，并利用地球的自转从尽可能多的角度拍摄黑洞。这期间，如果吸积流上有一个热斑在黑洞附近绕行，它的出现将使图像变得模糊，就如同照相机的快门开启时间过长时，拍到的短跑运动员照片会变得模糊一样。

然而，热斑的存在又使我们能够对广义相对论进行一项完全不同的测试。利用一种名为"闭合相位变化追踪"的技术，EHT可以追踪热斑的轨道。这一技术首先测量来自热斑的同一束光线到达三个不同台站的时间延迟，然后利用基本的三角测量的方法推断热斑在天空中的位置。绕转的热斑将在望远镜收集的原始数据上产生独有的信号特征。与爱因斯坦方程组预测黑洞"阴影"的大小和形状的情况几乎一样，这些方程同样预言了所有我们需要知道的描述热斑轨道的物理量。热斑的理论模型可能有些过于简略，而现实情况要更为复杂。不过，完全状态的EHT能在吸积流绕黑洞旋转的过程中，对吸积流的结构进行监测，并提供另一种方法，来检验广义相对论的预言在黑洞边缘附近是否成立。

非凡的证据

如果我们的观测结果与爱因斯坦的理论不一致会有什么后果呢？用卡尔·萨根（Carl Sagan）的名言来回答："非凡的主张需要非凡的证据。"在自然科学领域，非凡的证据通常意味着利用独立的方法对某个主张进行一次或多次证明。在接下来的数年中，通过监测超大质量黑洞周围的恒星、中子星（大质量恒星引力塌缩后形成的极致密的微小天体）以及其他天体的轨道，强有力的光学和射电望远镜以及空间引力波探测器或许能提供这类证明。

为欧洲南方天文台（ESO）的甚大望远镜（VLT）和下一代30米级的光学望远镜建造的光学干涉仪GRAVITY，将会追踪银河系中心人马座A*视界附近恒星的轨道运动，这些恒星到黑洞视界的距离仅为视界半径的几百倍；正在南非和澳大利亚建造的射电干涉阵——平方千米天线阵（SKA）建成之后，将马上开始监测该黑洞附近的脉冲星（快速旋转的中子星）的轨道；此外，经过改进的空间激光干涉天线（eLISA）将探测近邻星系中围绕超大质量黑洞旋转的致密天体所辐射出的引力波。

因为黑洞的引力场非常强，上述天体的椭圆轨道会快速进动，并且进动效应会非常显著，以至于轨道上距离黑洞最远的点将会在几个轨道周期内沿圆形轨迹移动一周。同时，黑洞将拖拽周围的时空，使得该时空中天体的轨道平面也产生进动。通过测量到黑洞不同距离处的天体的轨道进动速率，我们可以对黑洞周围的时空进行完整的三维重构，由此可以用很多方法，在极强引力场下对广义相对论进行验证。

上述所有设备联合起来，将帮助我们确认爱因斯坦的广义相对论——特别是它关于黑洞的预言——是会毫发无损地再成立一个世纪，还是会被献祭在科学进步的祭坛上。

因为难以直接观测，

科学家提出了诸多理论来解释关于黑洞的种种谜团：

粒子加速器能否制造出黑洞？

在黑洞中，量子力学与相对论究竟能否融合？

黑洞的存在，对于宇宙到底有何意义？

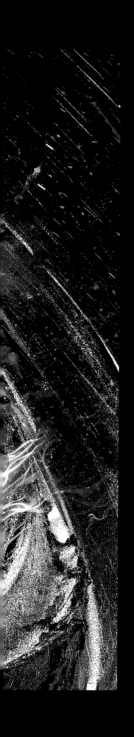

第三章 理
THEORY
论

地球上存在黑洞？

伯纳德·J.卡尔（Bernard J.Carr）

伯纳德·J.卡尔和史蒂文·B.吉丁斯第一次的会面，是在2002年的一次庆祝史蒂芬·霍金60岁生日的学术会议上。卡尔将自己对天体物理学的热爱追溯到1969年由奈杰尔·考尔德（Nigel Calder）制作的BBC纪录片《狂暴的宇宙》（The Violent Universe）。20世纪70年代，他成为霍金的研究生，是研究小型黑洞的首批科学家之一，现在是英国伦敦玛丽女王大学的教授。

史蒂文·B.吉丁斯（Steven B.Giddings）

吉丁斯在他父亲第一次向他描述量子力学的奇异特性时对物理学产生了浓厚的兴趣。他沿着这条道路走了下去，成为了量子引力和宇宙学领域的专家，是研究在粒子加速器中制造黑洞可能性的先驱之一，目前是美国加利福尼亚大学圣巴巴拉分校的教授。

精彩速览

- 黑洞并不都是巨大的、贪食的魔鬼。理论研究表明，它们的体积范围可以很大，但也有一些甚至比亚原子粒子还要小。微型黑洞应该会由于量子效应而湮灭，最小的那些应该会在它们形成的瞬间就爆炸消失。

- 小型黑洞可能从大爆炸早期遗留下来，天文学家或许能探测到它们中的一些在今天的宇宙中发生爆炸。

- 理论学家提出，小型黑洞或许能在今天的宇宙中甚至在地球上通过碰撞产生。虽然他们曾经认为这一过程所需的能量过高，但如果宇宙中隐藏着具备合适性质的额外维度，产生黑洞所需的能量阈值将要低得多。如果假说成立，黑洞就能在欧洲核子研究中心的大型强子对撞机中，以及大气层高处宇宙射线的碰撞过程中出现。利用黑洞，物理学家还能探索空间的额外维度。

自从80多年前粒子加速器被发明以来，物理学家用它们进行了许多奇妙的研究，比如击碎原子、嬗变元素、生成反物质并创造之前从未在自然界中发现过的新粒子。然而，与他们可能即将面对的一项挑战相比，之前的那些成就可以说是相形见绌。如果足够幸运，粒子加速器或许能制造出宇宙中最神秘的物体——黑洞。

提起黑洞，浮现在人们脑海里的通常是一个巨大的"怪物"，宇宙飞船甚至恒星都会被它吞噬，然后无影无踪。当位于瑞士日内瓦附近的欧洲核子研究中心（CERN）的大型强子对撞机（Large Hadron Collider，LHC）以最高设计能量运行时，这些宇宙巨兽的远亲可能会在最高能的加速器中诞生。如果加速器能够制造黑洞，它们也将是微型的，同基本粒子的大小相当。虽然它们不具备撕裂恒星、支配星系或给地球带来威胁的能力，但从某些角度来看，它们的特性甚至更加吸引人。根据量子效应，它们将在形成后不久就蒸发殆尽，像点亮的圣诞树一样在粒子探测器上留下一片光亮。通过对它们的研究，可以让科学家了解时空如何交织、是否存在更高维度。

压缩再压缩

黑洞的概念源于爱因斯坦的广义相对论。该理论预言，如果物质被充分压缩，其引力会增强并形成一个任何东西都不可能从中逃脱的区域。这个区域的边界就是黑洞的"事件视界"——物质只能落入其中，却永远无法逃出。在最简单的情况下（空间没有隐藏的维度，或者即便有，也比黑洞要小），黑洞的大小与质量成正比。如果将太阳压缩到半径只有3千米，即目前半径的二十五万分之一左右，它将会变成一个黑洞。如果换作地球，则需要将其半径压缩到9毫米，约为目前的十亿分之一。

所以，要制造的黑洞越小，需要的压缩率越高。物体需要被压缩的程度与质量的平方成反比。对于与太阳质量相当的黑洞来说，密度约为 10^{19} 千克每立方米，比原子核的密度还高，基本上是目前宇宙中通过引力塌缩能达到的最大密度。比太阳轻的天体可以通过亚原子粒子间互斥的量子力抵抗塌缩，从而达到稳定状态。观测发现，黑洞候选者至少要达到数个太阳质量。

不过，恒星塌缩并不是形成黑洞的唯一途径。20世纪70年代初，剑桥大学的史蒂芬·霍金（Stephen Hawking）和本文作者卡尔研究了早期宇宙中的黑洞（原初黑洞）的形成机制。随着宇宙的膨胀，物质的平均密度在不断下降。因此，早期宇宙的密度要大得多，尤其是在大爆炸后最初的几微秒内，宇宙密度超过原子核的密度。根据已知的物理学定律，所允许的最高密度达到 10^{97} 千克每立方米，即普朗克密度。这时的引力极强，量子力学的波动会破坏时空结构。这样的密度足以制造出直径仅为 10^{-35} 米（普朗克长度），质量为 10^{-8} 千克（普朗克质量）的黑洞。

根据对引力的传统描述，这是可能存在的质量最小的黑洞。它比基本粒子质量更大，体积却要小很多。随着宇宙密度的降低，形成的原初黑洞可能会越来越重。任何小于 10^{12}

千克的黑洞都比质子还要小，但是一旦超过这一质量，黑洞的大小就会与我们熟悉的物体尺度相当。那些在宇宙密度与原子核密度相当的时期形成的黑洞，具有与太阳相当的质量，因此呈宏观尺寸。

早期宇宙的高密度是形成原初黑洞的必要条件，而非充分条件。要让一个区域停止膨胀而塌缩成黑洞，其密度必须大于宇宙密度的平均值，因此密度的波动也是必需的。天文学家知道，至少在大尺度上，这种波动是存在的。否则，星系和星系团等结构就不可能形成。要使原初黑洞形成，这些波动在较小的尺度上必须比在大尺度上更强，这可能实现，但情况并非总是如此。即使不存在波动，黑洞也可能在不同的宇宙相变过程中自发形成，例如早期的加速膨胀（称为暴胀）结束时；或是与原子核密度相当的时期，此时质子等粒子开始从它们的组成成分夸克 "浓汤" 中凝聚。实际上，考虑到并没有太多的物质最终被用于构成原初黑洞，宇宙学家可以在早期宇宙的模型中加入重要的限制条件。

消失不见？

黑洞有可能很小，这一认识让霍金开始思考，究竟是哪些量子效应发挥了作用。1974年，他得出了著名的论断：黑洞不仅吞噬粒子，它们还可以吐出粒子。霍金预言，如同一块正在燃烧的煤炭，黑洞也能辐射出热量，辐射的温度与黑洞的质量成反比。质量与太阳相当的黑洞，辐射温度大约是百万分之一开尔文，在今天的宇宙里，这样的温度完全可以忽略不计。然而，质量为 10^{12} 千克（大约相当于一座山峰的质量）的黑洞辐射的温度为 10^{12} 开尔文，足以同时辐射出无质量粒子（如光子）和带质量粒子（如电子和正电子）。

由于辐射携带着能量，黑洞的质量会因此减小，因此黑洞高度不稳定。随着黑洞的质量逐渐减小，它变得越来越热，辐射出的粒子的能量也会越来越高，这反过来加快了黑洞缩小的速度。当黑洞收缩到约 10^6 千克时，一切都结束了——在不到一秒内，它就会爆炸，释放的能量相当于一百万颗百万吨级的核弹。一个黑洞蒸发殆尽所需的时间，同其初始质量的三次方成正比。质量与太阳相当的黑洞寿命会长达 10^{64} 年；而 10^{12} 千克的黑洞完全蒸发则需要 10^{10} 年，大约相当于目前宇宙的年龄，因此该质量级别的原初黑洞应该差不多走完了蒸发旅程，爆炸随时会发生。那些更小一些的黑洞应该已经在更早的阶段蒸发掉了。

霍金的工作是极为重要的理论进展，因为它将先前互不相关的三个物理领域——广义相对论、量子理论和热力学——联系到了一起，同时也向完全的量子引力理论前进了一步。即使原初黑洞从未出现过，对它们的理论研究也显著提升了我们对物理的了解。所以，即使是研究一个不存在的东西也是有价值的。

两种黑洞

大质量黑洞与微型黑洞诞生于不同的过程之中，它们的演化历程也各不相同。

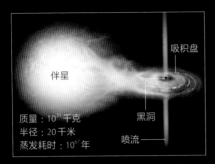

质量：10^{31}千克
半径：20千米
蒸发耗时：10^{67}年

标注：伴星、吸积盘、黑洞、喷流

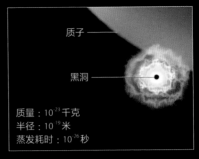

质量：10^{-23}千克
半径：10^{-19}米
蒸发耗时：10^{-26}秒

标注：质子、黑洞

在天体物理学上，黑洞被认为是大质量恒星在自身引力作用下塌缩后留下的"尸体"。黑洞就像宇宙中的水力发电站，随着物质落入其中而释出重力势能——这是目前对天文学家观测到的，天体系统中喷射出的高强X射线和气体喷流的能量来源的唯一解释，例如图中显示的X射线双星系统。

微型黑洞的质量可以达到一颗较大的小行星的级别。在大爆炸早期，它们或许由于物质的塌缩而大量产生。如果空间具有不可见的额外维度，微型黑洞或许能够在今天的宇宙中由高能粒子碰撞生成。它们不会吞噬物质，而是放出辐射并且迅速湮灭。

量子黑洞的诞生和湮灭

诞生

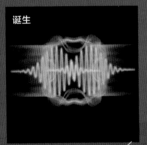

质量：10万亿电子伏
时刻：0

"脱发"期

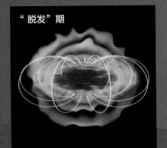

质量：10万亿到8万亿电子伏
时刻：0到1×10^{-27}秒

旋转减慢期

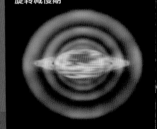

质量：8万亿到6万亿电子伏
时刻：1到3×10^{-27}秒

如果条件合适，两个粒子（在这里以波包的形式呈现）能通过对撞产生黑洞。新生的黑洞是不对称的。它可能会旋转、振荡并且带电。（时间和质量是估计值；1万亿电子伏能量大约相当于10^{-24}千克。）

随着黑洞逐渐稳定下来，它会辐射出引力波和电磁波。根据物理学家约翰·A.惠勒（John A.Wheeler）所形容的——黑洞开始"脱发"。之后，它会变成一个几乎毫无特征的物体，仅仅可以由电荷、自旋和质量描述。随着黑洞辐射出带电粒子，甚至连电荷也会迅速损失掉。

黑洞不再是黑的了：它也产生辐射。最初，辐射是以损失自旋为代价，所以黑洞的转速逐渐减慢，变成球形。辐射主要沿黑洞的赤道平面散发出来。

更重要的是，这一发现还引出了一个深奥的悖论，直指物理学中一个重要问题的核心——为什么广义相对论和量子力学是如此难以调和。根据相对论，物体掉入黑洞后，它携带的信息就永远消失了。然而，如果黑洞会蒸发，它包含的信息又会如何呢？霍金的理论认为，黑洞会完全蒸发并破坏其中的信息，从而违背量子力学的基本原则。但是，这种对信息的破坏与能量守恒定律相抵触，让这种设想看起来不甚合理。

另一种可能性是，黑洞在蒸发后还会有一些残余物，不过这同样令人难以接受。因为要让这些残余物对所有之前落入黑洞的信息进行编码，它们必须具有无限多的类型。物理学定律预言，粒子产生的速率同该粒子的种类数量成正比。因此，黑洞残余物应该拥有无穷大的产生速率，即使日常的物理活动——例如启动微波炉——也会制造出它们。如果是那样的话，自然界将处于灾难性的不稳定状态。

第三个，也是最有可能的选项是，信息会通过局域性的裂口逃离黑洞。局域性是指，发生在空间上不同位置的事件，只有在光有足够的时间在这些位置之间传播时，事件才可以相互影响。这比普通的量子非局域性更深奥，直到今天都是理论物理学家面对的难题。

史瓦西期

质量：6万亿到2万亿电子伏

时刻：3到20×10⁻²⁷秒

损耗了所有的自旋后，黑洞变成了比之前更为简单的物体，仅能通过质量描述。但即便是质量，也会以辐射和带质量粒子的形式损失，这种辐射会出现在所有的方向上。

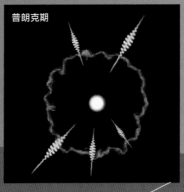

普朗克期

质量：2万亿到0万亿电子伏

时刻：20到22×10⁻²⁷秒

黑洞达到普朗克质量——根据目前的理论黑洞可能具有的最低质量，接下来会瞬间完全消失。弦理论认为，此时的黑洞可能开始辐射出弦，即物质的最基本单位。

显示在粒子加速器和探测器横截面上对黑洞湮灭过程的模拟。从加速器管道（黑色圆形）中心辐射出的粒子（辐射线）被数层探测器（同心环）记录下来。

寻找黑洞

物理学上的进展通常需要一些来自实验的指引，所以微型黑洞带来的问题也推动了搜寻这些黑洞的实验。一种可能的途径是，天文学家或许能探测到初始质量为 10^{12} 千克的原初黑洞在当今宇宙中的爆炸。这些黑洞质量约十分之一的部分将以伽马射线的形式辐射出来。1976 年，霍金和当时在美国加州理工学院任职的唐·佩奇（Don Page）意识到，对伽马射线背景的观测结果为此类黑洞的数量设置了严格的上限。例如，它们不可能是宇宙暗物质的主要组成部分，而且它们的爆炸很少能发生在足够近的距离从而被探测到。然而在 20 世纪 90 年代中期，加利福尼亚大学洛杉矶分校的戴维·克莱因（David Cline）和同事提出，持续时间最短的伽马射线爆发，可能就源自原初黑洞的爆炸。虽然持续时间更长的爆发被认为同恒星的爆炸或合并有关，但短时间的爆发或许有另一种解释。虽说未来的观测应该可以解决这一问题，但是通过天文观测来窥探黑洞蒸发最终阶段的前景已经让人望眼欲穿。

用粒子加速器制造黑洞是一个更加激动人心的可能途径。在制造高密度物质方面，粒子加速器是最合适的仪器了。例如大型强子对撞机和美国费米国家实验室的万亿电子伏加速器等装置，可以将质子等亚原子粒子加速到极为接近光速的速度，从而拥有极高的动能。在大型强子对撞机中，质子将拥有约 7 万亿电子伏（7 TeV）的能量。根据爱因斯坦著名的质能公式 $E=mc^2$，如此高的能量等同于 10^{-23} 千克的质量，或者说相当于质子静止质量的 7000 倍。当两个这样的粒子近距离对撞时，它们的能量将会压缩至空间中一个微小的区域内。因此有人猜测，有时这些对撞的粒子会足够接近从而形成一个黑洞。

目前看来，这一推断存在一个问题：10^{-23} 千克的质量要比 10^{-8} 千克的普朗克质量低太多，而普朗克质量是传统引力理论认为的黑洞具有的最低质量。这一质量下限源于量子力学的不确定原理。因为粒子具有波动性，它们在空间上有一定程度的散布，而散布的距离会随着能量的升高而减小。在大型强子对撞机能达到的能量条件下，粒子散布的距离约为 10^{-19} 米。所以，这是粒子能量可压缩的最小区域尺度。这时能达到的密度是 10^{34} 千克每立方米，虽然已经很高，但仍不足以制造出黑洞。要让一个粒子同时具备足够高的能量和足够大的密度，它必须具有普朗克能量，这比大型强子对撞机能达到的能量还要高 10^{15} 倍。有趣的是，加速器或许能制造出在数学上与黑洞相关的物体。位于美国纽约州厄普顿的布鲁克海文国家实验室的相对论性重离子对撞机（Relativistic Heavy Ion Collider）或许已经做到了这一点，但黑洞本身似乎仍然遥不可及。

触摸更高维度

不过，在过去十多年里，物理学家已经认识到，生成黑洞必需的普朗克密度可能被高估了。作为量子引力理论的主要竞争对手之一，弦理论预测空间具有三维之外的维度。与其他力不同，引力应该能够延伸至这些维度中，并且会随着距离的缩短增强到出人意料的程度。在三维空间里，如果将两个物体之间的距离减半，它们之间的引力就会增强 4 倍。但在九维空间里，引力会增强 256 倍。如果空间的维度足够大，这一效应可以变得十分显著。这一理论在过去一段时间得到了广泛的研究。更高维度可能还有另一种被称为"扭曲紧致"（Warped Compactification）的结构，具有同样的引力放大效应。而且如果弦理论是正确的话，放大效应更有可能发生。近年来，这些理论都得到了大量的研究。

这种引力强度的增长意味着，引力定律和量子力学发生冲突（也就是能制造出黑洞）的真实能量等级，可能比之前的预测低很多。虽然尚没有实验证据支持这种可能性，但是该设想为解决众多理论难题带来了希望。如果假说成立，制造一个黑洞所需的能量也许是大型强子对撞机可以达到的。

在高能对撞中制造黑洞的理论研究可以追溯到 20 世纪 70 年代英国牛津大学的罗杰·彭罗斯（Roger Penrose），以及 20 世纪 90 年代初任职于英国剑桥大学的彼得·德伊斯（Peter D'Eath）和菲利普·诺伯特·佩恩（Philip Norbert Payne）。新发现的大尺度额外维度存在的可能性，让这些研究获得了新生，并促使加利福尼亚大学圣克鲁兹分校和罗格斯大学的汤姆·班克斯（Tom Banks），以及得克萨斯大学奥斯汀分校的威利·菲施勒（Willy Fischler）于 1999 年撰写了一篇论文，对黑洞的制造进行了初步探讨。

在 2001 年的一次专题讨论会上，两个研究组——一个包括本文作者吉丁斯和当时就职于斯坦福大学的斯科特·托马斯（Scott Thomas），另一个包括斯坦福大学的萨瓦斯·季莫普洛斯（Savas Dimopoulos）和美国布朗大学的格雷格·兰兹伯格（Greg Landsberg）——分别描述了在大型强子对撞机中制造黑洞的可观测效应，即发现黑洞的可能性。进行了一些计算后，我们被震惊了。粗略的估算表明，在最乐观的情况下，即位于普朗克尺度合理值的下限时，黑洞的产生速率可以是一秒钟一个。物理学家通常将以这种速率产生粒子的加速器称为"工厂"，所以大型强子对撞机可以算得上是"黑洞工厂"。

这些黑洞的蒸发会在探测器上留下十分明显的标记。普通的对撞会生成适当数量的高能粒子，但是一个湮灭中的黑洞则完全不同。根据霍金的研究，它会向各个方向辐射大量能量极高的粒子，湮灭产物也包括自然界中发现的所有种类的粒子。对于黑洞在大型强子对撞机探测器上会留下怎样的显著标记，多个研究组都进行了愈发详尽的研究。

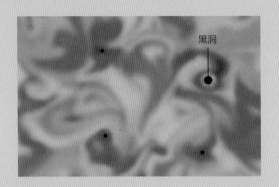

原初密度扰动

在宇宙的早期，空间中充满着炽热、浓密的等离子体，其密度在不同区域各不相同。当所在区域的相对密度足够高时，等离子体会塌缩并形成黑洞。

宇宙射线碰撞

源于宇宙的高能粒子——宇宙射线会轰击地球大气层并形成黑洞。黑洞的爆炸进而产生辐射和次级粒子"雨"，科学家可以在地面进行探测。

粒子加速器

大型强子对撞机这样的加速器能让两个粒子以足够高的能量对撞到一起从而塌缩成黑洞。探测器能记录下黑洞随后的湮灭过程。

黑洞会从天而降吗？

也许在一些人看来，在地球上制造黑洞的设想很是愚蠢。我们怎么知道它们会像霍金预言的那样安全湮灭，而不会持续增长，最后吞噬整个地球？乍一看来，这一问题值得高度重视，尤其是考虑到霍金最初的理论中的某些细节或许并不正确，例如认定信息会在黑洞中消失。

但是，量子理论的一般性原则显示，小型黑洞不可能保持稳定，因此它们是安全的。质能的聚集体——例如基本粒子——之所以稳定，是因为守恒定律禁止它们衰变，例如电荷守恒和重子守恒，其中后者保证了质子的稳定，除非在某种情况下该守恒被打破。但没有什么守恒定律能让小型黑洞保持稳定。在量子理论中，没有明确禁止的就是必然存在的，所以根据热力学第二定律，小型黑洞会快速湮灭。

实际上，类似于大型强子对撞机实验的高能对撞已经出现过，例如在早期宇宙中，甚至就在此刻，具有足够高能量的宇宙射线轰击地球大气层时也会产生高能对撞。所以，如果大型强子对撞机能量级别的碰撞能够制造出黑洞，那么大自然一直都在我们的头顶上制造它们却未对我们造成影响。早先吉丁斯和托马斯的估算表明，最高能量的宇宙射线——具有高达 10^9 万亿电子伏能量的质子或更重的原子核——每年能在大气层中制造多达 100 个黑洞。

此外，他们两人与加利福尼亚大学圣克鲁兹分校的戴维·多尔芬（David Dorfan）、斯坦福直线加速器中心的汤姆·里佐（Tom Rizzo）组成的研究团队，以及另一组包括加利福尼亚大学欧文分校的冯孝仁（Jonathan L.Feng）和美国肯塔基大学的艾尔弗雷德·D.夏佩尔（Alfred D.Shapere）的团队，分别发现宇宙中微子互相碰撞可能造出更多黑洞。如果结论得到证实，阿根廷俄歇宇宙射线天文观测台（Auger Cosmic-ray Observatory），以及位于美国犹他州的"蝇眼"天文观测台（Fly's Eye Observatory），每年或许能发现数个黑洞。然而，即使这些观测台能发现黑洞，加速器实验仍然不可或缺，因为它们能在更可控的条件下制造出更多的黑洞。

人造黑洞将为物理学开辟一个全新的研究领域。人造黑洞可以为存在隐藏的空间维度这一设想提供有力的证据，此外，通过观测它们的特性，物理学家或许可以探索那些高维度的结构特征。例如，随着加速器能制造的黑洞的质量越来越大，这些黑洞将会深入额外的维度中，而且能够与其中一个或多个维度的尺度相当，从而导致黑洞的温度与其质量的关系发生显著改变。与此类似，如果黑洞能增大到足以切割一个额外维度中的平行三维宇宙，它的湮灭特性将会突然改变。

制造黑洞不容易

将一个物体压缩成黑洞有什么要求？物体越轻，为了让引力足以形成黑洞，需要被压缩的程度越大。与恒星相比，行星以及人体距离临界线更远（见图表）。物质的波动性会抵抗压缩，因而粒子无法被压缩到比它们的特征波长更小的区域中（见图表），这意味着任何黑洞都要比10^{-8}千克更重。然而，如果空间具有额外的维度，引力会在短距离上变得更强。这样一来，物体被压缩的程度不需要那么高，从而给那些未来的黑洞制造者们带来了希望。

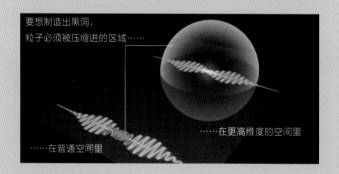

要想制造出黑洞，
粒子必须被压缩进的区域……

……在更高维度的空间里

……在普通空间里

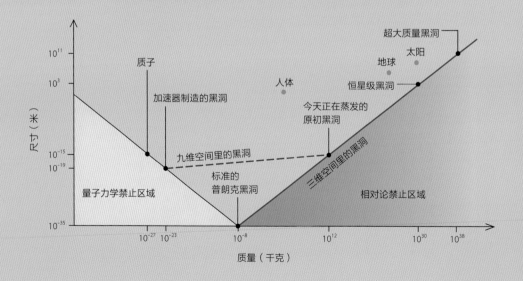

如果能在加速器中成功制造出黑洞，还将标志着人类长久以来的一个探索抵达了终点：在从未达到过的更精细的尺度上理解物质。20 世纪的物理学家已经将"小"的边界推进了很多，从尘埃到原子，再到质子和中子，再到夸克。如果能制造出黑洞，它们将到达普朗克尺度，这被认为是最短的有意义的长度。小于普朗克长度时，空间和长度概念本身可能也不存在了。任何通过进行更高能量的对撞来探究更短距离的尝试，都将不可避免地以造出黑洞而结束。更高能量的对撞不再将物质分裂成更精细的碎片，而是造出更大的黑洞。因此，人造黑洞的出现将标志着一个科学前沿的封闭。取而代之的将是一个崭新的前沿，召唤我们去探索空间额外维度的结构特性。

黑洞中心没有奇点？

张双南

中国科学院高能物理研究所研究员、中国科学院
粒子天体物理重点实验室主任，也是科技部973
项目"黑洞以及其他致密天体物理的研究""硬
X射线调制望远镜"天文卫星、天宫二号"天
极"伽马射线暴偏振仪等项目首席科学家。他的
主要研究方向有黑洞和中子星天体物理、相对论
天体物理、伽马射线暴和宇宙学等。

精彩速览

- 本文作者提出了五个判据，天文学家可以据
  此辨别一个天体是否为恒星级黑洞。
- 根据计算，本文作者认为，物质能够进入黑
  洞的视界，黑洞能够形成，但是黑洞中心没
  有奇点。
- 未来的引力波以及相应的电磁波观测也许能
  检验黑洞中心到底有没有奇点。

1915年，爱因斯坦发表了广义相对论后，卡尔·史瓦西（Karl Schwarzschild）很快就给出了广义相对论场方程的第一个解析解，也就是不旋转的、球对称分布的质量周围的时空几何，后来被称为史瓦西度规或者史瓦西解。这个解对应的就是黑洞，它有两个重要特征：一个就是在史瓦西半径处（$R_s = 2GM/c^2$，其中 G 是万有引力常数，M 是黑洞的质量，c 是光速），光线的红移是无限大，也就是光线无法从此处以及更靠近黑洞的地方逃出去，这个界限被称为事件视界（下简称"视界"）；另一个就是在黑洞中心，所有物理量都发散，也就是趋向于无穷大。如果把太阳这样质量的天体变成一个黑洞，就需要把它压缩到半径只有大约 3 千米。

爱因斯坦不认为视界的存在有什么问题，但是他认为自然界中不能有发散的物理量（视界处光线的红移趋向于无穷大意味着光子的能量趋向于零，所以不是发散），因此爱因斯坦认为史瓦西解仅仅是一个数学的解，不能对应自然界的天体。

从 20 世纪 30 年代开始，科学家把广义相对论和量子力学应用到恒星演化的后期，预言了具有不同质量的恒星在耗尽热核能源后，最终可能会塌缩成为性质完全不同的致密天体，如白矮星、中子星或者黑洞。小质量的恒星，例如我们的太阳，最终会成为一颗白矮星，其内部的电子简并压力足以和引力达到平衡。钱德拉塞卡指出，当更大质量的恒星形成的致密天体的质量超过大约 1.4 倍太阳质量时，也就是所谓的钱德拉塞卡极限，该天体内部的电子气体的简并压力无法抗拒自身的引力，将进一步收缩。瑞士裔美国天文学家弗里茨·兹维基（Fritz Zwicky）和苏联科学家列夫·达维多维奇·朗道（Lev Davidovich Landau）进一步指出，在这种情况下，天体内部的自由电子会被挤入质子，形成中子，进一步收缩成为一颗中子星，依靠中子气体的简并压力和引力达到平衡。

1939 年，美国科学家罗伯特·奥本海默（Robert Oppenheimer）和同事发表的两篇开创性论文奠定了黑洞的存在和形成机制的物理基础。奥本海默和乔治·沃尔科夫（George Volkoff）指出，中子星有质量上限。超出这个上限，致密天体将在引力作用下塌缩。随后，奥本海默和他的研究生哈特兰·斯奈德（Hartland Snyder）随后又提出，如果中子星超出质量上限，将继续塌缩下去，最终必然形成黑洞。

但爱因斯坦认为，应该存在我们尚未发现的自然规律阻止黑洞的形成，以免他担心的发散灾难的发生。今天，我们认为黑洞的确是存在的，那么是爱因斯坦错了而奥本海默对了吗？在回答这个问题之前，我们先看看天文观测如何寻找黑洞以及有没有找到黑洞。

黑洞的观测证据

20 世纪 60 年代，苏联科学家雅可夫·泽尔多维奇（Yakov Zel'dovich）开始考虑如何寻找黑洞的问题。根据定义，黑洞是看不见的，因此他的想法是通过测量双星系统中可见恒星的光谱发射线的周期性多普勒变化，来测量系统中看不见的天体的质量。如果质量比中子星的质量上限还大，那么这个看不见的天体就很可能是黑洞。同时，泽尔多维奇还考虑了致密天体吸积星际介质的问题，得出了致密天体附近会产生 X 射线的结论。

泽尔多维奇和另一位苏联科学家伊戈尔·诺维科夫（Igor Novikov）结合上面两种想法，认为 X 射线双星是寻找黑洞的最佳候选系统。于是很快有人就在 1972 年发现了第一个黑洞存在的证据：在 X 射线双星天鹅座（Cygnus）X-1 中，一个"看不见"的天体的质量远大于中子星质量上限。由于 Cygnus X-1 的很多观测特征都明显有别于其他已知天体，尤其是和也产生强烈 X 射线辐射的中子星双星明显不同，此后科学界就把具有 Cygnus X-1 的某些观测特征，但没有任何中子星观测特征的 X 射线双星系统作为恒星级黑洞的双星候选体。恒星级黑洞双星候选体并不一定就是恒星级黑洞双星，因此还必须对恒星级黑洞进行严格和可靠的观测证认。

对于黑洞外部的观测者来讲，黑洞的本质特征是引力质量都在视界内，而黑洞视界以内的现象是从外部无法观测到的。因此，学术界和公众普遍认为，对黑洞存在的终极检验就是找到黑洞视界存在的直接证据。但是，根据视界的定义，光无法从视界处逃逸到远处的观测者，因此远处的观测者永远无法获得黑洞视界存在的直接证据。然而，在科学研究中，科学发现并不总是依赖直接证据。例如，我们从来没有"直接看到"粒子加速器实验中创造出的很多粒子，我们通常是通过它们的衰变产物来推断它们的存在。由于我们无法到达太阳系以外的几乎任何天体进行实验，来验证天体的性质，所以我们确认某一个天体的属性的基本途径就是收集一批"间接"但是"确凿"的证据。几年前，我提出了证认恒星级黑洞的五个判据：

① 该天体表现的观测特征和其他已知类型的天体不一致。

② 从该天体没有观测到其他已知类型的天体区别于黑洞的特征，也就是没有对基于该天体是恒星级黑洞的模型的反证。

③ 基于该天体是恒星级黑洞的模型能够解释已知的观测现象。

④ 从观测现象推测的恒星级黑洞的基本参数是自洽和合理的。

⑤ 没有替代的理论模型可以比恒星级黑洞模型对相同或者更多的观测现象解释得同样甚至更成功。

只要把上面的"黑洞"或者"恒星级黑洞"换成其他任何类型的天体，上述判据也可以用来判定这些天体的发现。事实上，很少或者也许没有哪个天体的发现完全满足上述严格而且广泛的判据。所以，尽管这五个判据比较原则性而不是定量的，但是满足实验物理和观测天文承认新发现的最高标准。因为发现黑洞的重要性和影响都非同寻常，所以这些判据也满足卡尔·萨根的原则，即"非凡的主张需要非凡的证据"。

由于我们在 X 射线双星中寻找黑洞，所以可以排除双星系统中两个天体都是普通恒星的可能性，其中一个天体必然是致密天体，也就是白矮星、中子星或者黑洞。而白矮星的质量上限低于大约 1.4 倍太阳质量，中子星的质量上限低于大约 3 倍太阳质量，如果致密天体的质量超过 3 倍太阳质量，就可以认为"该天体表现的观测特征和其他已知类型的天体不一致"。这是上述第一个判据的应用。

因为中子星的质量在一个太阳质量的数量级，半径在 10 千米左右，也就是其"致密"程度实际上和黑洞差不多，所以和恒星级黑洞的基本性质最接近的就是中子星。如果通过第一个判据的黑洞候选仅仅是一个"大质量的致密天体"而不是一个"黑洞"，那么这个天体很可能会产生类似中子星的观测特征。我们已经知道，由于中子星的致密性、强磁场和具有固体表面，中子星的快速转动能够产生短周期脉冲，而在中子星的表面吸积物质的积累能够产生 X 射线爆发，所以如果没有观测到这些特征，就可以认为这个天体满足了第二个判据。

满足前两个判据后，实际上我们已经排除了上述候选天体是任何已知类型的天体的可能性，而且也排除了它是新类型的、类似中子星的"大质量致密天体"的可能性。由于在所有其他可能性中，黑洞有确定的理论预言，而且是宇宙中最简单的天体（只有质量和自转），所以初步认定该天体是黑洞是非常合理的。在这种情况下，我们可以把该天体称为"黑洞候选体"。

而后几个判据的应用都需要研究当物质或者光线非常接近甚至落入黑洞时会发生什么。在黑洞附近，有几个重要的效应能够提供黑洞存在的间接证据。

第一，黑洞存在最内稳定圆轨道，越过此轨道，物质将自由落入黑洞。这是广义相对论特有的效应，因为按照牛顿引力，在任何半径处都能找到一个稳定的圆轨道。最内稳定圆轨道可以说是吸积盘的最内侧边缘，它的大小影响了吸积盘的性质，例如发出的辐射等。在某些情况下，根据吸积盘的性质，可以得出这个轨道的半径，从而测量出黑洞的自转。例如，吸积盘辐射的连续谱就与最内稳定圆轨道半径有关。另外，吸积盘辐射的波长在引力和多普勒效应等多重作用下改变，导致谱线"变宽"，这个效应也与最内稳定圆轨道半径相关。

第二，与中子星等天体的固体表面不同，黑洞视界或者击中黑洞视界的物质不会产生远处的观测者可以观测到的任何辐射。

第三，黑洞周围极深的引力势使物质向黑洞吸积，在这个过程中，物质的部分静止质量—能量被转换成为辐射。黑洞吸积系统与其他天体相比，存在独有的特征，我们可以通过这个效应探测并辨认吸积黑洞。

为了定量计算这些观测效应并和观测结果进行比较，最重要的一个输入参数就是黑洞质量。事实上，前面提到的第一个判据也需要知道候选天体的质量，或者至少需要知道其质量下限。另外，黑洞的自转对于上述的两个（第一和第三）效应都是必不可少的。

通过测量双星中可见恒星光谱的周期性多普勒变化，我们可以测量这些恒星级黑洞候选体的质量函数，也就是绝对质量下限（因为双星系统的轨道平面不一定与我们的视线方向重合，总是可能有一定的倾角，因此这样还无法得出准确质量）。然后通过伴星的光谱型可以估算伴星的质量，从而进一步缩小它们的质量下限范围。这样得到的很多质量下限都显著大于已知的中子星的质量——甚至理论上允许的中子星的质量上限，从而排除了这些天体是最接近黑洞的中子星的可能性。

最后，在有些双星系统中，我们可以通过测量伴星亮度的周期变化得到双星系统的轨道倾角，从而有效估计恒星级黑洞候选体的质量。估算结果会发现，这些天体的质量基本上都在几倍到十几倍的太阳质量之间，和大质量恒星演化到最后，通过引力塌缩形成的黑洞的质量范围一致。

利用广义相对论中黑洞存在最内稳定圆轨道的预言，我们提出了通过测量吸积盘内半径估算黑洞自转的方法，并且得到了广泛应用。而观测发现，在很多 X 射线双星系统中，吸积盘内半径都与广义相对论的预言一致，表明这种测量黑洞自转的方法是可靠的。另外，这种方法所得到的黑洞自转参数和广义相对论的克尔度规（转动质量的时空几何）的要求一致，这种自洽性进一步表明它们的确就是黑洞。

由于黑洞只有视界而不能和吸积盘发生作用，但是中子星的表面磁场会和吸积盘发生作用，所以当吸积盘的吸积率下降（也就是气压下降）时，中子星的磁压会迫使吸积盘半径迅速增加，而黑洞则不会有这个效应，这和观测结果是一致的。同时，由于物质从吸积盘内边缘掉入黑洞时不会产生显著的辐射，而当掉到有表面的天体（比如中子星）的时候会产生辐射，因此吸积盘内半径很大（也就是吸积盘的辐射比较弱）的黑洞系统就会比中子星系统暗很多，这也和观测结果一致。

综上所述，我们使用基于黑洞的模型能够成功地解释所有观测到的数据，而且能够说明所有观测现象和中子星系统的区别，但是没有发现任何反例。尽管有些模型能够形成既不同于中子星，也不同于黑洞的致密天体，但是没有比黑洞模型更简单而且能解释所有这些观测数据的模型，因此根据证认恒星级黑洞的五个判据，我们确信恒星级黑洞 X 射线双星系统中的致密天体的确是广义相对论预言的黑洞。

物质是如何掉入黑洞的

既然黑洞在宇宙中的确是存在的，而且我们已经确认的恒星级质量的黑洞完全符合奥本海默和同事的预言——较大质量的恒星演化到最后，会通过引力塌缩过程形成黑洞，那么是爱因斯坦错了吗？其实未必。

实际上，奥本海默和斯奈德的结论是，对于共动观测者（也就是随着恒星的塌缩一起做自由落体的观测者），塌缩将在有限的时间内结束，物质进入黑洞的视界并且到达中心奇点。但是，所有的天文观测者都不是共动观测者，而是外部观测者。由于外部观测者和共动观测者的时钟在塌缩开始后就不同步了，我们必须考察根据外部观测者的时钟，物质能否掉入黑洞以及掉入黑洞后会发生什么。

根据奥本海默和斯奈德的计算结果，在外部观测者的有限时间内，物质逼近视界但永远不能进入，只能形成一个"冻结"星，而不是黑洞。这和所有广义相对论的专著、教科书和科普书中关于检验粒子向黑洞下落的计算以及宇航员到黑洞旅行的描述都是一致的。因此，物质不但不能在外部观测者的有限时间内到达黑洞中心的奇点处（因此就不会产生发散的物理量，爱因斯坦担心的问题就不会发生了），甚至都不能进入黑洞视界。这难道不是很奇怪的事情吗？

这个问题从 1939 年开始就存在了，而且在引力物理界有过长时间的争论。那么为什么最近几十年似乎很少人提及了呢？原因就是，大部分理论家认为，由于爱因斯坦认为所有的坐标系都是等权的（也就是所谓的广义协变原理，要求在所有坐标系下物理规律都是相同的），如果能够找到一个坐标系，在这个坐标系下物质能够进入黑洞就说明黑洞能够形成。按照这个说法，在共动坐标系下，奥本海默和斯奈德证明了宇宙中能够形成与史瓦西解对应的黑洞，那么这样的黑洞在宇宙中就应该可以形成。但是，这样的说法其实有掩耳盗铃之嫌。

在不同坐标系下有相同的物理规律并不表明有相同的物理现象。宇航员到黑洞附近转一圈回来就比等在外面的同事年轻了，这就是两者经历了不同的物理现象的体现。同理，自由落体的宇航员能够在有限的、他自己的时间内进入黑洞，并不表明外部观测者能等到他进入黑洞，到达奇点。而奥本海默和斯奈德基于广义相对论的计算表明，外部观测者的确不能等到宇航员进去：无论外部观测者等多久，宇航员始终在黑洞视界的外面，因为他的相对速度趋近于零。而这就是黑洞视界的基本性质，尽管在别的坐标系中黑洞视界可能不存在，但是对于外部观测者来讲黑洞视界是真实存在的，无法回避前面的奇怪结论。

甚至很多理论家说，由于使用外部观测者的坐标系会出现视界（也就是上面的麻烦），所以这个坐标系有缺陷，我们不能使用这个坐标系研究黑洞。这就更加荒谬了：地球有很多缺陷，我们生活中的很多事情也有或多或少的缺陷，难道我们就不能在地球生活了？理论家研究理论上的黑洞可以使用任何方便的坐标系，但是我们必须使用外部观测者的坐标系研究真实宇宙中的黑洞。

那么到底是谁错了：爱因斯坦还是奥本海默？

2009 年，我和我当时的学生刘元重新思考了这个问题，关于物质掉入黑洞的计算过程有一个很小的缺陷：没有考虑检验粒子(比如向黑洞下落物体)的质量对史瓦西度规的影响。以前没有考虑检验粒子的质量的理由是：由于检验粒子的质量和黑洞的质量相比可以忽略不计，所以对度规的影响可以忽略不计。但就是这个微小的影响导致了以前的计算结果不自洽。

我们发现，在考虑了所有下落物质和黑洞的质量的全局解之后，即使对于外部观测者，由于物质下落过程中黑洞的视界在膨胀，最终物质也会遇到膨胀的视界而被吞噬进去，因此是膨胀的视界吞噬了下落的物质，而不是物质落入了黑洞，因此在外部观测者有限的时间内，物质能够进入黑洞。而以前计算中，检验粒子不能进入黑洞的原因在于忽略了检验粒子的质量，因此视界不会膨胀，在外部观测者的有限时间内也永远不能进入黑洞。我们计算得到的另外一个结论是，在外部观测者有限的时间内，下落物质永远不会到达黑洞中心的奇点。

由于目前知道的唯一可能形成黑洞的途径就是物质的引力塌缩，所以宇宙中的黑洞虽然质量都在视界以内，但是在宇宙的有限寿命内，对于外部的观测者而言，黑洞中心的奇点处不会有物质存在，当然也就没有物理量发散的问题，自然消除了爱因斯坦的担心。所以最后的答案是：物质能够进入黑洞的视界，黑洞能够形成，但是中心没有奇点。因此广义相对论没有错，奥本海默等人的一个小疏忽导致了"冻结星"佯谬，而爱因斯坦也没有必要担心物理量发散。宇宙中真实的黑洞里面有物质，但是中心没有奇点，这个结论和以前所有的黑洞理论都显著不同，那么到底是我们对还是其他的黑洞专家对？

LIGO 团队的计算缺陷

2016 年 2 月 11 号，LIGO（激光干射引力波天文台）宣布探测到了两个黑洞并合产生的引力波。LIGO 团队根据所探测到的 GW150914 引力波波形，计算出这个事件来自于两个质量为大约 30 倍太阳质量的致密天体，而目前已知的致密天体中只有黑洞能够有这么大的质量，因此断定这两个致密天体是恒星级质量的黑洞。但是根据判断一个天体是否是黑洞的五个判据，似乎因此断定这两个天体是黑洞的理由并不充分。例如，如果这两个天体是以前计算得到的"冻结星"，那么也很可能产生和观测结果一致的引力波波形。

尽管我们根据广义相对论的理论计算排除了"冻结星"模型，但是理论计算结果需要接受观测或者实验的检验。那么能否根据对 GW150914 的天文观测排除"冻结星"模型？我们最近计算发现，如果这两个致密天体是"冻结星"，那么"冻结"在黑洞视界的这些物质在并合过程中，能够通过布兰福德－兹纳耶克机制（Blandford-Znajek Process，即通

我国于2017年发射首颗X射线天文卫星。该卫星除了能够观
测黑洞和中子星等致密天体的X射线辐射之外，也具有探测
伽马射线暴的能力（上图）。两个"冻结星"并合，产生
了伽马射线暴（下图）。

过磁场，从旋转黑洞提取能量和角动量的过程），提取最终形成的旋转黑洞的自转能，在
很短的时间内释放至少 10^{55} 耳格的能量，这将是一个亮度非常高的伽马射线暴，但是并没
有被当时运行的伽马射线暴探测器观测到。

　　考虑到宇宙中类似 GW150914 的事件会经常发生，即使大部分产生伽马射线的喷流
可能没有对着观测者而探测不到，但是这么明亮的伽马射线暴还是应该经常被探测到。
然而目前已经探测到的几千个伽马射线暴中还没有一例有这么高的光度，因此可以断定
GW150914 不可能来自"冻结星"，这符合我和我的学生在 2009 年的那篇论文中的明确预言：
两个黑洞的并合只能产生引力波辐射而不会产生电磁波辐射，因为在外部观测者的坐标系
中，物质不可能在黑洞的视界外面堆积，必须在很短的（外部观测者的）时间内进入黑洞。

　　事实上，只要这两个致密天体不是黑洞，那么就必然有大量的物质能够在并合过程中
产生强烈的伽马射线暴，只不过产生的能量也许没有两个假想的"冻结星"那么多。未来

会有更多的类似 GW150914 这样的引力波事件被伽马射线探测器所监测（比如 2017 年中国发射的硬 X 射线调制望远镜卫星、天宫二号的伽马射线暴探测器，以及预计 2021 年发射的中法合作的伽马暴多波段天文卫星都具有很好的伽马射线暴探测能力），根据这些探测结果将能判定这样的引力波事件是否来自两个黑洞的并合。

顺便指出，在报道 GW150914 引力波事件的新闻和学术论文中，包括 LIGO 团队在内的几乎所有学者都表示，两个黑洞并合应该不会产生强烈的电磁波辐射（包括伽马射线暴）。但是他们都是隐含地用了共动坐标系下物质能够进入黑洞的计算结果，而不是我们在外部观测者坐标系下的计算结果。因此尽管他们的说法看来和我们的计算结果一致，但是他们的出发点是错误的，因为在共动坐标系下得到的结论不能直接应用到外部观测者的坐标下。实际上，如果把他们在共动坐标系下得到的结论转换到观测者坐标系下，就只会得到物质不能进入黑洞视界而只能形成"冻结星"的结论。因此他们的说法尽管是目前学术界的标准说法，但是完全属于"张冠李戴"。

此外，如果宇宙中真实的黑洞里面有物质，但是中心没有奇点，那么黑洞内部的物质分布完全取决于物质掉入这个黑洞的历史，即这个黑洞的演化历史。当两个这样的黑洞离得比较远的时候，它们绕转产生的引力波和它们内部的质量分布无关。但是，在并合的最后阶段，它们相互受到的潮汐力就和内部的质量分布有关了，因此就会影响到所产生的引力波波形和偏振。

也因此，将来更高精度的引力波探测可能探测到黑洞内部的物质分布，从而理解它们的形成和演化历史，而这是其他任何天文观测手段都不可能做到的。不仅如此，在两个黑洞刚刚并合但是还没有形成最后的稳定黑洞的过程中，两个黑洞的视界结合处可能会被短暂地"撕开"，这时存在于黑洞内部，但不在奇点处的物质就有可能逃出来一些，这些物质就可能通过前述的布兰福德－兹纳耶克机制产生微弱的电磁波辐射。因此，未来的引力波以及相应的电磁波观测有可能检验真实宇宙中的黑洞是否如我们通过理论计算得出的结论那样，中心没有奇点。

黑星：夭折的黑洞

卡洛斯·巴尔塞洛（Carlos Barceló）

斯特凡诺·利贝拉蒂（Stefano Liberati）

塞巴斯蒂亚诺·索内戈（Sebastiano Sonego）

马特·维瑟（Matt Visser）

卡洛斯·巴尔塞洛、斯特凡诺·利贝拉蒂、塞巴斯蒂亚诺·索内戈和马特·维瑟从21世纪初开始就展开了各种各样的合作研究。巴尔塞洛是一位理论物理学教授，也是西班牙安达卢西亚天体物理研究所（Institute of Astrophysics of Andalusia）的副所长；利贝拉蒂是意大利的里雅斯特国际进修学院（International School for Advanced Studies）的天体物理学副教授；索内戈是意大利乌迪内大学的数学物理教授；维瑟则是新西兰惠灵顿维多利亚大学（Victoria University of Wellington）的数学教授。

精彩速览

- 黑洞是广义相对论预言的一种理论上存在的时空结构。任何东西在进入黑洞的事件视界之后，都不可能再从它的引力束缚中逃脱出来。
- 量子近似计算预言黑洞会缓慢蒸发，但蒸发会带来自相矛盾之处。物理学家仍在寻找一个完整自洽的量子引力论来描述黑洞。
- 与物理学家的传统观念相反，一种被称为真空极化的量子效应或许会在恒星塌缩时增强，足以阻止黑洞形成，最终形成一颗"黑星"。

几十年来，黑洞已经成为大众
文化的一部分，比如2016年上映的《星
际迷航》电影版，黑洞就在剧情推动方面起到
了关键作用。这不足为奇。恒星塌缩后遗留下来
的这些黑暗残骸，似乎就是为了迎合我们的一些原
始恐惧感而量身定做的：在被称作"事件视界"（Event
Horizon）的帷幕之后，黑洞隐藏着许多高深莫测
的神秘现象，任何人或事物一旦掉入其中，都
不可能再逃出生天——它们被黑洞摧毁
的命运已经注定，不可避免。

对理论物理学家来说，黑洞是爱因斯坦场方程的一类解。场方程是爱因斯坦广义相对论的核心，该理论描述了物质及能量如何与时空发生相互作用：物质和能量会扭曲时空，仿佛时空是由橡皮筋制成的；由此导致的时空弯曲又会控制物质和能量的运动，产生我们所知的引力。这些方程明确预言，不允许任何信号传递给远处观测者的时空区域，是可以存在的。这样的区域被称为黑洞，其中有一处物质密度趋近于无穷［被称为"奇点"（Singularity）］，周围则是一片引力极强却空无一物的地带，任何东西，甚至光，都无法从中逃脱。一个纯粹概念意义上的边界，即事件视界，将这片强引力地带与其余的时空区域分隔开来。在最简单的情况下，事件视界是一个球面——对于一个质量与太阳相等的黑洞来说，这个球面的直径仅有 6 千米。

在了解过虚构的黑洞和理论预言的黑洞之后，让我们回到现实。许多不同类型的高精度天文观测都表明，宇宙中确实存在一些超致密天体，本身不发出任何光或其他辐射。尽管这些黑暗天体的质量千差万别——小的只有太阳的几倍，大的甚至远远超过一百万颗太阳，但天体物理学家有把握确定，它们的直径也在区区几千米到数百万千米之间相应变化——与广义相对论预言的同等质量黑洞大小相当。

不过，天文学家观测到的这些黑暗致密天体，真的就是广义相对论预言的黑洞吗？这些观测数据确实与理论预言符合得很好，但理论本身描述黑洞的方式并不令人完全信服。确切地说，广义相对论预言每个黑洞内部都存在一个奇点，这本身就在暗示，广义相对论在这里已经不起作用了，因为通常一个理论只有在失效时才会预言某个物理量是无穷大。广义相对论之所以失效，大概是因为它没有考虑物质和能量在微观尺度上展示出来的量子效应。修正广义相对论，让它与量子力学结合，建立所谓的量子引力论（Quantum Gravity），已经成了一台强大的"引擎"，推动理论物理学研究在多个领域进展活跃。

只有量子引力论才能完整描述黑洞，这就提出了一系列令人着迷的问题：经过修正的"量子黑洞"会是什么样子？与广义相对论描述的"经典黑洞"相比，量子黑洞会截然不同还是会大同小异？我们已经证明，某些量子效应或许会有效阻止黑洞形成，从而形成一类被叫作"黑星"（Black Star）的天体。黑星能够阻止物质密度增大到无穷，也不会被包裹在事件视界之中。支撑黑星不塌缩成黑洞的"物质"，就是通常不被我们视为坚固材料的空间本身。

量子虚空之重

我们采用一种被称为"半经典引力"（Semiclassical Gravity）的"古老"方法得出了

上述结论，不过我们并没有因此采纳类似研究对正在塌缩的物质做出的所有假设——我们想看看，这样做能否避免那些研究遇到的矛盾。由于没有成熟的量子引力理论，过去30多年来，理论学家一直借助半经典引力方法来分析量子力学会如何改变黑洞。这种方法将量子物理学的部分内容——确切地说是量子场论（Quantum Field Theory），引入到经典的爱因斯坦引力论中。

量子场论把各类基本粒子（电子、光子、夸克，以及任何你叫得上名字的粒子）描述为填充在空间中的一种与电场十分类似的场。量子场论方程通常建立在平直时空当中，而平直时空中并不包含引力。半经典引力方法则采用了在弯曲时空中表述的量子场论方程。

用最通俗的语言来说，半经典引力的分析方法是这样的：构成某种结构的一堆物质，按照经典的广义相对论，会产生某种特定形态的弯曲时空；时空的弯曲则会改变量子场的能量；经过修正的能量，又会按照经典的广义相对论改变时空的曲率——如此这般，一次次重复修正下去。

最终目的是要得到一个自洽解—— 一个包含某种形态量子场的弯曲时空，且该量子场的能量由相同的时空曲率产生。尽管引力本身还是没有用量子论来描述，但在同时涉及量子效应和引力的多种情况下，这种自洽解应该能够很好地近似反映出真实世界的物理过程。如此一来，半经典引力就通过一种"投机取巧"的方式，在广义相对论中引入了量子修正——既考虑了物质的量子性质，又用经典方式来处理引力（即时空弯曲）。

不过，这种方法很快就遇到了一个令人头痛的问题：在直接计算量子场可能拥有的最低能量［即"零点能"（Zero Point Energy），又叫真空能，是不存在任何粒子的真空所拥有的能量］时，这种方法得到的结果是无穷大。实际上，在不存在引力的平直时空中，普通的量子场论就已经遇到过这一问题。只不过，在预言不涉及引力作用的粒子物理过程时，粒子的行为方式只取决于不同状态间的能量差，因此量子真空能的确切数值根本无关紧要。用一种被称为"重正化"（Renormalization）技巧仔细扣除这种无穷大之后，理论学家就能以极高的精度计算不同状态间的能量差。

然而，引力一旦出现，就不能再忽视真空能了。无穷大的能量密度似乎可以产生极大的时空弯曲，换句话说，即使空间中空无一物，都能产生超强引力——这显然与我们实际观察到的宇宙相去甚远。过去十年来的天文观测表明，零点能对宇宙总能量密度的净贡献极小。半经典引力方法无意解决这一问题。相反，这种方法通常假设，不论求得的解是什么，都能严格抵消零点能对平直时空中能量密度的贡献。这个假设产生了与实际情况相符的半经典真空：对于广义相对论预言的平直时空，各处的能量密度都是0。

如果存在物质，时空发生弯曲，量子场的零点能就会改变，这就意味着零点能不再被

量子黑洞遇到的难题

广义相对论的经典（即非量子化）方程，禁止任何东西从黑洞的事件视界内部涌现出来。然而在20世纪70年代，史蒂芬·霍金进行了量子计算，预言黑洞会以极低的效率随机发射粒子（下图左栏）。这种随机性产生了一个悖论（下图右栏），被称为信息丢失问题。

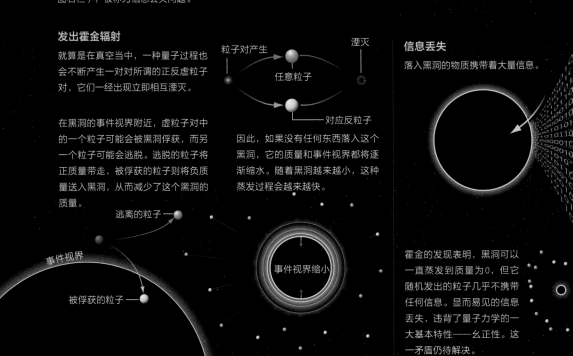

发出霍金辐射

就算是在真空当中，一种量子过程也会不断产生一对对所谓的正反虚粒子对，它们一经出现立即相互湮灭。

在黑洞的事件视界附近，虚粒子对中的一个粒子可能会被黑洞俘获，而另一个粒子可能会逃脱。逃脱的粒子将正质量带走，被俘获的粒子则将负质量送入黑洞，从而减少了这个黑洞的质量。

粒子对产生

任意粒子

湮灭

对应反粒子

因此，如果没有任何东西落入这个黑洞，它的质量和事件视界都将逐渐缩水。随着黑洞越来越小，这种蒸发过程会越来越快。

逃离的粒子

事件视界

被俘获的粒子

事件视界缩小

信息丢失

落入黑洞的物质携带着大量信息。

霍金的发现表明，黑洞可以一直蒸发到质量为0，但它随机发出的粒子几乎不携带任何信息。显而易见的信息丢失，违背了量子力学的一大基本特性——幺正性。这一矛盾仍待解决。

严格抵消。多出来的能量据说是真空极化所致，就如同电荷导致介质极化而产生等效相反电荷云一样（参见第76页插图）。

我们已经用能量和质量密度描述了半经典引力中的这些特征，但在广义相对论中，这些物理量并不是产生时空弯曲的全部要素。动量密度（Momentum Density）以及与下落物质有关的压力和张力，都能产生时空弯曲。被称为"应力能量张量"（Stress Energy Tensor，SET）的数学物理对象，描述了所有能够产生时空弯曲的物理量。半经典引力方法假设，在平直时空中，量子场零点能对 SET 的总贡献被严格抵消。用这种方法从 SET 中扣除零点能贡献，就会得到一个新的数学物理对象，被称为"重正化应力能量张量"（Renormalized Stress Energy Tensor，RSET）。

在应用于弯曲时空时，这种扣除方法仍然能够成功地抵消 SET 中的发散部分，得到一个有限且不为零的 RSET。因此最终半经典引力方法的分析步骤就成了下面这个样子：经典的物质通过爱因斯坦场方程弯曲时空，曲率由物质经典的 SET 决定；该时空曲率使真空能量获得一个有限且不为零的 RSET；这一真空 RSET 又成了额外的引力来源，修正时空曲率；新的时空曲率又反过来导致了一个不同的真空 RSET，如此不断重复下去。

量子修正黑洞

明确了半经典引力分析方法之后，问题就变成了：这些量子修正会如何影响有关黑洞的预言？确切地说，这些修正会如何改变黑洞形成的过程？

最简单的黑洞是既不旋转也不携带电荷的黑洞。如果这样一个黑洞的质量是太阳的 M 倍，它的半径 R 根据计算就应该等于 3M 千米。这个半径 R 被称为该质量的引力半径（Gravitational Radius），又被称为"史瓦西半径"（Schwarzschild Radius）。不论什么原因，只要某一物质塌缩到了比其引力半径还小的尺度，它就会变成一个黑洞，消失在自己的事件视界之中。

以太阳为例，目前它的半径为 70 万千米，远大于它的引力半径（3 千米）。相关的半经典引力方程清楚地表明，这种情况下量子真空的 RSET 可以忽略。因此，太阳距离形成经典方程预言的黑洞还相去甚远，量子修正不会改变这一点。事实上，在分析太阳和其他大多数天体时，天体物理学家都可以放心大胆地忽略量子引力效应。

然而，如果一颗恒星的半径比它的引力半径大不了多少，量子修正就可能变得十分显著。如今任教于美国华盛顿大学的戴维·G. 博尔韦尔（David G. Boulware）曾于 1976 年分析过这样一颗处于稳定状态（即没有在塌缩）的致密恒星。他证明，恒星半径越接近引力半径，它表面附近的真空 RSET 就变得越大，最终趋向于能量密度无穷大。这一结果意味着，半经典引力理论不允许稳定黑洞（即事件视界大小保持不变的黑洞）成为它方程的一个解。

不过，博尔韦尔的结果并没有告诉我们，经典广义相对论预言的、正在塌缩成为黑洞的恒星，在考虑量子效应之后将何去何从。

史蒂芬·霍金（Stephen Hawking）在前一年考虑过同样的问题，他用了一些稍有不同的技巧，证明塌缩形成的经典黑洞会发射随机粒子。更准确地说，这些粒子的能量分布满足热辐射特征，也就是说黑洞拥有一个温度。他推测，量子修正黑洞本质上就是会通过这种热辐射缓慢蒸发的经典黑洞。一个质量与太阳相等的黑洞，温度只有 60 纳开尔文（1 纳开尔文 $=10^{-9}$ 开尔文，开尔文是绝对温度，单位与摄氏温标单位相同，零点为绝对零度 $-273.15℃$），对应的热辐射率极低，以至于黑洞只要吸收宇宙背景辐射就能完全压倒蒸发，令黑洞大小持续增长。这样一个正在蒸发的黑洞，实际上无法与经典黑洞区分开来，

空无一物能做什么

在经典广义相对论中，时空是动态的，它的弯曲产生了引力。一种被称为真空极化的量子效应，给真空提供了在宇宙中发挥积极作用的另一种方法。

电场极化

在介质当中，一个带电物体产生的电场（下方左图）会极化附近的原子（下方中图），削弱整个电场（下方右图）。量子场论表明，就连真空也可以被电荷极化，因为电场可以极化正反虚粒子对。

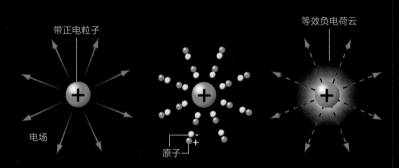

带正电粒子

等效负电荷云

电场

原子

真空极化

在广义相对论中，电荷的角色被质量和能量取代，电场的角色则被弯曲时空（即引力）取代。真空极化会产生一种能量亏损（效果上等同于一团负能量云），产生一种排斥力。

质量

等效负质量云   排斥力

因为这种蒸发小到根本无法测量。

在霍金发表这篇论文之后的十年时间里，理论学家对此进行了大量研究，包括粗略计算了塌缩情况下的 RSET，结果一再证明，霍金关于黑洞蒸发的观点是正确的。如今，物理学界的标准观点是，黑洞会像经典广义相对论描述的那样形成，然后通过霍金辐射缓慢量子蒸发。

信息丢失问题

霍金发现的黑洞蒸发，以及耶路撒冷希伯来大学（Hebrew University of Jerusalem）的雅各布·D. 贝肯斯坦（Jacob D.Bekenstein）更早之前的研究结果，揭示出引力论、量子物理和热力学之间存在着一个更深的联系，而且这一联系至今仍未被完全理解。与此同时，黑洞蒸发还提出了一些新的难题，其中最重要的一个或许要数所谓的"信息丢失问题"（Information Problem），它与黑洞蒸发的最终结果密切相关。

考虑一颗正在发生引力塌缩的巨大恒星。这颗恒星包含有大量信息，包括构成恒星的至少 10^{55} 个粒子的位置、速度及其他性质。假设这颗恒星形成了一个黑洞，然后在近乎永恒的漫长岁月里，通过发出霍金辐射而缓慢蒸发。黑洞的温度与它的质量成反比，因此正在蒸发的黑洞随着质量和尺寸的缩水会变得越来越热，蒸发速度越来越快。这个黑洞最后剩余的一点质量，会通过巨大的爆炸抛射出来。不过，爆炸之后会剩下什么？黑洞会完全消失，还是会留下某种很小的残骸？不论是哪种情况，原先那颗恒星所包含的全部信息又去了哪里了？根据霍金的计算，这个黑洞辐射的粒子不会携带任何有关原先那颗恒星初始状态的信息。就算最终会留下某种黑洞残骸，这么小的东西又如何能包含原来这颗恒星所拥有的所有信息呢？

信息消失之所以会成为问题，是因为量子态的演化必须满足所谓的幺正性（Unitary，即任何事件所有可能结果出现的概率之和应始终为 1）——这是量子论最基本的支柱之一，由此得出的一个推论就是，任何信息都不应该被永远地真正抹杀。信息或许可以变得实际上无法获取，比如一本百科全书被付之一炬后，书上的文字就会无法读取，但理论上讲，这些信息仍残留在盘旋的烟及灰烬之中。

由于预言霍金辐射的计算过程依赖于半经典引力方法，物理学家无法确定信息丢失是不是计算过程中涉及的近似方法所导致的人为错误，也无法断定在我们找到精确计算方法之后，信息丢失会不会依然出现。如果蒸发过程确实摧毁了信息，正确完整的量子引力方程就必然违背我们所知的量子力学幺正性本质。相反，如果信息得到保留，而且完整的量子引力理论能够揭示信息在辐射时出现在哪里，那么广义相对论和量子力学这两大支柱理论的其中之一，似乎就必须加以修改了。

抵抗引力塌缩

信息丢失问题及相关难题促使一些科学家重新回顾了在 20 世纪 70 年代得出"经典黑洞蒸发"结论的整个推导过程。当时的物理学家采用了半经典引力方法预言，即使考虑量子效应，引力塌缩仍然会形成黑洞。但我们已经发现，这个预言其实包含了几个技巧性假设，而且这些假设往往并未被明确指出。

确切地说，这个预言假设恒星塌缩过程非常迅速，所花时间与物质从恒星表面自由下落到恒星中心的时间差不多。我们发现，对于速度较慢的塌缩过程，量子效应或许会产生一类全新的超致密天体，不会形成事件视界，这样就不会带来这么多问题。

正如我们此前已经提到的，在一颗典型恒星所产生的弯曲时空中，量子真空的 RSET 在任何地方都可以忽略。当这颗恒星开始塌缩时，RSET 也会发生变化。然而，如果塌缩过程几乎与自由下落一样迅速，"RSET 依旧可以忽略"的结论仍然成立。

黑星诞生

当某些物质在自身引力作用下塌缩，并且没有力量能够阻止塌缩时，黑洞就会形成。物理学家的传统观念认为，量子效应不可能强大到阻止这样的塌缩。本文作者不同意这一观点。

快速塌缩无法阻止

对于自由下落的物质来说，即使在物质密度足以形成事件视界从而诞生黑洞时，真空极化的作用仍然可以忽略。

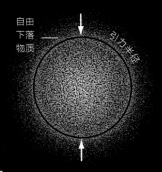

自由下落物质

引力半径

事件视界

慢速塌缩或许可以无限期延迟

如果物质下落比较缓慢，真空极化或许就会增长，产生排斥力。

排斥力减缓塌缩速度，这又让真空极化进一步增强。

塌缩被延缓，事件视界的形成被无限期延迟。

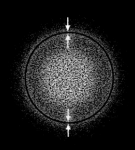
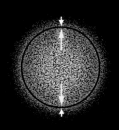

真空极化   排斥力

黑星

由此形成的天体就是黑星。黑星周围的引力场与黑洞周围相同，但内部完全由物质填充，不会形成任何事件视界。黑星也能发出类似霍金的辐射，但这种辐射将携带着被夹带到黑星上的信息，保证幺正性的成立。如果黑星可以像洋葱一样一层层剥开，不论剥去多少层，剩余部分仍会是一颗结构完整的黑星，同样会发出辐射，只是质量较小。与大黑洞相比，小黑洞发出的辐射更多，温度也更高，黑星也是如此。因此越靠近中心，黑星的温度就越高。

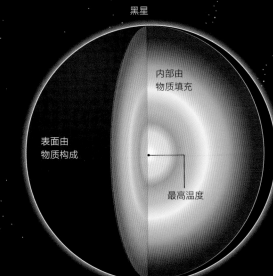

黑星

内部由物质填充

表面由物质构成

最高温度

不过，如果塌缩过程大大慢于自由下落，在史瓦西半径附近，也就是经典理论预言会形成事件视界的地方附近，RSET 就可以获得一个很大的负值。负的 RSET 会产生排斥力，这又会进一步延缓塌缩。最终，塌缩可能会在即将形成视界之前完全停止，或者塌缩速度会变得越来越慢，无限趋近于形成一个视界，但又永远不会真正形成视界。

可是，这一结果并不意味着黑洞不可能形成。一个质量相当于太阳 1 亿倍的均匀完美物质球在自身引力作用下自由塌缩的话，必定会形成一个事件视界。如此庞大的一团物质云在"致密"到形成视界时，密度大约与水相当。这么低的物质密度，不足以让 RSET 大到阻止事件视界形成。不过我们知道，宇宙中发生的实际情况并非如此。大爆炸早期出现的近乎均匀的巨大物质云团并没有形成黑洞。相反，它们演化成了宇宙中的一系列结构。

首先形成的是恒星，它们发生核聚变，产生的热量将塌缩延迟了很长一段时间。当一颗恒星耗尽大部分核燃料，它或许会演化成一颗白矮星（White Dwarf）；如果质量够大，它会爆炸形成一颗超新星，留下一颗中子星（Neutron Star，由中子构成的球形天体，比这颗恒星的引力半径大不了多少）。

不论是白矮星还是中子星，支撑它们不继续塌缩的因素都是纯粹的量子效应——泡利不相容原理（Pauli Exclusion Principle）。中子星内部的中子无法占据相同的量子态，由此产生的压力阻止了引力塌缩。离子和电子发生的类似过程，也让白矮星能够稳定存在。

如果中子星获得更多质量，越来越大的引力负担最终会压垮中子，导致继续塌缩。我们无法确定接下来会发生什么（尽管传统观点认为会形成一个黑洞）。科学家已经提出了多种可能会形成的天体，比如所谓的夸克星（Quark Star）、奇异星（Strange Star）、玻色星（Boson Star）和 Q 球（Q-ball），它们能够在压力远远大于中子星的情况下稳定存在。物理学家必须对密度远超中子星的极端环境有更好的理解，了解物质如何应对这样的环境，然后才能推测上述假想是否成立，其中哪一个才是正确的。

因此，经验告诉我们，遵循量子力学定律的物质似乎总能找到新的办法来延缓引力塌缩。或许其中任何一种"抵抗力量"最终都会被压垮（任何一种稳定结构，只要增加足够多的物质，都可以变得不再稳定），但每一次延缓塌缩的尝试都会换得一段喘息之机，让量子真空负的 RSET 有时间积累到一个不容忽视的地步。这个 RSET 最终能够承担起平衡引力的艰巨任务，因为它产生的排斥力可以无限增强，能够无限期地阻止物质塌缩成黑洞。

黑星

最终形成的将是一类全新的天体，我们将它命名为黑星。由于黑星尺寸极小、密度超高，它们的许多观测性质将与黑洞相同，但在概念上，两者完全不同。

其他阻止黑洞形成的方法

许多科学家已经提出了一些或多或少有些奇异的天体，它们既能替代传统（但明显自相矛盾）的蒸发黑洞的概念，又能解释天文学家观测到的黑暗、致密的天体。这些提议（以及我们提出的黑星假说）都有一个共同特征：假想中的新天体不会形成事件视界。

引力真空星

除了传统黑洞视界所在位置厚约10^{-35}米的薄薄一层之外，引力真空星（Gravastar）周围的时空几何结构与传统黑洞周围完全相同。事件视界将被一个厚度仅有10^{-35}米（所谓的普朗克长度——在这个尺度上，量子引力效应被认为会变成很大）的物质能量壳取代。引力真空星内部将是一片真空，其中的真空极化很强，会产生一个排斥力，阻止物质壳进一步坍缩。在一个略有不同的引力真空星提议中，传统几何观念在分隔内部和外部的区域中会崩溃。

黑洞互补性

在传统量子力学中，互补性原理（Complementarity）指的是这样一个观念：一次观测要么揭示出某一物体的粒子性，要么揭示出它的波动性，但不会同时观察到这两种本性。与此类似，黑洞的量子力学或许包含了另一种互补性。黑洞外部的观测者对时空几何结构或许会有一种描述方式（比方说，设想用一层拥有某些物理特性的膜来取代事件视界），而掉入黑洞的观测者必定会用另一种不同方式来描述。

毛球

"毛球"（Fuzzball）假说的提出者主张，视界是外部经典几何与内部量子世界（其中时空概念不存在任何明确定义）的过渡区域。黑洞内部可以用弦理论来描述，不存在任何奇点（右图）。每一种外部几何特征（比方说，质量严格等于10^{30}千克的黑洞的几何特征）都可以与黑洞内部以指数增长的大量弦量子态中的任何一个相对应。对黑洞的种种半经典描述（如果黑洞拥有一个事件视界，有一个数值很大的熵，有一个温度，能够发出霍金热辐射等），应该等于黑洞内部所有可能弦量子态的统计平均，就像我们平时用温度和熵等概念描述一团气体，而不去理会其中单个原子的确切位置和运动状态一样。

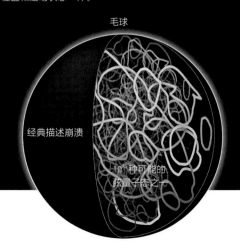

毛球

经典描述崩溃

$10^{?}$种可能的
弦量子态之一

黑星将由物质构成，拥有一个物质表面，内部也充斥着超致密物质。黑星看起来也将异常昏暗，因为从黑星附近的超强弯曲空间传播到远处天文学家的过程中，它们表面发出的光会发生极高的红移，也就是说，光的波长会被大大拉长。

理论上，由于不存在事件视界的遮挡，天文学家能够对黑星展开完整的天体物理学研究。

在黑星"家族"的成员当中，有些也会发出辐射，就像蒸发的黑洞发出霍金辐射一样。在塌缩无限逼近形成视界但永不停止的特殊情况下，我们已经证明，黑星能够发出粒子，其能量分布满足所谓的"普朗克能谱"（Planckian Energy Spectrum，与热辐射谱非常类似），特征温度只比霍金温度略低一丁点儿。

不过由于没有视界，黑星不可能隔绝任何信息。相反，黑星发射的粒子和仍旧留在黑星上的物质将携带所有的信息。标准量子物理学能够描述黑星的形成和蒸发过程。不过，只要宇宙中仍有某些地方存在着能够形成事件视界的过程，黑星就不能说完全解决了信息丢失问题。

这些蒸发中的黑星可以被称为"类黑洞"（Quasi Black Hole），因为从外部看来，它们的热力学性质几乎与蒸发中的黑洞完全相同。

不过，它们的内部将拥有不同的温度，中心附近温度最高。如果你把这个天体想象成一个由许多同心球壳构成的"洋葱"，那么每一层球壳都在缓慢收缩，但球壳及其内部的所有物质加在一起，永远不会致密到足以形成一个视界的地步。

在环境足够缓慢地逼近形成视界的条件时，我们预言的真空 RSET 就会在那里积累，这种 RSET 阻止着每一层球壳继续塌缩。越深的球壳温度越高，就像质量越小黑洞温度越高一样。我们现在还不知道这些诱人的天体会不会自发形成，也不清楚它们是不是一个特例。

超越视界

研究黑洞总是会激起研究人员各种各样不同的反应。一方面，黑洞内部可能隐藏着通向不可预见的全新物理学的大门，尽管这些大门只对胆敢闯进黑洞的人开放，但科学家只要想到这些就会感到兴奋莫名。另一方面，黑洞的影响力又长期困扰着一些物理学家——由于厌恶黑洞的某个特征，从黑洞这一概念被提出以来，寻求黑洞替代品的努力就从未停止。

我们提出的黑星和其他科学家提出的黑洞替代品都有一个共同点：它们周围的时空，直到非常靠近应该形成视界的地方为止，其实都与经典黑洞周围的时空一模一样。尽管能够帮助我们理解如何融合量子物理与引力论的隐蔽大门仍然不见踪影，但它或许并没有隐藏在我们注定无法穿透的事件视界屏障之后。

地球因黑洞而存在

凯莱布·沙夫（Caleb Scharf）

美国哥伦比亚大学天体生物学中心的负责人。他为《科学美人》撰写"生命，无界"博客，还执笔了许多其他的出版物。

精彩速览

- 潜伏在银河系中心，拥有400万个太阳质量的黑洞并不仅仅是一个"食客"。在吞食周边物质的时候，它们还会辐射出大量的能量。
- 黑洞的进食习惯对宿主星系有着惊人的影响。黑洞活动过多或过少，都会限制生命的出现。
- 恰巧，银河系占据了一个最佳的位置，黑洞的活动程度正好能够使恒星形成，并维持银河系的恒星族群处在一个恰当的状态。
- 黑洞和生命间的联系很复杂，对于我们今天能在此时、此地出现，银河系中央黑洞功不可没。

在浩瀚的宇宙中，我们的存在犹如白驹过隙。人类的需求完全被宇宙所忽视，大自然以难以琢磨的方式，在空间和时间的尺度上施展着自己强大的威力。也许我们唯一能聊以慰藉的是，关于周围的世界，我们会提出无尽的问题，并不断追寻答案。问题之一便是，我们所处的这个特殊环境，与由恒星、星系以及黑洞所构成的宇宙画卷之间，到底存在怎样深刻的联系。

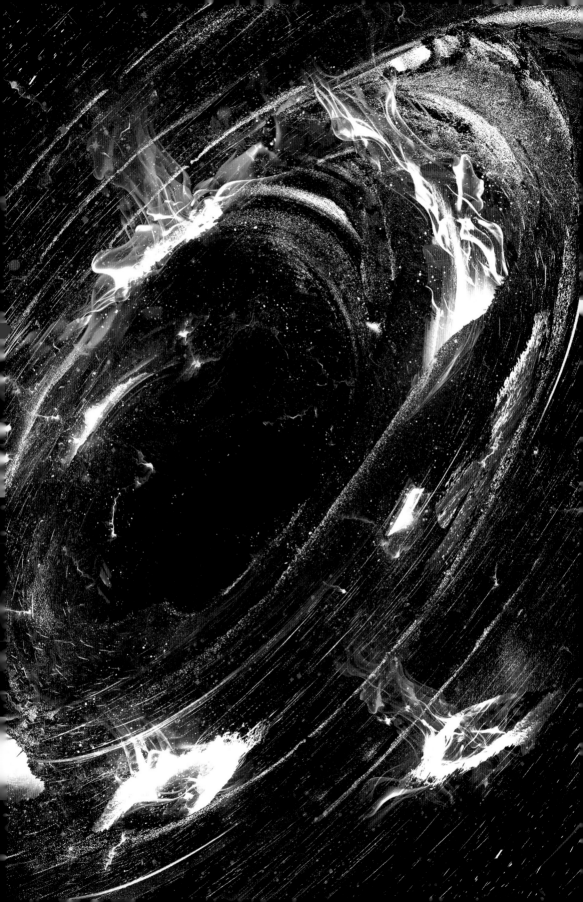

许多宇宙现象都能影响生命的存在，但有些影响会更明显一些，黑洞就是其中之一。宇宙中还没有其他天体可以如此高效地把物质转化成能量，也没有别的天体能像黑洞这样，使物质以接近光速的速率运行数万光年。另外，黑洞还能诱捕附近的物质，任何东西都无法幸免。它们是宇宙中具有终极竞争力的食客，会像一个"吃货"一样狼吞虎咽地进食，全然不顾细嚼慢咽。

落向黑洞的物质不会悄无声息地匿去。随着越来越接近视界（黑洞表面），物质会以极高的速度运动。如果黑洞本身也在自转，那么落入黑洞的物质还会以极高的速度做螺旋运动。这些物质与其他任何东西发生碰撞，巨大动能便会转化成原子和亚原子粒子的动能，释放出电磁辐射。在抵达视界前，这些数量巨大的粒子和光子可以逃离黑洞，向外喷涌而出。用一个粗糙的比喻，便是浴缸排水带来的杂音。随着水流进入排水管，猛烈撞击空气中的分子，动能的一部分就会转化成声波。声波的运动速度比水快得多，可以从排水管中逃逸出来。对巨大的黑洞而言，在这样一个"消化"过程中所释放出的能量，足以对周围的星系产生广泛的影响。

物质被"喂"入超大质量黑洞的情形，就如同衣服在洗衣机中，会偶尔晃动，并发出声响一样，这个过程被称为"负载循环"。黑洞负载循环的大小代表了黑洞由吞食物质到恢复平静的转变速度。目前，位于银河系中央的超大质量黑洞正处于平静状态，但它也会随时间发生转变。天文学家推测，银河系中心黑洞的负载循环与银河系的整体状态之间存在关联。同时，它也为解释太阳系如何滋养生命，提供了有趣的线索。

负载循环

根据天文观测的结果，我们惊奇地发现，黑洞负载循环与其宿主星系的恒星组成有关。它与把物质掷入黑洞，开启黑洞的负载循环有着相同的动力学过程。这个过程可能会影响星系中恒星的种类，在负载循环巅峰时爆发的黑洞所释放出的能量，可以改变星系中恒星的组成成分。这些成分对于了解星系系统的特性至关重要。星系中的恒星可以是红色、黄色或蓝色的，蓝色的恒星通常质量最大，但寿命也最短，只需几百万年，就会燃烧殆尽。这就表明，如果你在夜空中看到了蓝色的恒星，那你就目睹了年轻恒星系统的景象和它正在经历的生老病死。

天文学家发现，如果把来自一个星系的所有光线都加到一起，整体的颜色会倾向于红色或蓝色。红色的星系多是椭圆星系，而蓝色的则是旋涡星系。介于两者之间的则被认为是过渡型星系——在这种星系中，如果蓝色的年轻恒星死去，没有产生新的恒星，那么星系也许会变得越来越红。根据颜色的混合逻辑，天文学家将这一中间地带称为"绿谷"（Green Valley）。

在过去的几十亿年里，正是最大的"绿谷"旋涡星系承载着最强的黑洞负载循环。在现代宇宙中，"绿谷"旋涡星系内的巨型黑洞极有规律地生长并爆发。这些星系中，恒星的总质量相当于 1000 亿个太阳质量。比起其他旋涡星系，如果你有幸一瞥上述任何一个"绿谷"旋涡星系，你会有更大的概率看到黑洞"进食"的迹象。在这些星系中，大约有 1/10 拥有一个正在吞食物质的黑洞——用宇宙学的术语来讲，它们的吞食过程会不断地开启和停止。

人们还不清楚"绿谷"星系和中央黑洞之间的物理关联。"绿谷"星系是一个过渡区，绝大多数其他星系不是比它红，就是比它蓝。这类星系中的系统正处于转变过程中，它甚至可能会终止内部恒星的形成。我们知道，其他环境（例如星系团和年轻的大型星系）中的超大质量黑洞也可以产生这一效果。原因可能是，这些黑洞的行为正在使星系朝着"绿谷星系"转变；也可能是，使星系发生转变的环境，正在向黑洞"喂食"物质。

随着对周围其他旋涡星系的研究，我们发现了一些证据：那些释放能量最多的黑洞，可以在数千光年的尺度上影响它的宿主星系。在物质落入黑洞的过程中，会发出强烈的紫外线和 X 射线，驱使热气体向外运动，扫过星系中恒星的形成区域，就像热浪横扫一个国家一样。虽然人们还不清楚，这些热气体是如何影响恒星及其内部元素的形成，但它的确对此起了很大的作用。

同样，如此强劲的能量，还会影响星系中更广泛的区域。例如，一个被大型星系俘获的矮星系，在它下落的过程中，会搅动起周围的物质，并把它们送入黑洞（呈漏斗状），就像煽动火堆的余烬，使之复燃一样。矮星系所产生的引力和压强效应，会抑制或促使这个大型星系的其他地方形成恒星。这些现象或多或少能解释，为什么一个超大质量黑洞的活动会和周围恒星的年龄（亦即颜色）大致相关。

更引人注目的是，天文学家近来发现，银河系也是一个大型"绿谷"星系。那就是说，银河系中的超大质量黑洞应该正处于一个快速负载循环的过程中，这着实让人吃惊，因为潜伏在银河系中心的这个黑洞看上去并不非常活跃——事实上，是因为它对银心（银河系核心）周围恒星的轨道所产生的潜在影响，才让人确信它的存在。通过测量，我们发现，它的质量只有太阳的 400 万倍，只能算是个相对较大的黑洞。然而，根据我们对宇宙的研究，它应该是非常活跃的。

套用 20 世纪美国最伟大的演员之一亨弗莱·鲍嘉（Humphrey Bogart）的一句话，"宇宙有这么多星系，而我们偏偏生活在银河系。"我们当然也质疑，为什么银河系就没有一个饥饿的超大质量黑洞？不过，这可能只是一个时间问题，因为和宇宙的寿命比起来，我们的存在时间毕竟太过短暂。

就在几年前，我们观测到了距离银心 300 光年的星际气体云所产生的 X 射线"回声"。从我们的角度来看，当时，也就是 300 年前，银河系中心的一个强大天体，向外释放出了比今天强一百万倍的 X 射线。2010 年，美国哈佛大学的一个小组公布了一项惊人的发现：通过观测伽马射线，他们发现了一个来自银河系内部的暗弱却极其庞大的结构。这个结构横贯天空，看上去就像一对气泡，每个气泡都横跨 25000 光年的空间尺度。这些发出伽马射线的气泡扎根于银河系的核心，它们也许就是过去 10 万年间，银心的黑洞在生长和活动时留下的痕迹。这个黑洞也许不是最大的，释放出的能量也不是最多的，但它就像银心处的一个不安分的大深渊。或许，人们已经预料到，这个引力发动机随时都会重新点燃。

共同演化

众所周知，银河系及其中央的黑洞是一个特殊的天体系统。之所以特殊，是因为它指明了宇宙环境和地球生命现象之间可能存在的关联。科学家和哲学家有时会关注"人择原理"。"人择"一词源于古希腊，意为某种东西从属于人类或者人类存在的时期。人择原理常用来对付一些很尴尬的问题，比如，我们的宇宙是否恰好适合生命的出现。理由是，在宇宙中，哪怕只有几个基本物理定律或物理常数发生了微小的变化，这样的宇宙也无法孕育生命。目前我们仍不能很好地解释，为什么这些物理参数是这个样子。因此也许有人会问：今天的宇宙为什么就恰巧适宜生命的出现？这件事的概率不是极小吗？

和许多科学家一样，面对这些问题，我也会觉得很尴尬。因此，我们决心摒弃在任何方面都是"特殊的"偏见。正如哥白尼提出的：地球不是太阳系的中心，我们也不是宇宙的中心。其实，现代宇宙学所描述的宇宙并没有实际意义上的中心。关于一些人择原理的争论，人们也需要慎重回答。多重现实或多重宇宙也许能够解决"我们是特殊的"这一问题。假如我们所在的宇宙只是多维宇宙中的一个，那么我们的存在也就不足为奇：我们只是生活在一个恰好允许生命存在的宇宙中，并没有什么特殊性，就像是一个拥有适宜气候的岛屿。

这些信息确实让我们感觉好多了，但也促使我们进一步思考，一个宇宙需要满足哪些条件，才能出现生命。银河系，包括我们自己，恰好处于超大质量黑洞活动的最佳影响位置，这是非常让人吃惊的。这可不仅仅是巧合，我们首先想到的问题是，太阳系是否受到了 25 000 光年之外的黑洞活动的直接物理影响。

那颗超大质量黑洞，对银河系"郊区"孕育生命的行星的宜居性，又有怎样的影响？在黑洞开启、进食并释放能量的过程中，我们并没有看到它变得多么明亮。不过，从银盘延伸出的巨大而炽热的伽马射线"气泡"来看，的确表明黑洞释放出了巨大能量，但并不朝向我们。即使曾经有过更剧烈的天体活动，必定也是很遥远的事情，甚至早于太阳系的形成（45 亿年前）。从那以后，银心的中央黑洞对银河系"郊区"（比如太阳系）的物理影响变得适中（才有了生命的出现）。

对生命来说，这也许是件好事。如果行星（类似地球）暴露在大幅增加的星际辐射（高能光子和高速运动的粒子）之下，生物体内的分子会受到辐射的损害，甚至影响大气和海洋的结构以及化学成分。我们可能相对较好地被保护了起来，没受到来自银心（距离我们25000光年）的辐射侵袭。但如果我们更靠近银心的话，就会截然不同。看来，我们没有居住在一颗更加靠近银心的行星上并非偶然。所以，我们不必在此时——而非数十亿年前的过去或者将来——发现自己的存在而感到惊讶。

和其他许多星系一样，银河系也会与中央的超大质量黑洞共同演化。确实，根据目前的线索，我们也许可以同时回答两个问题：银河系中央的黑洞如何直接影响地球上的生命，以及作为银河系状态的指示器，它到底起到了什么样的作用。超大质量黑洞和宿主星系之间的联系，为我们提供了一个测量星系演化的实在工具。在年轻宇宙中，受到黑洞强烈影响的类星体，一般都出现在最大的椭圆星系中，它们绝大部分位于星系团的核心。这些星系在宇宙早期迅速形成，目前，它们当中的恒星几乎都已衰老，星系中的绝大部分原始气体，也因温度过高而无法形成新的恒星或行星。

至于其他椭圆星系，其巨大的、类似蒲公英头部的部分（由恒星组成），似乎形成于星系并合的后期。在星系形成过程中，某些未知的东西会"终止"恒星的形成，目前我们认为，超大质量黑洞所输出的能量（虽不剧烈，但能量惊人）是解释这一现象的绝佳候选者。

另外，旋涡星系盘中央的恒星核球（星系盘中央上下凸起部分，由大量恒星组成，包裹着中央黑洞）也暗示了中央黑洞的存在。它们的一些模式和椭圆星系相同。在两种星系中，中央黑洞的质量都能够达到周围恒星总质量的1/1000。与我们相邻的仙女星系就是一个例子，恒星核球比银河系的大20倍。

位于仙女星系（等级）之下的星系，属于无核球星系，包括许多旋涡星系。虽然银河系是一个巨大的星系（位列宇宙中已知的最大星系之一），但中央黑洞是相对较小的。在这些星系中，恒星核球的缺失一直是个谜：原因可能是，星系的原始物质最初很少，无法形成核球，或者说，其中央黑洞从来就没有真正起作用，又或者是，很少有体积较小的星系或物质团块掉进过这些星系，星系周围大量的矮星系对此也无计可施。在星系大家族中，那些名副其实的小不点（矮星系）十分可怜，它们往往只含有几千万颗左右的恒星，这也表明了，气体和尘埃没有再形成新的恒星。所以，这些矮星系（富含原始星际物质）常常十分暗弱，恒星几乎全无，就好像有人忘记点亮灯芯一样。

银河系目前每年接近形成3个太阳质量的恒星。站在人的角度来看，这个数字并不大，但这也表明了，人类祖先从坦桑尼亚奥杜瓦伊峡谷中的某个地方直立走出来到现在，银河系已经诞生了至少1000万颗恒星。这在140亿岁高龄的宇宙中，并不是一件坏事。年轻宇宙中的巨型星系，即那些从核心发出耀眼光芒的类星体，在某种程度上，已燃烧殆尽。这些星系中央的黑洞剧烈喷出的物质扼杀了任何新恒星的诞生：接近光速运动的空泡发出的压力波，会阻挠物质冷却下来形成恒星。而此时，银河系还在不断形成新的恒星。

黑洞的广泛影响

银河系的超大质量黑洞，从整个星系的尺度上来看只能算是一个小点。不过，拥有400万个太阳质量的它却异常强大，它会不时地向外施展它的威力。2010年，科学家在银心处发现了一对能发射出伽马射线的"气泡"，它们从银心黑洞处向外延伸出25000光年的距离。这两个气泡可能是不久前，黑洞的一次爆发留下的痕迹。当时，并不是有物质掉进黑洞，而是向外发射出了带电粒子和高能辐射。幸运的是，这次爆发，或许并没有直接对着银河系郊区的太阳系。

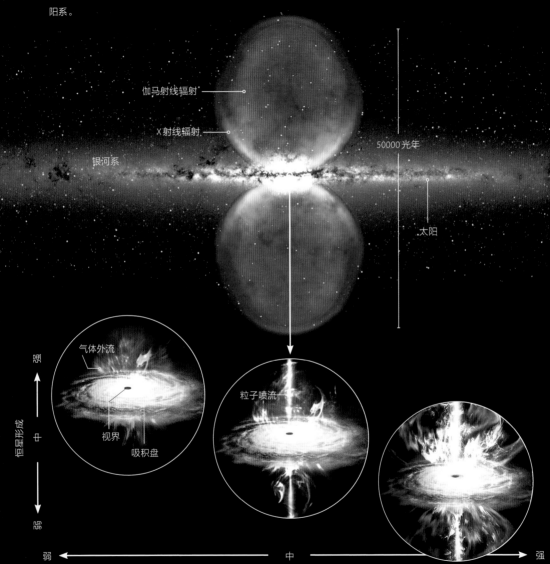

不太热，不太冷

黑洞吞食过程中所释放出的巨大能量会强烈抑制恒星的形成。如果没有外流物有规则的调控（左图），一个星系就会拥有过多的会爆发成超新星的年轻恒星。相反，一个过度活跃的黑洞（右图）也会终止恒星形成，使宿主星系缺少可以构建行星的重元素（恒星聚变产生），例如铁、硅和氧。而银河系中央黑洞（中图）的活动程度和位置正是恰到好处。

完美宜居

　　银河系内几乎没有中央恒星核球，中央黑洞的活动程度也不剧烈。这似乎可以帮助我们寻找适宜生命存在的外星系。这些外星系早期没有形成巨大的黑洞，所以也不会释放出巨大的能量。就像银河系，新的恒星就会连续形成，但不同的恒星系统具有不同的活力。由于巨大的循环压力波（Circulating Pressure Waves）会扰动由气体和尘埃组成的恒星星系盘，所以新恒星往往形成于旋臂（旋涡星系中的螺线形带状结构）的边缘。这些恒星会更加远离银心。

　　天文学家认为，太阳系正处在一个适当的区域。剧烈的恒星形成过程会留下一个极为凌乱的环境：大质量的恒星会以最快的速度燃烧掉内部的核燃料，然后发生剧烈的超新星爆炸。由此释放出的辐射会吹散行星的大气层或者改变大气层的化学成分；飞驰的高能粒子和伽马射线会轰击行星的表面；幽灵般的中微子流也会强到对娇嫩的生物体造成伤害。这些还不算什么，如果距离超新星很近的话，整个系统都可能会被蒸发掉。

　　在此过程，恒星内部丰富的元素也会播撒到宇宙中去。这些刚出炉的物质会形成恒星和行星。重元素的放射性同位素产生的热量，经过数十亿年的时间，在这些行星上形成了由碳氢化合物和水构成的复杂混合物，也促使行星形成了富有活力的多层次地质结构。因此，在年轻恒星形成、爆发区域和年老恒星衰落、死亡区域之间存在一个"恰到好处"的地方，太阳系就位于这样一个环境当中。它既距离银河系中心足够远，又和目前正在发生恒星爆炸的区域保持着距离。

　　生命现象和超大质量黑洞的大小及其活动之间的联系，其实相当简单。比起那些"贪吃"却早已衰竭的黑洞，拥有一个大小适中、定期少量摄食的黑洞的银河系，会更容易出现一个富饶且温和的区域。事实上，在这一时间点，宇宙中任何和银河系相似的星系，都会和两个相反的过程——物质在引力下聚集以及黑洞吞食物质并释放出破坏性能量——紧密相连。黑洞活动越剧烈，新的恒星就越难以形成，重元素的产生也会停止。反之，黑洞如果很平静，星系中会充满过多的年轻恒星和爆发星（超新星、新星、耀星），或者太少的波动以致无法形成任何新东西。确实，一旦平衡发生根本变化，将会改变恒星和星系的整个形成过程。

　　如果没有星系和超大质量黑洞之间的共同演化，以及它们自身的特殊性，导致人类出现的整个事件链就会有所不同，甚至不复存在。宇宙中恒星的总数将会变化，小质量和大质量恒星的数目也会不同。星系的形成过程很可能将会改变，气体、尘埃以及元素几乎也会截然不同。有些地方将再也不会受到超大质量黑洞产生的强烈同步辐射的炙烤，还有些地方，能促使行星和恒星形成和演化所需的波动再也到不了那里。

　　宇宙中我们这个富饶的角落被它周围的一切所支配（包括银河系中心的黑洞）。这些特殊的，远离宇宙其他部分的地方，在塑造我们的过程中，扮演了最具影响力的因素之一。我们着实欠它们很多。

黑洞点亮宇宙

迈克尔·D. 勒莫尼克（Michael D.Lemonick）

非营利性新闻机构气候中心组织（Climate Central）的
作家，同时也是《地球的镜像：寻找我们星球的双胞
胎》（*Mirror Earth:The Search for Our Planet's Twin*）
一书的作者。他已在《时代》杂志担任了21年的科学
撰稿人。

精彩速览

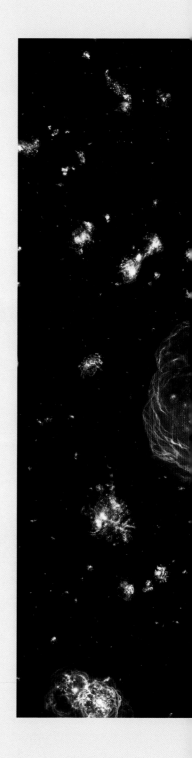

- 宇宙第一代恒星和星系与我们今天观测到的天体
  不尽相同。天文学家让"时光回溯"，得以探测宇
  宙中的第一代天体是如何形成和演化的。
- 他们特别感兴趣的是，是什么导致了宇宙的再电
  离过程，即弥漫于浩瀚宇宙中的中性氢原子气体
  是如何被光线电离的。
- 观测和计算机模拟表明，驱动再电离的天体可能
  是质量高达数百万倍太阳质量的恒星，或是巨大
  质量的黑洞发射的气体喷流。

大约134亿年前，大爆炸之后刚刚40万年左右，宇宙突然陷
入黑暗之中。在此之前，整个可见的宇宙是炽热、沸腾、翻
滚的等离子体——一团质子、中子和电子组成的致密云。如
果有人能够在那一时刻观看这一景象，宇宙就像一团浓雾，
但明亮耀眼。

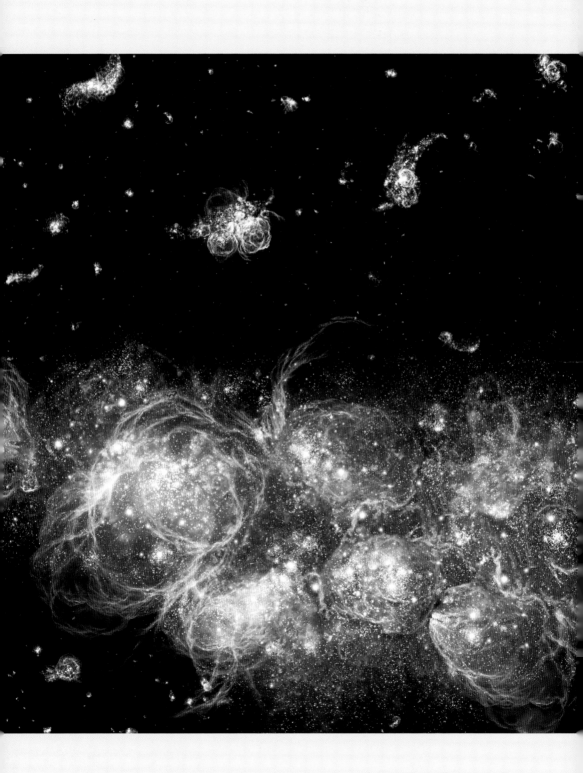

大约在大爆炸之后40万年，膨胀的宇宙冷却至能够最终形成氢原子的状态——称为"再复合时刻"（Recombination）。大爆炸之后的浓雾散去，宇宙持续降温，一切都迅速沉入黑暗之中。在超乎人类想象的绚烂的大爆炸之后，宇宙进入了天文学家称之为"宇宙黑暗时代"（Dark Ages）的时期。

当时的宇宙确实异常黑暗。即使当第一代恒星开始燃烧，依然毫无变化，因为恒星光谱中最明亮的部分是紫外光，这恰恰是新形成的氢原子气体最容易吸收的波段。宇宙从原初的明亮高温变得黑暗冰冷。

这场"大雾"终将消散，但它是如何消散的，在很长一段时间里都令天文学家百思不得其解。也许是由于后来形成的第一代恒星，它们发出强烈的光，逐渐将氢原子电离——这一过程称为"再电离"（Reionization）；还有一种观点认为，热气体陷入巨大的黑洞中时会产生强烈的辐射，辐射中的能量激发了宇宙的再电离。

想要搞清楚再电离是如何发生以及何时发生的，毋庸置疑，关键是要找到宇宙中最古老的天体，并试着弄清楚它们的特性和起源。第一代恒星是什么时候开始形成的？它们是什么形态？单个的恒星是如何聚集形成星系的？为什么几乎每个星系的中心都有一个超大质量黑洞？这些超大质量黑洞又是如何形成的？从恒星到星系，再到黑洞的形成过程中，再电离是什么时刻发生的？这一过程是渐进的还是突然完成的？

自20世纪60年代以来，天体物理学家提出了许多这样的问题。但直到最近，望远镜和计算机模型发展得足够强大，才使我们能够借助它们寻找一些答案：利用计算机可以模拟宇宙中第一代恒星的诞生和演化，望远镜则是通过观测大爆炸之后不到5亿年的光——此时的第一代星系正处于婴儿时期——来寻找答案。

超大恒星

大约10年前，天文学家相信，对第一代恒星是怎样诞生的，他们已经有了较深入的了解。在再复合时刻不久后，充斥在宇宙中的大部分氢原子均匀地散布在宇宙空间。与此相反，暗物质，也就是物理学家认为目前尚未证实的、不可见的粒子，已经开始聚集在一起，形成一团云（即所谓的晕），质量大约为10万~100万个太阳质量。晕的引力作用吸引着氢原子气体。当气体变得越来越集中时，它们的温度升高，最终被点燃，发出光芒，诞生了宇宙中的第一代恒星。

理论上，第一代巨星——天文学家称之为星族III恒星，应该够"撕碎"氢原子气体，使宇宙发生再电离。但在很大程度上，这一事件能否发生取决于这些恒星的具体情况。如果它们的亮度不够，或者存在时间不够长，就可能无法完成这项任务。

这些恒星的情况如何，主要取决于它们的大小。10年前，天文学家认为，第一代恒星都是庞然大物，每颗恒星的质量大约是太阳质量的100倍。究其原因，是由于气体在引力的作用下塌缩，温度由此升高。高温会产生辐射压，其作用与引力作用正好相反，这意味着，除非恒星可以散发掉一部分热量，否则塌缩将会停止。第一代恒星大部分由氢元素组成，这很不利于热量的散发。（像太阳这样的恒星含有少量但是很关键的元素，例如氧和碳，这些元素可以起到降温作用。）因此，早期宇宙中的原初恒星会不断积累氢原子气体，但过高的辐射压会阻止它形成致密的核，这就无法触发核聚变反应，无法将恒星周围的很多气体吹散到宇宙空间。因此，恒星只能"狼吞虎咽"，吸积越来越多的气体，直到形成一个大质量的、弥散的核。

然而，哈佛大学的博士后研究员托马斯·格雷夫（Thomas Greif）说，"事情看起来并不是那么简单"。格雷夫构建出了最精密的模型，来模拟早期恒星的形成。最新的模拟不仅包含引力，还有描述当氢原子气体塌缩、受到的压力不断增大时，氢原子气体会有何种反应的方程。事实证明，氢原子气体在塌缩时可以表现出许多不同的方式。在某些情况下，第一代恒星可能是质量数百万倍于太阳的恒星；而在其他情况下，塌缩的氢原子气体也可能裂开，形成数颗质量仅为几十个太阳质量的恒星。

第一代恒星大小不同，寿命也会有很大的不同，因此也意味着再电离的发生时间也可能很不相同。质量在100个太阳以上的巨型恒星是天文学上的"摇滚歌手"：它们生活节奏快，但早早便夭折了。小质量恒星消耗核燃料的速度更慢，这意味着，如果再电离是由恒星引起的，那么这将是一个跨越数亿年的漫长过程。

耀眼的类星体

不论恒星有多大，它们都会在塌缩成黑洞之前，以超新星爆发的形式结束生命。相对于恒星，恒星爆发后产生的黑洞，也许会为再电离的发生提供更多的能量。

黑洞贪得无厌地吞噬着周围的气体，并且当气体落入黑洞之中，会被压缩并加热到数百万度。这个温度实在太高，以至于当大多数气体最终消失于黑洞之中时，还有一些会以喷流的形式回到宇宙空间。喷流会发出极其明亮的光芒，即使横跨半个宇宙仍然可以观测到——我们称这些犹如灯塔一样的天体为类星体（Quasar）。

从20世纪60年代到90年代，类星体是探测早期宇宙的唯一"探针"。起初，天文学家根本不知道它们是什么。类星体看起来像邻近的恒星，但有着很大的红移（宇宙膨胀会使

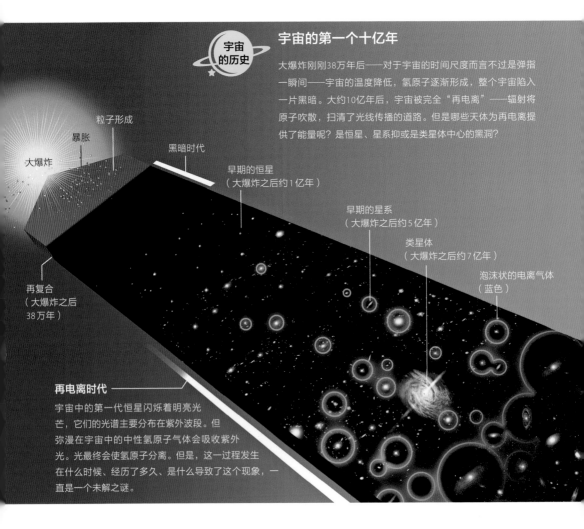

宇宙的第一个十亿年

宇宙的历史

大爆炸刚刚38万年后——对于宇宙的时间尺度而言不过是弹指一瞬间——宇宙的温度降低，氢原子逐渐形成，整个宇宙陷入一片黑暗。大约10亿年后，宇宙被完全"再电离"——辐射将原子吹散，扫清了光线传播的道路。但是哪些天体为再电离提供了能量呢？是恒星、星系抑或是类星体中心的黑洞？

大爆炸

暴胀

粒子形成

黑暗时代

早期的恒星
（大爆炸之后约1亿年）

早期的星系
（大爆炸之后约5亿年）

类星体
（大爆炸之后约7亿年）

泡沫状的电离气体
（蓝色）

再复合
（大爆炸之后
38万年）

再电离时代

宇宙中的第一代恒星闪烁着明亮光芒，它们的光谱主要分布在紫外波段。但弥漫在宇宙中的中性氢原子气体会吸收紫外光。光最终会使氢原子分离。但是，这一过程发生在什么时候、经历了多久、是什么导致了这个现象，一直是一个未解之谜。

天体发出的光波被拉长，由于红光的波长比蓝光的长，因此光谱的谱线会朝红端移动一段距离，被称为红移。天体距离和红移数值之间有着粗略的关联性，红移数值越大，距离越远）。类星体的红移非常大，这表明类星体比我们能够探测到的任何单独的恒星都要远很多，并且超乎想象的明亮。第一个被发现的类星体是3C 273，红移为0.16，这意味着它所发出的光线在宇宙中穿行了20亿年才被我们探测到。

普林斯顿大学的天体物理学家迈克尔·A.施特劳斯（Michael A.Strauss）说，"在那以后，人们很快又发现了红移高达2的类星体"——它的存在时间可能超过100亿年。1991年，马腾·施密特（Maarten Schmidt）、詹姆斯·E.冈恩（James E.Gunn）和唐纳德·P.施奈德

（Donald P.Schneider）在加利福尼亚州帕洛玛天文台一起发现了红移高达4.9的类星体，也就是说，这个类星体诞生于125亿年前——大爆炸之后的头10亿年。

然而，对红移为4.9的类星体进行分析之后，科学家并没有发现光线被中性氢吸收的证据。显然，在这个类星体的光开始传播之前，宇宙就已经完成了再电离过程了。

20世纪90年代的大部分时间里，人们都没能找到比红移4.9更远的类星体。这并不是因为缺乏强大的设备（哈勃望远镜和夏威夷莫纳克亚山的凯克望远镜在20世纪90年代初期都已投入使用，显著提高了天文学家深度观测宇宙的能力），而是因为类星体是非常罕见的。只有超大质量黑洞中质量最大的那一类才会爆发。从我们的角度来看，除非气体喷流的方向碰巧直接朝向我们，否则我们就探测不到类星体的光。

此外，只有当黑洞处于活跃地吞噬气体的状态时，这些喷流才会出现。对于大部分这类黑洞，其红移值大多位于2~3之间——那时，星系中的气体要比现在多。如果观测比这更早的宇宙，你会发现类星体的数量急剧下降。

直到2000年，斯隆数字巡天（Sloan Digital Sky Survey）项目开始用当时最大的数字探测器对全天大片区域进行巡天观测，该类星体的记录才真正被打破（探测器仍由发现红移4.9类星体的冈恩设计，当时他在普林斯顿大学工作）。"斯隆在寻找遥远的类星体时，取得了令人难以置信的成功，"加州理工学院的天文学家理查德·埃利斯（Richard Ellis）说，"他们发现了四五十个红移超过5.5的类星体。"

但斯隆数字巡天观测只找到了少数红移在6~6.4之间的类星体，无法探测到更远的类星体，即使红移到了6.4，也没有探测到任何中性氢的迹象。直到莫纳克亚山的UKIRT红外深度巡天（UKIRT Infrared Deep Sky Survey），才出现了一个红移为7.085的类星体，天文学家终于在这个类星体的光谱中，发现了氢原子阻碍类星体的光通过的迹象——虽然很少、但很明显的紫外吸收线。这个类星体被命名为ULAS J1120+0641，形成于大爆炸后约7.7亿年，它耀眼的光芒终于让天文学家看到了再电离过程的冰山一角，但也仅是冰山一角，因为即使这个类星体已经非常接近大爆炸的时刻，但在那时，大部分中性氢也已经被破坏了。

事实也可能不是这个样子。或许是因为这个类星体处于一个不寻常的、中性氢留存得很少的区域，而与它处于相似距离的其他类星体，大多数都被更多的中性氢笼罩着。还有一种可能是，类星体ULAS J1120+0641位于中性氢特别密集的区域，而再电离过程基本上已经完成了。如果没有更多的例子，天文学家也无法确定这个类星体处于怎样的一种情形，但要在这个距离找到足够的类星体做可靠的统计分析，几乎是很难实现的。

但不管怎样，对天文学家来说，类星体ULAS J1120+0641都可以告诉他们很多信息。

宇宙中的巨大恒星

第一代恒星为什么如此之大？在宇宙中，所有恒星都会执行"宇宙平衡指令"——引力试图将它们尽可能的压缩，但恒星内部的气体压力会对抗引力，提供一个向外膨胀的力。对比早期宇宙恒星和现代宇宙恒星形成的过程，我们就可以了解宇宙的第一代恒星的质量为什么会如此大。

现代恒星形成

现代的星系中堆积了各种物质，例如碳、氧和尘埃。这些物质有利于气体冷却。温度较低的尘埃云产生的压力也比较低。低压意味着塌缩中的尘埃云会一直收缩，直至核心密度大到可以使氢发生核聚变。一旦聚变开始，突然爆发的能量就会吹走塌缩中的尘埃云的最外层，只留下一个相对较小的恒星。

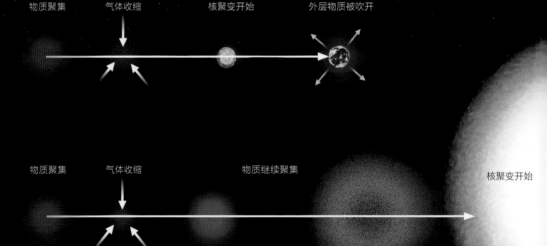

物质聚集　　气体收缩　　　　核聚变开始　　　　外层物质被吹开

物质聚集　　气体收缩　　　　物质继续聚集　　　　　　　　　　核聚变开始

早期恒星形成

早期宇宙中没有碳、氧或尘埃，只有氢和少量的氦。氢的冷却不是非常有效。当气体云开始塌缩时，高温的氢使得早期原初恒星的密度维持在较低的状态。如果密度不够大则无法触发核聚变，气体云就可以继续聚集——直到达到从 100 至 100 万个太阳质量。只有这样才有足够的压力，使大且弥散的恒星核心发生核聚变反应。

首先，"类星体的数量随距离的增大而急剧减少，从这一点来说，大质量黑洞的辐射不大可能是宇宙再电离的主要能量来源。"另一方面，如果要产生这个类星体，那黑洞的质量得相当于10亿个太阳，才能产生足够强的能量，让我们在这么远的地方能够探测到。"宇宙才形成不久，在如此有限的时间内，这个黑洞是怎么形成并做到使宇宙再电离的，我们简直没办法理解。"埃利斯说。

然而它确实做到了。哈佛大学天文系主任亚伯拉罕·勒布（Abraham Loeb）指出，如果相当于100个太阳质量的第一代恒星在大爆炸之后数亿年塌缩成黑洞，再加上条件合适，它是可以在这个时间内形成类星体的。"但是，黑洞需要一直有'食物供给'。"他说，很难想象这一点是如何做到的。"它们明亮万分，产生大量的能量把周围的气体吹走。"如果附近没有气体供给，类星体会暂时变暗，让气体再次凝聚，直到类星体再次发光复活——随后，再次吹走气体。"所以存在一个循环的概念，"勒布说，"黑洞只能在一小段时间里成长。"

然而，黑洞也可以相互合并，进而增大，这将加速它们的成长过程。此外，关于恒星大小的最新研究表明，那些最初的黑洞可能不是由100个太阳质量的恒星形成，而是由100万个太阳质量的恒星形成——2003年，勒布与合作者共同撰写的一篇文章首次提出了这一想法。勒布说，"这已成为流行观点"，也得到了格雷夫等人所做的模拟研究的支持。"这些恒星几乎与整个银河系一样亮，所以原则上，你可以用詹姆斯·韦伯空间望远镜（James Webb Space Telescope）来观测它们。"詹姆斯·韦伯空间望远镜作为哈勃太空望远镜的接班望远镜，目前定于2021年发射。

搜寻遥远的星系

尽管搜寻遥远类星体的研究已经有所减少，但寻找大爆炸之后不久形成的星系开始活跃起来——星系形成时间距离大爆炸越近越好。

这类搜寻工作之所以越来越多，可能与名为"哈勃深场"（Hubble Deep Field）的天文图像有关。这幅图像拍摄于1995年，时任空间望远镜科学研究所（Space Telescope Science Institute）所长的罗伯特·威廉姆斯（Robert Williams）利用办公室特权——"所长自由支配时间"，把哈勃望远镜对准天空中一个明显的空白区域，连续观测了30个小时左右，以探测那里是否有人们未能观测到的暗弱天体。"一些非常严谨的天文学家告诉他，这是在浪费观测时间"，现任所长马特·莫顿（Matt Mountain）回忆说："他们认为，威廉姆斯不会发现任何东西。"

事实上，哈勃望远镜拍摄到了几千个很小且很暗淡的星系，其中许多星系最后都被证明是我们能观测到的最遥远的星系。

后续的深场图像是由哈勃望远镜的新红外宽视场相机3号（Wide Field Camera 3）拍摄的，这一相机是在2009年维修哈勃时安装的，效率是之前相机的35倍，因此它发现了更多的星系。亚利桑那大学的观测者、埃利斯的长期合作伙伴丹尼尔·斯塔克（Daniel Stark）说，"我们一开始找到了四五个红移在7以上的星系，到现在，已经观测到100多个。"埃利斯、斯塔克和几个合作者在2012年的论文中指出，其中一个星系的红移可能至少达到11.9，也就是说，这个星系是在大爆炸4亿年之内形成的。

与红移最高纪录保持者的类星体一样，这些"年轻"的星系可以告诉天文学家，在那段时间，氢原子气体在星际间是如何分布的。当观测者观测星系辐射出的紫外线时，你可能会发现很大一部分紫外线被周围的中性氢吸收掉了。星系形成的时间越晚，氢原子吸收掉的紫外线就越少，直到在宇宙诞生后大约10亿年，宇宙变得完全透明，氢原子完全被电离，紫外线完全不能被吸收。

简而言之，早期星系的存在不仅为电离辐射提供了能量来源，它们还揭示了宇宙是如何从中性过渡到完全电离的。当科学家探测到这些星系辐射出的紫外线有所缺失时，就像侦探找到了一把还在冒烟的枪，可以推测一定会有一个受害者，科学家也可以推测出一定会有氢原子被电离。但是，这也存在一个问题。如果根据迄今为止发现的红移超过7的一百多个星系，来推测整个宇宙的情况，就紫外线辐射的总强度而言，其实并不足以电离所有的中性氢。在很短的时间内迅速形成一个超大质量黑洞非常困难，考虑到这一点，那么电离所需的能量也不可能来自黑洞。

当然，答案可能并非那么复杂。这些存在于哈勃观测范围边缘的星系，在我们今天看来相当暗弱，但在宇宙初期，它们可能是最明亮的星系。在相同的距离上，必定还存在很多星系，只是因为它们太暗弱，以至于现在的望远镜根本探测不到。如果做出这个合理假设，埃利斯说，"我想大多数人都会认为，在宇宙再电离的过程中，星系确实起到了非常大的作用。"

引力透镜

至于第一代星系在刚刚诞生时是什么样子，以及它们从什么时候开始对氢原子实施电离，"我们还没研究到那一步"，斯塔克承认，"我们观测到的第一代星系相当小，与那些已经被详细研究过的、在大爆炸之后10亿~20亿年形成的星系相比，它们看起来年轻得多。"

但这些星系已经拥有多达1亿颗恒星，而修正了红移效应导致的偏差之后，星系中恒星的平均红化程度，比一些非常年轻的星系更严重。斯塔克说，"这些星系中，恒星形成的时间似乎至少有1亿年了。哈勃望远镜已经把我们带到了接近了宇宙诞生之初的地方，让我们可以窥视第一代恒星，而詹姆斯·韦伯空间望远镜投入使用后，会让我们真正看到宇宙诞生之初的情景。"

不过，哈勃望远镜还没有到"退役"的地步。在不能进行长时间曝光的条件下，哈勃望远镜在观测暗弱天体方面确实会遇到极限。但是，宇宙却为我们提供了一个天然透镜，可以提升哈勃望远镜的观测能力。这就是所谓的引力透镜：大质量天体（如星系团）可以弯曲周围的时空，这种扭曲有时会对更远处的天体产生放大效应。

空间望远镜科学研究所的观测者马克·波斯特曼（Marc Postman）说，"特殊情况下，这些星系团可以将自己背后的、极为遥远的天体成倍放大，使其亮度达到放大前的10~20倍。"波斯特曼是哈勃星系团透镜和超新星巡天项目（Cluster Lensing and Supernova Survey with Hubble）的首席研究员，他所领导的项目组利用引力透镜效应，已经鉴别出250个红移在6~8之间的星系，其中一些星系的红移可能会达到11。到目前为止，他们所观测到的结果与其他各种深场巡天得到的结果是一致的。

现在，哈勃望远镜正在观测宇宙更深处：莫顿在他自己的"所长自由支配时间"里，一直致力于一个名为"前沿领域"（Frontier Fields）的新项目。在这个项目中，观测者要在6个超大质量星系团的后方，寻找遥远暗弱星系的放大影像。未来三年里，"我们要用大约140个哈勃轨道时间（每个轨道的有效观测时间约为45分钟）来观测每个星系，这将会让我们有机会探索更深处的宇宙，这是我们以前从未观测过的"，"前沿领域"项目的首席观测者珍妮弗·洛茨（Jennifer Lotz）说。

脉冲搜索

另一种"宇宙灯塔"——伽马射线暴（Gamma-ray Bursts，又称伽马暴），也可能帮助科学家更好地探索早期宇宙。伽马射线暴是一种在短时间内爆发的高频辐射，爆发方向是随机的。在20世纪60年代首次发现之时，伽马射线暴完全是一个谜。如今，天文学家认为，许多伽马射线暴往往产生于大质量恒星死亡之时：当恒星塌缩，形成黑洞时，它们就会向宇宙喷射伽马射线。

当喷出的伽马射线猛烈冲击周围的气体云时，会激起强烈的可见光和红外光，这种明亮的余辉连普通望远镜都可以探测到。观测的方法是，当轨道中的雨燕卫星（Swift

搜寻类星体

类星体是早期宇宙中最明亮的天体，它们就像宇宙中的灯塔一样，即便天文学家在100多亿光年之外，也可以观测到它们。当光线从类星体传播到我们的望远镜时会发生两件事：第一，在传播过程中，光的波长会随宇宙的膨胀而被拉伸。第二，任何氢原子气体都会吸收一些光线。因此，天文学家可以得到不同波长的光的吸收谱，从而推测氢原子气体是如何随时间演化的。然后，他们就可以根据这些结果来追溯宇宙再电离的历史。

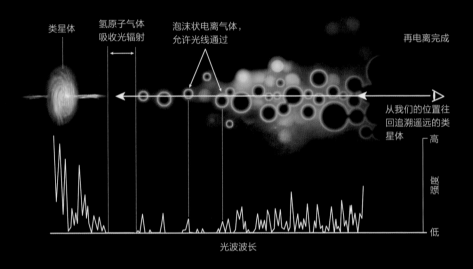

Gammaray Burst Mission，全称伽马射线暴快速反应探测器）探测到伽马射线的闪光后，会将自身搭载的望远镜指向那一点。同时，雨燕卫星会把闪光的位置坐标告知地面观测者。如果望远镜能在闪光消失之前对准这一点，天文学家就可以测量余辉的红移，从而得到伽马射线暴产生处的星系的年龄。

这种方法之所以有用，是因为与伽马暴相比，宇宙中的其他天体非常暗弱。哈佛大学专门研究伽马射线暴的天体物理学家埃多·伯格（Edo Berger）说："在最初几个小时里，它们的光芒可能比星系亮100万倍，比类星体的亮度要强10~100倍。"哈勃望远镜不需要曝光很长时间，就能够观测到它们。2009年，莫纳克亚山上的望远镜测量到了红移为8.2的伽马射线暴，大约产生于大爆炸后6亿年。

伯格说，伽马射线暴是如此明亮，以至于可以观察到红移达15，甚至20的伽马射线暴，也就是说，它们产生于大爆炸之后2亿年内，这个时间非常接近于与第一代恒星发光的时刻。这一推测是合理的，因为这些伽马射线暴，可能正是那些质量非常大的第一代恒星在死亡时产生的。伯格说，我们有理由认为，第一代恒星能够产生能量如此巨大、比迄今发现的其他"同类"都更明亮的伽马射线暴，即使它们的距离更远。

而且伽马射线暴还具有一项优势。类星体只能由存在超大质量黑洞的星系产生；哈勃望远镜能观测到的星系，都是最亮的那一小部分星系。伽马射线暴则不同，小星系中也可以产生，并且与大星系产生的伽马射线暴一样强大。换句话说，对于特定时期的宇宙，伽马射线暴是更具代表性的研究样本。

伯格说，不利的一面是，99%的伽马射线暴都是朝向远离地球的方向爆发。其余的伽马射线暴，我们的卫星大概每天能观测到一个，但这些伽马射线暴中，只有一小部分具有较大幅度的红移。因此，想要找到红移较大的伽马射线暴，可能需要十年以上，"雨燕卫星可能无法工作那么长时间"，伯格说。他同时指出，理想情况下，应该要发射继任卫星，然后就可以将伽马射线暴的坐标发送给詹姆斯·韦伯望远镜，或者发送给3个直径在30米这一级别的地面望远镜——这些设备计划于下一个十年初开始运转。这些研究的申请，目前并没有获得美国航空航天局或者欧洲航天局的批准。

不论何种情况，一旦詹姆斯·韦伯望远镜和下一代巨型地面望远镜开始探测工作，类星体搜寻器、星系巡天器以及可在其他电磁波段搜寻伽马射线暴余辉的探测器，将能探测到大量更古老、更暗弱的天体。这些工作将有助于解答，极早期的宇宙到底发生了什么。

与此同时，射电天文学家期待能够利用一些更强大的探测设备，例如澳大利亚默奇森宽场阵列（Murchison Widefield Array）、南非探测再电离时代的精密阵列（Precision Array for Probing the Epoch of Reionization）、分列在这两个国家中的千米平方阵列（Square Kilometer Array），以及天线分布于几个欧洲国家的低频阵列（Low Frequency Array）等，他们将利用这些设备，努力弄清楚在宇宙诞生10亿年内，中性氢云是如何慢慢消失的。

氢原子本身就会发射射电电波，因此在理论上，天文学家能够探测到不同时期的射线——与地球的距离越远，红移就越大。这样，我们就能获知，随着时间的流逝，氢云逐渐被高能辐射"吞噬"的情景。最后，天文学家还将使用智利沙漠中的大型毫米/亚毫米波阵列（Atacama Large Millimeter/Submillimeter Array），搜寻一氧化碳等分子，这些分子代表着星际云的存在，而正是在这些星际云中，诞生了第二代恒星。

1965年，宇宙学家首次发现了来自大爆炸的电磁辐射余波，这让他们下决心去研究，宇宙是如何从诞生走到今天的。目前他们还没有完全弄清楚其中的奥秘，但我们有理由相信，到2025年，距首次发现大爆炸余波60周年之际，最后的空白，将会被我们填补。

黑洞火墙：
量子力学与相对论
的冲突现场

约瑟夫·波尔金斯基（Joseph Polchinski）

加利福尼亚大学圣巴巴拉分校的物理学教授、科维理理论物理研究所永久成员。他的研究工作覆盖理论物理的许多领域，不过都是以两大问题为主导的：对偶性如何发挥作用，什么是量子引力。

精彩速览

- 史蒂芬·霍金发现粒子能从黑洞中逃出来，这暴露了科学家对物理学的理解存在缺陷。这些逃逸粒子似乎暗示信息在黑洞内部被摧毁了，而这是量子力学所不允许的。
- 弦理论看来有希望帮我们解决这一难题，但近来的计算表明，黑洞要比我们过去想象的更加令人困惑。
- 根据本文作者及其同事的计算，在黑洞周围有一圈高能粒子组成的火墙。这样的火墙可能代表着空间本身的终点。解决火墙悖论有可能提供一条将量子力学和广义相对论统一起来的途径。

掉入黑洞从来就不是一件有趣的事。自从物理学家认识到有黑洞存在之后，人们就知道过于接近黑洞意味着死路一条。但是我们通常认为，当宇航员刚开始踏上不归路——即穿过事件视界时，不会察觉到有什么不妥之处。按照爱因斯坦的广义相对论，视界上没有一个写着"越过此处，逃生率将降为零"的路牌。任何穿过视界的旅行者只是一直下落、下落、下落，直到落入黑暗的深渊。

现在看来，宇航员的经历将与爱因斯坦的预测大不一样。宇航员不会毫无障碍地落入黑洞内部，而是会在黑洞视界处遇到一个由高能粒子构成的、致命的火墙。这个火墙甚至可能标志着时空的终结。

我们是在几年前得到这个结论的。当时我和同事唐纳德·马洛尔夫（Donald Marolf），还有两名研究生艾哈迈德·艾勒穆海里（Ahmed Almheiri）和詹姆斯·萨利（James Sully，因此我们合称 AMPS）在加利福尼亚大学圣巴巴拉分校利用弦理论的一些推论更深入地研究黑洞的物理性质。尤其令我们感兴趣的是史蒂芬·霍金（Stephen Hawking）在 20 世纪 70 年代提出的一个有趣的理论。

霍金发现，在黑洞这种极端环境下，量子理论与广义相对论存在深刻的矛盾。根据他的论证，量子力学和爱因斯坦对时空的描述，两者必有一个存在缺陷。关于到底哪一方正确的争论至今没有结束。

就像霍金当初的主张一样，我们最近提出的火墙理论也遭遇了广泛的质疑，但大家也没能找到一个令人满意的替代方案。如果量子力学是可信的，那么火墙必然存在。但是它的存在也带来了理论上的难题。为了得到一个自洽的图像，物理学家必须放弃掉某个曾被广泛接受的物理学原理，而具体是哪一个则没有公论。

奇点

黑洞这一概念就是广义相对论的产物，后者揭示了引力对空间和时间的作用，并据此描绘了黑洞这种神秘实体及其事件视界的物理图像。根据广义相对论，当质量足够大的物质聚集到一起时，就会在引力作用下塌缩；这个塌缩过程无可阻挡，直至所有物质都被压缩成一个点。在这个点上，时空的密度和曲率都是无限大的，因此这个点被称为"奇点"——换句话说，就是一个黑洞。

任何穿过黑洞事件视界的太空旅行者都无法逃脱引力的束缚，并将很快被吸入奇点——即使是光，一旦穿过事件视界也无法逃脱。

奇点是一个神奇的地方，但根据广义相对论的等效原理，视界本身则应该是平淡无奇的。一个自由下落的观测者，在穿过黑洞事件视界时看到的物理规律和在时空中任何其他地方看到的都一样。理论家们喜欢开玩笑说，整个太阳系现在可能正落入一个巨大的黑洞，而我们不会感觉到任何异常。

相对论与量子力学的冲突

霍金对黑洞的传统物理图像的挑战开始于1974年，当时他考虑了量子力学的一个奇怪预言。根据量子理论，正反粒子对会在真空中不断生成，然后迅速湮灭。霍金指出，当这种真空涨落发生在黑洞视界附近时，正反粒子对有可能被分开。其中一个粒子会掉入奇点，另一个则会携带些许质量从黑洞逃逸。最终，黑洞的所有质量都可能通过这种被称为霍金蒸发的途径被消耗殆尽。

对于自然界中的黑洞来说，蒸发无足轻重：这些黑洞从俘获的气体和尘埃中获得的质量要远远大于它们在辐射中失去的质量。但是，出于理论研究的目的，我们想知道如果一个黑洞被完全隔离，并且我们有足够的时间来观察整个蒸发过程中会发生什么。通过这样的思想实验，霍金揭示了广义相对论和量子力学之间两个明显的矛盾。

首先是熵的问题。考虑这样一个孤立的黑洞时，霍金注意到，以他自己名字命名的这种黑洞辐射具有与一个炽热的物体一样的光谱，这表明黑洞存在温度这个物理属性。一般来说，温度源于物体内部原子的运动。因此，霍金辐射的热性质表明，黑洞应该具有由某种离散的基本成分所组成的微观结构。目前就职于耶路撒冷希伯来大学的物理学家雅各布·D.贝肯斯坦（Jacob D.Bekenstein），早于霍金两年就通过向黑洞投掷实物的思想实验得到了同样的结论。贝肯斯坦和霍金的工作给出了计算黑洞微观组成成分数量的公式，即黑洞熵公式。熵是无序度的计量，一个物体可能的状态越多，熵的值越大。黑洞微观组分越多，它们可能的排列方式也越多，熵也越大。

与量子力学不同，广义相对论所描述的黑洞具有光滑的几何形状。而且，每个具有相同的质量、自旋和电荷的黑洞都应该是完全一样的。用已故的普林斯顿大学物理学家约翰·惠勒（John Wheeler）的话说，"黑洞是无毛的"。所以矛盾出现了：相对论认为黑洞是无毛的，而量子力学认为黑洞拥有大量的熵，这意味着它们存在某种微观结构，或者说"毛"。

其次是信息悖论。霍金的黑洞蒸发理论对量子理论也是一个挑战。根据霍金的计算，逃离黑洞的粒子与原来掉入黑洞的物质（通常是一颗塌缩的大质量恒星）的性质毫不相干。例如，我们可以将一张带有信息的纸条送入黑洞，但我们无法根据最终逃离黑洞的粒子重建原来纸条上的信息。一旦纸条越过黑洞的视界，就不能对以后逃出来的物质施加任何影响了，因为没有信息能从黑洞内部逃逸出来。在量子力学中，任何系统都是由一个波函数来描述的，而波函数表示的是一个系统处于各种可能状态的概率。

在霍金的思想实验中，信息的丢失意味着我们无法根据落入黑洞的物质的性质预言霍

悖论
繁多

破解黑洞"密码"

史蒂芬·霍金在1974年指出有少量辐射从黑洞中泄漏出来。根据量子理论，正反粒子对在宇宙的各处不断地产生，而后迅速湮灭。霍金指出，当这样的粒子对出现在黑洞视界附近时，其中一个粒子会掉入黑洞，而另一个则会逃走。这种被称为霍金辐射的现象引出了关于黑洞内部物理规律的一些难题。

熵的问题

霍金辐射的辐射谱表明黑洞具有温度。按照传统的观点，温度来源于物体内部原子的无规则运动。黑洞有温度意味着黑洞存在内部结构——某种能够重新排列的组分。根据霍金辐射的量子力学图像，可能存在的排列方式的数量给出了黑洞无序性的测度，即熵。但是广义相对论是不允许黑洞熵存在的，因为该理论要求黑洞是完全平滑的，不存在内部结构。

信息悖论

根据量子力学的标准图像，信息不可能被破坏。比如，即使你烧掉一封信，保存在信件原子中的原始信息依然会被保留在灰烬中。然而，霍金辐射却暗示黑洞会破坏落入其中的物质的信息，因为从黑洞中逃逸的粒子完全不受原来落入黑洞的原子性质的影响。霍金认为，可能需要修改量子力学才能允许信息丢失。

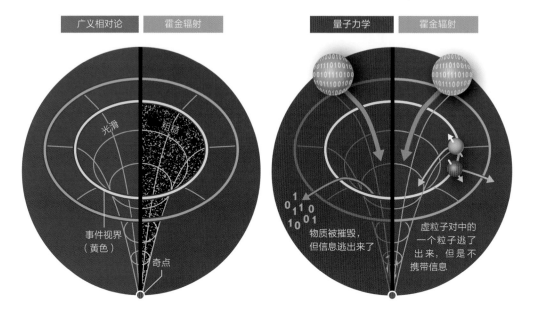

早期假说

为了解决这些难题，物理学家一直在寻找一个能把广义相对论和量子力学统一起来，可以用来描述黑洞的理论。现在已经取得一定突破的是弦理论，它假设粒子实际上是由不断振动的弦构成的小圆环。这个理论看起来对信息悖论和黑洞熵的问题给出了部分解释。

火墙

但是弦理论的解释最终得出了一个奇怪的结论：黑洞可能被包裹在一堵火墙里——这是一堵由高能粒子构成的墙，任何与它接触的物体都将化为灰烬。火墙理论似乎意味着物理法则会在黑洞边界上突然失效，并可能得出一些极端的推论：比如火墙的位置可能标志着时间和空间的终点。

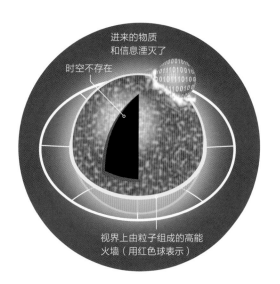

进来的物质和信息湮灭了

时空不存在

视界上由粒子组成的高能火墙（用红色球表示）

金辐射的波函数。另一方面，信息丢失在量子力学中是被禁止的。因此霍金得出的结论是，量子物理的定律必须得到修正，才能允许黑洞中出现信息丢失现象。

我们可以对比一下，看看把纸条烧掉与把它扔进黑洞有何不同。纸条被烧掉的话，上面的信息确实会变得混乱不堪，从冒出的烟中重构出纸条上的信息也是不现实的。但在理论上，把普通量子力学应用于纸条上的原子，是可以描述整个燃烧过程的。产生的烟也可以用一个确定的、依赖于原来纸条上信息的波函数来描述。因此，通过波函数来重构纸条上的信息至少在理论上是可行的。但把纸条扔进黑洞的话，最后出来的辐射则没有确定的波函数。

基于这种类比，许多理论家都认为霍金是错的，认为他错误地把信息被扰乱当成了真正的信息丢失。有人进一步指出，如果信息可以丢失，那么它不会仅仅发生在黑洞蒸发这种奇特的情况之下，而是会随时、随地出现——量子物理中，任何可能发生的事情都真的会发生。如果霍金是对的，那么我们将在日常的物理现象中察觉到信息丢失的迹象，甚至看到严重违背能量守恒定律的现象。

但霍金的观点确实无法被轻易驳倒。黑洞与纸条燃烧的不同之处在于，黑洞有信息无法逃出的视界。因此，看来我们面临一个尖锐的矛盾：要么修改量子力学，允许信息丢失；

要么修改相对论，允许信息从黑洞内部逃逸出来。

此外还存在第三种可能——黑洞不会完全蒸发掉，而是会最终形成一个极其微小、包含原来形成黑洞的恒星所有信息的残留物。但此种解决方案自身也存在诸多问题。例如，要让天文尺度的巨大信息存储在一个微小的物体里，这本身就与"贝肯斯坦-霍金"黑洞熵理论背道而驰。

时空是三维全息图？

为了解决相对论和量子力学在黑洞等场合发生冲突时产生的问题，物理学家进行了一些尝试，弦理论就是其中之一。这个理论用微小的圈或弦代替了先前理论中的点粒子；这些弦帮助消除了一些量子力学与相对论结合时所产生的数学难题。然而，用弦来代替点粒子并不能立刻解决有关黑洞的问题。

突破性的进展出现在1995年。当时我在考虑另一种思想实验——把弦放进微小的空间里。基于自己和其他人之前所做的工作，我发现，当时人们所理解的弦理论并不完整。完整的弦理论要求存在一种比我们所熟悉的四维时空维度更高的物体。在黑洞中，这些被称作D膜的高维物体会很小——蜷曲在小到我们无法探测的隐藏维度中。第二年，现就职于哈佛大学的安德鲁·斯特罗明格（Andrew Strominger）和库姆兰·瓦法（Cumrun Vafa）发现，将弦和D膜结合起来，就可以知道黑洞的组分数量，从而精确地计算出黑洞的熵，至少能计算出高度对称的黑洞的熵。熵的问题得到了部分解决。

紧接着的问题是，信息丢失的矛盾该怎样解决？ 1997年，现在供职于普林斯顿高等研究院的胡安·马尔达西那（Juan Maldacena）提出了一种绕过信息丢失问题的途径，这个解决方案被称作马尔达西那对偶。对偶是指两个原本看起来非常不同的事物之间的奇异等效性。马尔达西那对偶表明，一个以弦理论为基础、把量子力学和引力结合在一起的量子引力理论，其数学在特定情况下等价于一个普通的量子理论。具体地说，黑洞的量子物理等价于一团由高温原子构成的普通气体。马尔达西那对偶也意味着时空与我们通常的认知有根本的不同，它更像一个从更基本的二维球面投影过来的三维全息图。

如果马尔达西那的假设是正确的，那么普通的量子定律也适用于引力，因此信息不会丢失。而间接证据表明，黑洞蒸发不会留下任何残留物质，因此所有信息都必须伴随霍金辐射被重新释放出来。

马尔达西那对偶可以说是目前距离统一广义相对论和量子力学最近的理论，而马尔达西那就是在钻研熵和信息丢失等黑洞谜题时发现这种对偶性的。马尔达西那对偶的正确性还没有得到严格的证明，但它已经获得了很多证据的支持——以至于霍金在2004年宣布，他已经改变了自己关于黑洞信息丢失的观点，并在都柏林的广义相对论和引力国际会议上公开向物理学家约翰·普瑞斯基尔（John Preskill）支付了他输掉的赌注。

约20年前，斯坦福大学的伦纳德·萨斯坎德（Leonard Susskind）和荷兰乌特勒支大学的赫拉德·特·霍夫特（Gerard't Hooft）针对最初的信息问题提出了一个基于某种相对论性原理的解决方法，这个原理也叫黑洞互补原理。这个解决方案本质上的观点就是，进入黑洞的观测者发现信息在黑洞内部，而黑洞外面的观测者发现信息重新回到了外部世界。这两者之间不存在矛盾，因为两组观测者之间无法进行交流。

火墙是否存在？

马尔达西那对偶和黑洞互补原理似乎消除了所有的悖论，但其中的一些具体细节还有待补充。几年前，在俄亥俄州立大学物理学家萨米尔·D.马瑟（Samir D.Mathur）和加利福尼亚大学圣巴巴拉分校物理学家史蒂文·吉丁斯（Steven Giddings）等人工作的基础上，我们AMPS试图建立一个模型，把马尔达西那对偶和黑洞互补原理结合在一起。在经历多次失败之后，我们意识到问题不在于我们数学能力不足，而是因为仍有矛盾存在。

当考虑到量子纠缠现象时，这个矛盾就显现出来了。量子纠缠是量子理论中最为反直觉的部分，也是与我们的日常经验差别最大的部分。如果把粒子比作骰子，那么相互纠缠的两个粒子就像加起来点数总是7的两颗骰子：当一个为2时，另一个必然为5，以此类推⊖。类似的，当科学家测量一个处于纠缠态的粒子的属性时，这个测量同时也确定了它的同伴的属性。还有，在量子理论中，一个粒子只能与一个其他粒子完全纠缠：如果粒子B与粒子A完全纠缠，那么它便不能再与粒子C纠缠。纠缠是一对一的。

对于黑洞，设想一个在黑洞至少蒸发掉一半后发出的霍金光子，记为B。霍金辐射过程意味着B是一对粒子中的一个，而其同伴就是掉进黑洞的A。A和B是纠缠的。此外，原先掉入黑洞的信息已经被编码到所有的霍金辐射粒子中。现在，如果信息没有丢失，且外逸的霍金光子B最终进入一个确定的量子态，那么B必然与之前已经逃出的所有霍金粒子所组成的系统C纠缠（否则逃出的粒子就无法携带信息）。于是矛盾出现了：一个粒子与两个系统纠缠。

拯救量子力学，保持B和C之间的纠缠并且不让黑洞外部出现任何反常现象的代价是

⊖ 这里作者只是拿骰子打比方，所选的数字除了要说明相互关系外，并没有特别的意义。

解除A与B之间的纠缠。当霍金光子A和B作为短暂存在的正反粒子对出现时，恰好分别位于视界的两边。在量子理论中，打破这种纠缠所要付出的代价与打破化学键一样，都是能量。要打破所有霍金粒子对的纠缠意味着视界是一面由高能粒子组成的墙，我们称之为火墙。一个落向黑洞的宇航员无法自由地穿越视界，等待他的是突发性的灾难。

某种意义上说，我们就是逆着霍金的原始论证过程进行了一次推导，先假设信息没有丢失，然后看这个假设会导致什么样的后果。我们的结论是，不同于黑洞互补原理的微妙效应，广义相对论（在黑洞视界上）明显失效了。当我们开始向其他人描述这个理论时，人们的反应一般先是怀疑，然后就是同我们一样的困惑。

我们要么承认这些奇特的火墙真实存在，要么就得重新考虑放弃一些量子理论早已根深蒂固的原则。信息也许无法被毁灭，但或许可以改写一下量子力学。遗憾的是，我们不能通过观测真实黑洞解决这个问题——任何来自火墙的辐射都会被黑洞的引力削弱，导致火墙很难被观测到。

时空的终结点？

此外，如果火墙真的存在，那么它是什么呢？一种观点认为，火墙就是空间的终点。或许黑洞内部并不具备让时空形成的条件。马洛尔夫曾经评论说，可能黑洞内部无法形成空间，是因为"黑洞的量子记忆已经满了"。如果时空不能在黑洞内部形成，那么空间就在视界上终结了，一个下落的宇航员碰到视界后就会被分解为停留在这个边界之上的一个个量子比特。

为了避免出现这种离奇的情景，物理学家曾尝试绕过火墙结论。有一种观点认为，既然霍金辐射粒子B同时与A和C纠缠，那么粒子A应该是系统C的一部分：尽管所处的位置截然不同，但视界后的光子可能以某种方式等同于编码在早期霍金辐射中的信息。这个理念有点类似原来的黑洞互补原理，但是要构建一个具体的模型，最终还是不得不修改量子力学。最激进的想法来自马尔达西那和萨斯坎德，他们认为任何两个相互纠缠的粒子都由微小的时空虫洞连接着，因此类似黑洞内部的大块时空区域可以由大量的纠缠虫洞构成。

霍金曾经提议，广义相对论适用于黑洞，但量子力学不适用。而马尔达西那认为，量子力学不需要修正，但时空是全息的。或许真理就在两者之间。

物理学家也提出了许多其他方案，其中大部分都要放弃某个人们长期坚信的物理原理，人们至今也还没能就解决问题的正确方向达成一致。一个常见问题是，对于现实世界中存在的黑洞，例如银河系中心的那个，火墙意味着什么？要回答这个问题现在还太早。

如今，研究者因为我们发现了物理学两大核心理论间的新矛盾而兴奋不已。我们还不能断言火墙是否真实存在，这反映了已有的量子引力理论的局限性，而理论物理学家也在重新思考他们关于宇宙运作规律的基本假设。这些探索可能加深人们对时空本质以及物理学最基本原理的理解。通过解决黑洞火墙的核心谜团，我们有可能最终取得突破，将量子力学和广义相对论统一到一个理论中。

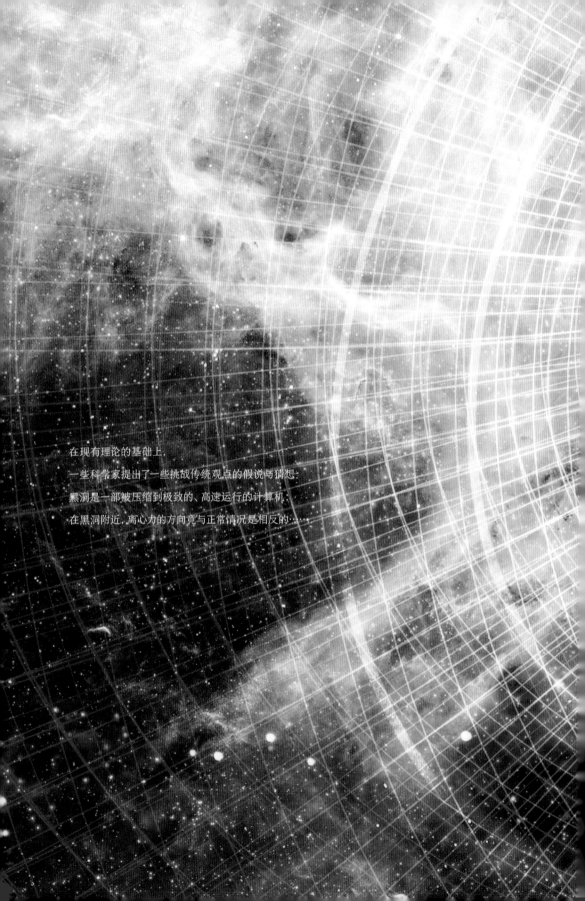

在现有理论的基础上,

一些科学家提出了一些挑战传统观点的假说与猜想:

黑洞是一部被压缩到极致的、高速运行的计算机;

在黑洞附近,离心力的方向竟与正常情况是相反的……

第四章 猜
HYPOTHESIS
想

黑洞是一部计算机

塞思·劳埃德（Seth Lloyd）

塞思·劳埃德和吴哲义将理论物理学最引人入胜的两个领域：量子信息理论和量子引力理论联系起来。作为麻省理工学院的量子力学教授，劳埃德设计了世界上首台可运行的量子计算机。他一直和各种团队合作，构建和运行各种量子计算和量子通信系统。

吴哲义（Y. Jack Ng）

北卡罗来纳大学教堂山分校的物理教授，主要研究时空的基本性质，他提出了各种寻找时空量子结构的实验方案。

精彩速览

- 仅凭存在，所有物理系统就可以存储信息。随着时间演化，它们还可以处理这些信息。宇宙一直都在运算。
- 如果信息像目前大多数物理学家猜测的那样能从黑洞中逃逸，那么黑洞也是一部计算机。其存储空间与运算速度的平方成正比。信息的量子本质是黑洞计算机的基础：没有量子效应，黑洞只能毁灭信息，而非处理信息。
- 限制计算机能力的物理定律同样决定了对时空几何的测量精度。其精度要比物理学家此前所设想的低得多，这意味着时间和空间的构造"原子"也许大于预期。

计算机和黑洞有什么区别？两者看上去毫无关联，但实际上，这却是当今物理学中最为深刻的问题之一。在绝大多数人眼中，计算机应该是一种专业设备：要么是桌面上越来越轻薄的显示器，要么是高科技家电中指甲盖大小的芯片。但是对物理学家而言，所有物理系统都是计算机。石块、原子弹和星系也许无法在 Linux 系统下运行，但它们确实也在存储和处理信息。每一个电子、光子和其他基本粒子都携带着一些比特的数据，当两个这样的粒子发生相互作用，比特就会发生改变。物理上的存在和所含信息本质上难解难分。正如普林斯顿大学的物理学家约翰·惠勒（John Wheeler）所形容的那样，"万物源自比特"（It from bit）。

黑洞似乎打破了这个万物皆计算的法则。虽然向黑洞输入信息易如反掌，但是按照爱因斯坦的广义相对论，想要从黑洞中获取信息却绝无可能。所有进入黑洞的物质都无法逃逸，有关其构成的所有细节都不可逆地被抹除。20 世纪 70 年代，剑桥大学的史蒂芬·霍金（Stephen Hawking）证明，如果考虑量子力学，黑洞就像一块发红的煤球一样，可以对外输出能量。但是按照霍金的分析，这种对外辐射是随机的，它不会携带任何原本的信息。例如，当一头大象落入黑洞，黑洞可以辐射出等价于这头大象的能量，但这些能量杂乱无章，即便在理论上也不可能用这些能量重建出这头大象。

这一过程中的信息丢失带来一个严重的问题，因为量子力学的基本法则要求信息守恒。因此包括斯坦福大学的莱昂纳德·萨斯坎德（Leonard Susskind）、加州理工学院的约翰·普雷斯基（John Preskill）和荷兰乌特勒支大学的赫拉德·特霍夫特（Gerard't Hooft）在内的另一些科学家提出，黑洞辐射实际上不是随机的，而是由落入物质经过某种形式的处理后形成的（参见本书《萨斯坎德：落入黑洞的信息去哪了》一文）。随后，霍金也接受了他们的看法。现在人们相信，黑洞也是一部计算机。

黑洞仅仅是"宇宙存储并处理信息"这一普适原则的一个极端的例子。这个原则本身并不新奇。早在 19 世纪，统计力学的奠基者就发展出信息论来解释热力学定律。初看起来，热力学和信息论毫不相干：前者最早被用来描述蒸汽引擎，而后者则被用于优化通信。不过之后人们发现，一个用来描述引擎效率上限的热力学量——熵，实际上和物质中分子存储的信息量成正比，而信息量取决于分子的位置和速度。20 世纪，量子力学的建立进一步为这一发现构筑了坚实的基础，使得物体存储的信息可以被定量描述，科学家建立起量子信息这一非凡的概念。组成整个宇宙的不是普通的比特，而是量子比特，或者叫"Qubits"，它的内涵之丰富让普通比特望尘莫及。

用比特和字节分析宇宙虽然不能替代力和能量之类的传统概念对宇宙进行描述，但它确有过人和新颖之处。例如在统计力学中，这种描述方法能让似乎可以造出永动机的麦克斯韦妖无所遁形，解开缠绕在这个悖论之上的一团乱麻。近些年来，我们和其他物理学家一起，将量子信息的洞见应用于宇宙学和基础物理的各个方面：黑洞的本质、时空的精细结构、宇宙暗能量的行为以及自然的终极定律。宇宙不仅是一部巨大的计算机，还是一部巨大的量子计算机，正如意大利帕多瓦大学的物理学家保拉·齐齐（Paola Zizzi）所言，"万物源自量子比特"（It from Qubit）。

终极笔记本

物理学和信息论的交汇源自量子力学的核心信条：在最基础的层面上，自然是不连续的。因此一个物理系统可以用有限的比特来描述，该系统中的每个粒子都类似计算机中的逻辑门，粒子的自旋轴可以指向上或者下，由此编码出一个比特。而通过自旋的翻转，就可以完成简单的运算。

上述系统不仅空间上不连续，时间上也是如此。翻转一个比特所需的时间存在一个下限，具体数值由马尔戈拉斯－列维京定理（Margolus-Levitin Theorem）决定，这个以信号处理物理的先驱——麻省理工学院的诺曼·马尔戈拉斯（Norman Margolus）和波士顿大学的列夫·列维京（Lev Levitin）命名的定理涉及海森堡不确定性原理，后者描述了对诸如位置和速度、能量和时间这样的共轭量进行测量时存在的天然限制。马尔戈拉斯－列维京定理断言，反转一个比特所需的时间 t 取决于用于反转的能量 E。用于反转的能量越大，所需的时间就越短，二者数学上满足关系 $t \geq h/4E$，其中 h 是量子物理的核心参数：普朗克常数。例如，有一类量子计算机用质子存储比特，用外磁场对其进行翻转，翻转一个比特所需的最短时间就由上式决定。

从马尔戈拉斯－列维京定理出发，我们可以得到五花八门的结论，小到时空几何的限制，大至整个宇宙的计算能力。作为热身，我们先来看看密度为 1 千克每立方分米的普通物质，其计算能力的上限在哪。我们称这样的装置为终极笔记本（Ultimate Laptop）。

这部笔记本的电池就是物质本身，按照爱因斯坦提出的质能方程 $E=mc^2$，将物质直接转换成能量，然后把所有的能量都用于翻转比特。如此一来，最初它每秒能完成 10^{51} 次运算，之后随着能量衰减逐渐减慢。这台笔记本的存储容量则可根据热力学计算出来。当 1 千克上述物质全部转换为能量，温度会上升至 10 亿开尔文，物质的熵与系统的能量除以温度的值成正比，由此可知它的熵等同于 10^{31} 比特的信息。这些信息全部以基本粒子的微观运动和位置的形式存储在这台终极笔记本中，热力学定律所允许的每一个比特都物尽其用。

当粒子之间发生相互作用，它们就能各自翻转，我们可以用 C 语言或者 Java 来理解此过程：粒子相当于变量，它们之间的相互作用则相当于运算法则。每个比特每秒能翻转 10^{20} 次，实际上，这台超级笔记本的运行速度快到根本无法用中央时钟来控制，因为翻转一个比特所需的时间大致与信号从一个比特传送至相邻比特所需的时间相当。因此，这台终极笔记本是高度并行化的：它拥有的不是一个单一处理器，而是一个由海量处理器组成的阵列，每个处理器几乎都在独立运行，并与其他处理器保持相对较慢的通信。

作为对比，今天的一台普通计算机每秒大约可以翻转比特 10^9 次，存贮能力为 10^{12} 比特，

计算机
概念

极限计算

什么是计算机？这个问题的答案出乎意料地复杂，但无论你采取哪种定义，它不仅要适用于我们通常所说的"计算机"，还需要适用于世间万物。所有物理实体都能解决广义上的逻辑和数学问题，虽然它们可能无法进行通常意义上的输入输出。自然计算机本质上是数字化的：信息被存储于像基本粒子自旋这样的离散量子态中。它们的指令集是量子物理。

	输入	计算	输出
普通计算机 （速度：10^9 赫兹；存储容量：10^{12} 比特）	 键盘和辅助电路将信息编码成导线中的电压脉冲。	 电压脉冲相互作用，由晶体管等器件引导执行诸如"否"这样的逻辑运算。	 处理后的脉冲被转换成有意义的光学图案。
终极笔记本 （速度：10^{50} 赫兹；存储容量：10^{31} 比特）	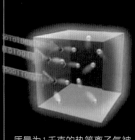 质量为1千克的热等离子气被囚禁在1立方分米的盒子中，这台装置通过粒子的位置、速度和自旋来编码信息。	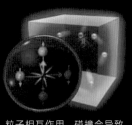 粒子相互作用。碰撞会导致粒子自旋翻转，可以被用于实现类似"否"这样的逻辑运算。	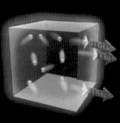 当粒子脱离盒子，它们的性质就可以被测量和转译。系统随着能量衰减逐渐变慢。
黑洞 （速度：10^{35} 赫兹；存储容量：10^{16} 比特）	 一个由1千克物质塌缩成半径 10^{-27} 米的球体所形成的黑洞。数据和指令可通过落入黑洞的物质来进行编码。	 在下落过程中，粒子间相互作用与超级笔记本类似，只是此时引力扮演着同样重要的角色。黑洞内部的物理定律目前仍不清楚。	 黑洞会向外辐射能量，该辐射以其发现者物理学家史蒂芬·霍金的姓名来命名。新的理论表明霍金辐射能够携带计算的输出。

黑洞理论的演变

"物质如此致密，以至于任何东西都无法逃脱，包括光在内。"这种对黑洞的定义已经成为新闻和科普讲座中的信条，但它却可能是错的。物理学家从20世纪70年代开始就提出，能量可以从黑洞中泄漏出来。而现在，很多人认为信息（它描述了能量所采取的形式）也可以做到。下图展示了从外部时空观察到的一个黑洞。

在量子力学出现之前，经典观念认为一旦物质穿越黑洞的外部边缘（事件视界）落入黑洞，就再也无法逃离，也无法向外发送信息。最终它会撞向黑洞中心，即所谓的"奇点"，在那里物质被消灭，信息被抹除。

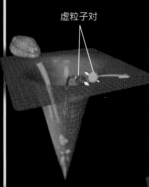

虚粒子对

霍罗威茨－马尔达西那模型认为向外发射的粒子不仅携带着原始质量，而且还携带着信息。它们与落入黑洞的另一半保持着量子纠缠，而后者则与黑洞中的物质纠缠在一起。通过这些纠缠态可以折射出黑洞内部的信息。

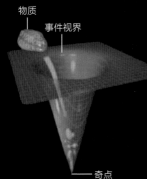

物质

事件视界

奇点

霍金模型首次尝试将量子效应应用于黑洞。成对的虚粒子在视界边缘产生（图中红色和蓝色小球），每对粒子中的一个与其他物质一起落入黑洞，奔向奇点，而它的同伴则逃离视界。这些向外发射的粒子的自旋是随机的，无法携带任何有关下落物质的信息。

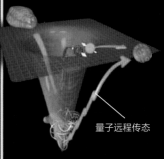

量子远程传态

而且只有一个处理器。如果摩尔定律能一直延续下去，你的后代大概能在 23 世纪中叶买到上面描述的终极笔记本。未来的工程师们需要找到方法，精确控制比太阳核心温度还高的等离子体中粒子的相互作用，而且大部分通信带宽需要用于控制计算机和处理错误。同样需要解决的可能还有一些棘手的封装问题。

最致密的计算机

如果任何物质都是一台计算机，那么黑洞就是一台体积被压缩到极致的计算机。当物质计算机收缩时，它的引力效应会逐渐增强，最终没有任何实体物质能逃脱其魔爪。黑洞的大小被称为史瓦西半径（Schwarzschild Radius），与黑洞的质量成正比（也就是说，物体的实际半径一旦小于史瓦西半径，就是黑洞了）。

一个质量 1 千克的黑洞，史瓦西半径大约为 10^{-27} 米（作为参照，质子的直径约为 10^{-15} 米）。收缩过程不会改变物质计算机的总能量，因此它仍然可以像之前分析的那样每秒运行 10^{51} 次。该过程改变的是它的存储容量：当引力效应不太显著时，物质计算机的存储容量与它所包含的粒子总数成正比，因此也与体积成正比；但是当引力效应占主导时，粒子内部会产生联系，因此能存储的信息变少了，结果是一个黑洞能存储的信息总量与其表面积成正比。20 世纪 70 年代，霍金和耶路撒冷希伯来大学的雅各布·贝肯斯坦（Jacob Bekenstein）通过计算得出，1 千克黑洞能存储大约 10^{16} 比特的信息，远少于压缩前 1 千克物质存储的信息。

容量缩水换来的是更快的处理速度。黑洞翻转一个比特所需的时间仅为 10^{-35} 秒，与光从黑洞一侧传播到另一侧所需的时间一样。因此，与上述高度并行化的终极笔记本不同，黑洞是一台串行计算机，整个黑洞就是一个巨大的单处理器。

那么黑洞计算机究竟如何运行？输入不是问题：只要将数据用物质或能量的形式编码，然后扔进黑洞就可以了。通过精心准备原料，编码者可以让黑洞进行任何形式的运算。事件视界标示出了不可折返的边缘，原料一旦进入，就一去不返了。坠入黑洞的粒子之间发生相互作用，在抵达黑洞中心前进行有限的计算，直至在中心奇点处被挤压得荡然无存。这些物质的最终结局取决于量子引力的细节，这在目前仍属未知领域。

能量的输出则通过霍金辐射实现。1 千克的黑洞会持续产生霍金辐射，同时质量不断减小，以保证能量守恒。最终，黑洞在短短 10^{-21} 秒之后就消失殆尽。辐射波长的峰值等于黑洞半径，对于 1 千克的黑洞而言，辐射以强烈的伽马射线的形式发出，利用一台粒子探测器就能捕捉到这样的辐射并解码出计算结果。

霍金对黑洞辐射的研究改变了科学家的传统观念,在此之前,科学家认为任何事物都无法从黑洞中逃逸。黑洞越大,辐射的速度越慢,因此星系中心的大型黑洞辐射能量的速度要比它吞噬物质的速度慢得多。但在未来,科学家有可能在粒子加速器中造出微型黑洞,它们可能瞬间就喷发殆尽。因此,你可以把黑洞想象成一台利用转瞬即逝的物质全速进行运算的计算机,而非一成不变的天体。

黑洞的计算方式

真正的问题在于,霍金辐射是否能给出有意义的计算结果,而不是扔出一堆乱码。这个问题依旧存疑,但是大多数物理学家,包括霍金本人在内,都认为该辐射是进入黑洞的物质携带信息经过黑洞重塑后的高度有序化形式。尽管物质无法逃离黑洞,但它所携带的信息却可以。如何准确理解这个看似奇怪的结论是目前物理学中最热门的问题之一。

2003 年,加利福尼亚大学圣巴巴拉分校的加里·霍罗威茨(Gary Horowitz)和普林斯顿高等研究院的胡安·马尔达西那(Juan Maldacena)构想出一个可能的机制。逃逸的通道存在于纠缠之中,这是一种让两个或更多系统跨越时空保持相互关联的量子效应。通过纠缠能实现远程传态,将一个粒子携带的信息完好无损地传递给另一个粒子,效果相当于将这个粒子以光速传送到另一个粒子所在的位置。

科学家已经在实验室中实现远程传态。为此,首先需要保证两个粒子纠缠在一起,然后用包含待传递信息的物质对其中一个粒子进行测量,该过程会将信息从原始位置抹除。但由于两个粒子处于纠缠状态,无论相隔多远,这些信息都会以某种编码方式立刻出现在另一个粒子中。利用前一个测量结果作为密钥就可以解码信息。

类似的过程也可以出现在黑洞中。当一对纠缠光子出现在事件视界上,一个以霍金辐射的形式向外发射并被观测,另一个则落入黑洞并最终到达中心奇点,在这里被消灭。通过这个过程,黑洞中的物质所携带的信息就传递给了向外辐射的那个光子。

与实验室中的远程传态不同,要解码霍金辐射中的信息,并不需要将黑洞中的"测量"结果作为密钥。霍罗威茨和马尔达西那提出,光子落入黑洞中心后,产生的输出结果是唯一的。黑洞外的观测者只需要利用一些简单的物理公式就能计算出这个唯一的结果,从而完成解码。他们的推测超出了量子力学的范围,这引发了一些争议,但听上去却合情合理。既然宇宙开端时的奇点可能只存在唯一的状态,那么黑洞中物质终结处的奇点也可能只有唯一的状态。2004 年,本文作者之一的劳埃德证明了霍罗威茨 – 马尔达西那机制是可靠的。只要有一个最终状态,无论这个状态是什么,我们都可以解码黑洞辐射出的信息。不过这个过程可能仍会导致少许信息损失。

　　另一些研究者也提出了一些建立在奇异量子现象之上的逃脱机制。1996 年，哈佛大学的安德鲁·施特勒明格（Andrew Strominger）和库姆让·瓦法（Cumrun Vafa）认为黑洞可能是一种由弦理论中名为膜（brane）的多维结构构成的复合体。落入黑洞的信息以波的形式存储在这些膜上，最终被释放出来。2004 年，俄亥俄州立大学的萨米尔·马图尔（Samir Mathur）和合作者用一团巨大的弦来模拟黑洞，这团"毛球"就像是一个寄存器，可以存储落入黑洞的物质所携带的信息，同时释放出可以反映这些信息的辐射。霍金指出，量子涨落可能会阻止一个完美的视界形成。目前所有这些设想仍有待检验。

时空泡沫

　　黑洞的性质与时空本身的性质不可分割地交织在一起。因此，如果黑洞可以被视为计算机，时空也可以。量子力学预言时空像其他物理体系一样，在最基础的结构上是离散的。

计算时空

测量空间距离和时间间隔也是一种计算，同样受约束计算机的原理制约。分析显示这些测量的棘手之处远超物理学家想象。

某个三维区域的绘制可用一个卫星定位网络来实现。卫星通过发射信号并测量其到达时间来测量距离。要提高测量精度，你需要更多的卫星，但卫星数目是有上限的：如果卫星数目太多整个系统会塌缩成黑洞。

如果测量区域的尺度翻倍，体积就变成了原来的 8 倍，此时即使将卫星数目加倍，它们之间的间距仍比之前要大，每颗卫星就需要覆盖更大的区域，从而无暇顾及每一点的测量，结果导致测量精度下降。

测量手段

$\pm 1 \times 10^{-226}$

$\pm 2 \times 10^{-226}$

$\pm 3 \times 10^{-226}$

▲ 半径：100 千米
卫星数目：4 个
卫星间距：90 千米

◀ 半径：200 千米
卫星数目：8 个
卫星间距：150 千米
测量误差：增加 25%

因此测量的不确定性会随着测量区域的大小而变化。测量区域越大，其细节结构就越模糊。这与我们的日常经验大相径庭，我们一般认为测量精度与被测量物体无关，只与测量装置的精细程度有关。所以你选择的测量对象会影响时空的精细结构。

距离和时间间隔的测量存在一个精度下限，在微观尺度上，时空是泡沫化的。一个空间区域能够携带的最大信息量取决于单个比特能有多小，很明显它们不可能小于时空泡沫的最小单元。

长期以来，物理学家一直假设这种时空单元的大小等于普朗克长度（1.6×10^{-35}米），在这个尺度下，量子涨落和引力效应同等重要。这时，时空的泡沫化本质可能永远超出我们的测量能力，但是本文作者之一的吴哲义和北卡罗来纳大学教堂山分校的亨德里克·范达姆（Hendrik van Dam）、匈牙利罗兰大学的弗里杰什·卡罗伊哈齐（Frigyes Károlyházy）的工作表明，时空单元实际上要大得多，而且没有固定大小：时空区域越大，构成该时空的单元就越大。这个结论看起来有些荒唐，就好像说构成大象的原子会比构成老鼠的原子大，但劳埃德从限制计算机性能的物理定律出发，同样推导出了这一结论。

绘制时空几何的过程也是一种计算，即通过传递、处理信息来测量距离。实现这种计算的途径之一是在空间中的某个区域布满定位卫星，每颗卫星都携带一台时钟和一个无线电发射器。要测量某段距离，需要一颗卫星发射信号，然后测量到达目的地所花费的时间。距离的测量精度取决于时钟频率，而频率计时是一种运算操作，因此它的最大频率可由马尔戈拉斯－列维京定理确定：最小计时间隔与能量成反比。

而能量同样受到限制。如果卫星拥有过多的能量或者卫星的分布过于密集，它们最终会形成黑洞，无法继续参与时空绘制（黑洞仍会释放霍金辐射，但是辐射波长与黑洞尺寸相当，从而无法用于绘制更精细的结构）。因此，卫星网络的最大能量与所绘制区域的半径成正比。

卫星网络的能量增长远慢于所绘制区域的体积增长。随着后者逐渐增大，绘图者不得不做出妥协，降低卫星的分布密度（这样它们的间隔变得更大）或减少分配给每颗卫星的能量（这样每颗卫星的时钟频率会下降）。无论采取何种妥协方式，都将以损失测量精度为代价。定量而言，在对一个半径为 R 的区域进行描绘的总时长内，所有卫星计时的总次数为 R^2/l_p^2。如果每颗卫星在整个测量过程中都刚好计时 1 次，则可以计算出卫星之间平均间距为 $R^{1/3}l_p^{2/3}$。在某个区域内，可以通过缩小间距提高绘图精度，但相应地，在某些其他区域内，测量精度就会下降。上述分析对膨胀中的空间同样成立。

这个公式确定了空间测量的最小尺度。接近这一尺度时，测量仪器已经有变成黑洞之虞，在更小的尺度上，时空几何将不复存在。当然，这个尺度下限仍远长于普朗克长度，虽然它已经足够小了。用它来测量可观测宇宙的大小，最终误差大约只有 10^{-15} 米。未来的高精度距离测量装置，比如更先进的引力波天文台，也许能探测到如此小的测量误差。

在理论物理学家看来，这个结果的意义在于它提供了一种看待黑洞的新视角。吴哲义已经证明，从时空涨落与距离的立方根之间的奇特关系出发，可以另辟蹊径推导出贝肯斯坦－霍金黑洞信息容量公式。这个标度还隐含着一个对所有黑洞计算机的限制：黑洞能存储的比特数与计算速度的平方成正比，比例系数是 Gh/c^5，这个系数从数学上将信息和狭义相对论（光速 c 为其特征参数）、广义相对论（引力常数 G）和量子力学（普朗克常数 h）联系起来。

也许最为深远的影响是，这个结果直接把我们引向全息原理。我们的三维宇宙从某种深邃玄妙的角度来看，其实是二维的。这时，一个区域能存储的最大信息量不再与体积成正比，而是与表面积成正比。物理学家通常认为全息原理应该源自量子引力的某些未知细节，但它同样可以直接从对测量精度的基本量子限制中推导出来。

宇宙计算机

计算原理不仅适用于最致密的计算机（黑洞）和最小的计算机（时空泡沫），而且还适用于最大的计算机：整个宇宙。宇宙也许包含无限的空间，但是它却经历了有限的时间，至少从目前的形态来看确是如此。目前的可观测宇宙范围有数百亿光年。结果能为我们所知的运算，一定在可观测宇宙的膨胀过程中就开始了。

运用上文对时钟频率的分析，可以计算出宇宙自大爆炸以来总的运算次数为 10^{123} 次。我们周围的物质包括可见物质、暗物质和导致宇宙加速膨胀的暗能量，在可观测宇宙中的能量密度约为 10^{-9} 焦耳每立方厘米，因此整个可观测宇宙包含的总能量约为 10^{72} 焦耳。根据马尔戈拉斯－列维京定理，如果自诞生以来宇宙的总运算次数为 10^{123} 次，则可计算出它每秒能运算 10^{106} 次。换言之，宇宙一直在以物理定律所允许的极限速度进行运算。

要计算诸如原子这类普通物质的总存储容量，我们可以借助统计力学的标准方法和宇宙学。物质完全转换成像中微子或光子这样纯能量、无质量的粒子时，获得的信息容量最大，此时系统的熵密度与温度的三次方成正比，这些粒子的能量密度（决定了系统运算次数的上限）则与温度的四次方成正比，因此，系统能存储的总比特数与能进行的总运算数的四分之三次方成正比，由此可计算出整个宇宙的总容量为 10^{92} 比特。如果粒子还含有一些内部结构，总容量可能会更高。由于比特翻转的速度比内部通信速度更快，所以普通物质类似终极笔记本，是高度并行的计算机，而不是黑洞那样的单核计算机。

至于暗能量，物理学家连它们是什么都还一无所知，更不用说计算它的信息容量了。但是全息原理暗示宇宙的总存储容量为 10^{123} 比特，这与宇宙的总运算数大致相等。这两个数值如此接近并不是巧合，它表明我们的宇宙接近临界密度，如果密度再大一些，宇宙就会像物质落入黑洞一样在引力作用下塌缩，因此它让自己刚好处于（或非常接近）运算数最大化的状态。这个最大运算数等于 $R^2/l_p{}^2$，与全息原理给出的总容量相同，因此宇宙在历史上的每个时期存储的总比特数都与当时能进行的最大运算数相近。

普通物质能进行海量运算，而暗能量则完全不同。如果暗能量携带了全息原理所允许的最大信息量，那么自宇宙诞生到现在绝大多数比特还来不及翻转一次，因此当只占宇宙物质总量 4% 的普通物质全力运算时，这些非传统意义上的比特只能充当观众。无论暗能量由何物构成，都注定拙于计算，当然它们也无须为此操心。不过，从计算的角度而言，支撑起宇宙缺失的质量，并让宇宙加速膨胀并不是简单的任务。

那么宇宙究竟在算些什么？我们现在只能说，它并非像经典科幻小说《银河系漫游指南》（Hitchhiker's Guide to the Galaxy）中的巨型计算机"沉思"那样，只寻找单一问题的答案。相反，宇宙计算的是它自身。以标准模型为计算软件，宇宙在计算量子场论、化学物质、细菌、人类、恒星和星系。它一边计算，一边用物理定律所允许的最大精度描绘出自身的时空几何。计算即存在。

这些跨越了普通计算机、黑洞、时空泡沫和宇宙学的结果是自然统一性的明证，它们展现出基本物理概念之间的内在联系。尽管物理学家还没有获得一个完整的量子引力理论，但他们知道，万变不离其宗，最终理论一定与量子信息密不可分。

万物源自量子比特。

制造声波黑洞

西奥多·A. 雅各布森（Theodore A.Jacobson）

西奥多·A.雅各布森和雷诺·帕伦塔尼合作研究了量子引力，雅各布森是马里兰大学的物理教授，最近集中研究黑洞热力学、时空的微观不连续性以及是否在宏观上能检测到这些精细结构。

雷诺·帕伦塔尼（Renaud Parentani）

巴黎南部奥赛大学的物理教授，他在CNRS理论物理实验室从事研究工作，主要研究内容是量子涨落在黑洞物理和宇宙学中起到的作用。

精彩速览

- 黑洞是宇宙中最神秘的天体之一。
- 从新角度理解黑洞，有助于认识黑洞产生的异常现象，检验爱因斯坦的广义相对论，并为极端环境中引力的本质提供重要线索。
- 时空中或许真的填充着类似流体的介质。

1905年，阿尔伯特·爱因斯坦提出了狭义相对论，驳斥了19世纪的一种观念：光产生于一种假想的介质——"以太"（ether）的振动。他指出，无需任何物质的支持，光波就能在真空中传播。这一点上，光波与声波不同，后者是通过介质的振动而传播的。在现代物理学的另外两大支柱——广义相对论和量子力学中，狭义相对论的这个特点一直未曾动摇。直到今天，所有的实验数据——小到亚原子，大到星系尺度，用这三大理论都可以成功解释。

物理学家面临着一个深层概念上的问题。按照目前的理解，广义相对论和量子力学并不相容。被广义相对论归因于时空连续体弯曲的引力，却与量子理论框架格格不入。理论家仅仅在理解高度弯曲的时空结构方面不断取得进展，因为在极短的距离上，他们必须考虑量子力学。挫折之余，一些人已经另辟蹊径——向凝聚态物理学寻求指导。而这种物理常用于普通物质的研究，例如晶体和流体。

与时空一样，凝聚态物质在大尺度下，看起来也是一个连续体。不同的是，它所拥有的微观结构，是由我们已经充分了解的量子力学支配的。而且，声波在非均匀流体中的传播，与光波在弯曲时空中的传播非常相似。我们和同事们正试图利用这种相似性，用声波来模拟一个黑洞模型，试图深入认识时空可能存在的微观工作方式。这项研究暗示，时空可能与物质流体一样，由小颗粒组成，拥有一个会在精细尺度上体现出来的优先参考系——这与爱因斯坦的假设相反。

黑洞如同热煤球

黑洞是量子引力最宠爱的实验场之一，因为在这里，量子力学和广义相对论都显得非常重要——这样的地点非常罕见。1974年，英国剑桥大学的史蒂芬·霍金将量子力学应用到黑洞的视界上，迈出了两大理论融合的一大步。

根据广义相对论，视界是分隔黑洞内部（其中的引力非常强大，以致所有物体都无法逃离）和外部的表面。不幸落入黑洞的旅行者，在穿越视界时，并不会有任何特殊的感觉。可一旦进入视界，他们就再也无法将光信号传给外面的人，更别说从那里回来了。黑洞外的观测者，只能接收到旅行者穿越视界之前发出的信号。当光波爬出黑洞的引力井时，它们被拉长、频率降低、信号持续时间也随之延长。因此，对观测者而言，旅行者似乎在以慢动作运动，而且比通常的颜色偏红。

这种被称为引力红移（Gravita tional Redshift）的效应并不是黑洞所特有的。比如，当信号在轨道卫星和地面基地之间传递时，频率和时间也会因引力红移而改变，GPS导航系统必须将它考虑在内才能准确工作。不过，黑洞的特殊之处在于，当旅行者靠近视界时，红移就会变得无穷大。在外部观测者看来，旅行者的下落过程似乎要耗费无限的时间，尽管旅行者自己觉得不过是经历了一段有限的时间而已。

到目前为止，这种对黑洞的描述，还只是将光当作传统电磁波看待。霍金所做的，就是在把光的量子本质考虑进来，重新研究了无限红移的意义。根据量子理论中的海森堡测不准原理，即使完美的真空，也并非真的空无一物，其间充满了量子涨落，这些涨落以虚光子对（Pairs of Virtual Photons）的形式表现出来。这些光子之所以被称为"虚"光子，是因为在一个远离任何引力影响的未弯曲时空中，它们总是不停地出现和消失，如果缺乏外界的干扰，就无法观测到。

但在黑洞周围的弯曲时空中，虚光子对中的一颗，可能会陷入视界内部，而另一个则滞留在视界之外。于是，这对光子就会由虚变实，产生出向外辐射的可观测光线，此时，黑洞的质量也会相应下降。黑洞辐射的整体模式是热辐射，就像一个炽热的煤球发出的光线一样，它的温度与黑洞的质量成反比。这种现象被称为霍金效应（Hawking Effect）。除非黑洞吞噬物质或能量来弥补损失，否则霍金辐射将会耗尽它所有的质量。

重要的是在非常靠近黑洞视界的空间，还保持着近乎完美的量子真空——当我们把流体和黑洞进行类比时，这将变得至关重要。事实上，这个条件是霍金理论的基本前提。虚光子是最低能量的量子状态，即"基态"（Ground State）的一种特征。只有在虚光子与同伴分离、并逃离视界的过程中，它们才会变成实光子。

终极显微镜

在建立完整量子引力理论的各种尝试中，霍金的分析扮演了重要角色。对于量子引力的候选理论（比如弦理论）来说，再现和解释这种效应的能力是一个至关重要的检验。然而，尽管大部分物理学家都接受了霍金的观点，却一直苦于无法用试验来证明。理论预言的恒星级和星系级黑洞所发出的辐射，都因太过微弱，无法观测。缺乏实验验证的霍金效应，不得不为一个问题而伤透脑筋：霍金效应存在着一个潜在的瑕疵，就是理论所预言的光子将要经历无限红移。设想一下，把时间颠倒过来，观察辐射效应，会是怎样呢？随着霍金光子越来越靠近黑洞，它蓝移到一个更高的频率和相对较短的波长。它沿着时间回溯得越久，就越接近视界，它的波长也变得越短。一旦它的波长变得比黑洞还小得多，这个粒子就会与它的同伴相结合，变成此前讨论过的虚光子对。

蓝移会毫不减弱地持续下去，波长也缩减到任意短的距离。但到了短于 10^{-35} 米的距离——即所谓的普朗克长度（Planck Length），不论是相对论还是经典量子理论，都无法预言粒子会有什么行为。或者，我们需要一种量子引力论才行。因此，黑洞的视界如同一台奇幻的显微镜，使观测者接触到未知的物理。对于理论家来说，这种放大效应却令人不安。如果霍金的预言依赖于已知的物理学，那么我们就不应该怀疑它的正确性吗？霍金辐射的性质，甚至它的存在本身，有没有可能依赖于时空的微观性质，就好像物质的热容和声速依赖于它的微观结构和动力学一样呢？要不然就像霍金最初声称的那样，这种效应只是由黑洞的宏观性质，也就是它的质量和自旋完全决定的呢？

声与光

为了回答这些棘手的问题，加拿大英属哥伦比亚大学的威廉·昂鲁（William Unruh）开始了一项新的研究。1981年，昂鲁证明，声音在移动的流体中传播，与光在弯曲时空中的传播非常类似。他提出，在评估微观物理对霍金辐射起源的影响时，这种相似性非常有帮助。此外，它甚至还能对一种与霍金辐射类似的现象进行实验性观测。

与光波一样，声波的特征也是频率、波长和传播速度。只有当波长比流体中的分子间距长得多的时候，这种声波的概念才是有效的；在更小的尺度上，声波会消失。正是这种限制，使得这种相似性非常有趣，因为它能让物理学家去研究微观结构的宏观结果。不过，为了真正发挥作用，这种相似性必须被扩展到量子级别。通常，分子的随机热运动，会阻碍声波像光量子一样运动。但是当温度接近绝对零度时，声波就可以像量子微粒一样运动了，物理学家们称之为"声子"（Phonon），以强调它与光的粒子——光子——之间的相似性。在晶体以及低温下仍能保持流动性的物质(如液氦)中，实验者通常会观测到声子。

在静止或均匀流动的流体中，声子的行为方式就像平坦时空中的光子一样——那个时空里面没有引力存在。这种声子以不变的波长、频率和速度直线传播，像声音在游泳池或者一条平缓流淌的河流中流淌，从它的源头直接传入耳朵。

然而，在非均匀流动的流体中，声子的速度会改变，它们的波长也会被拉长，正如一个弯曲时空中的光子。

流体的流动甚至可以对声音起作用，就像黑洞对光子起作用一样。创造出这样一个声学黑洞的一种方法，就是利用一种被流体动力学家称为拉瓦尔喷管（Laval Nozzle）的设备。这种喷管的设计，可以使流体在最狭窄的地方达到和超过声速，并且不会产生激波（一种液体性质的突然变化）。这种有效的声学几何与黑洞的时空几何非常类似。超声速区域对应于黑洞的内部：逆着流动方向传播的声波会被卷入下游，就像光被拖向黑洞中心一样。亚声速区域就是黑洞的外部：声波可以逆流传播，但是必须付出被拉长的代价，就像光的红移一样。介于两个区域之间的边界，刚好就像黑洞的视界。

霍金错了吗？

这是关于黑洞最大的，最没有引发关注的一个谜团，它与霍金的一个著名预言有关。它像一个由视界来定义的洞，一道单向的门：外面的物质可以掉进去，但里面的任何物质都无法逃出来。霍金想知道，出现在视界处的虚粒子对，会发生什么不一样的现象？

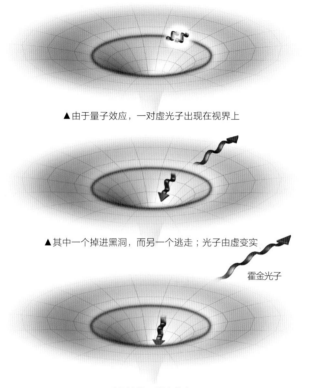

▲由于量子效应，一对虚光子出现在视界上

▲其中一个掉进黑洞，而另一个逃走；光子由虚变实

霍金光子

▲引力拉伸了射出的光子

相对论预言，离开视界的光子会被无限拉伸（下面的红色曲线）。也就是说，一个被观察到的光子，肯定从一个波长几乎为零的光子中产生。这样的话，未知的量子引力效应就会在普朗克长度之下发挥作用。这个问题驱使物理学家们设计了一些实验上可行的黑洞对应物，从而检测它们的生成过程和辐射的情况。

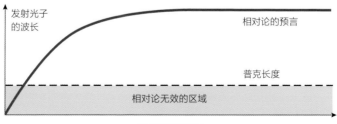

发射光子的波长

相对论的预言

普克长度

相对论无效的区域

离开视界的距离

原子论

如果流体够冷，那么这种相似性就会延伸到量子级别上。昂鲁指出，声学视界也会发射出与霍金辐射类似的热声子。视界附近的量子涨落导致声子成对出现；其中一个被卷入超声速区域，一去不返；而另一个则逆流而上，被流体的流动拉长。放置在上游的麦克风会采集到一个微弱的嘶嘶声，这个嘶嘶声的能量是从流体流动的动能中提取出来的。

噪声的主要声调取决于几何结构；观测到的声子的典型波长，与流动速度发生微微变化的距离相当。这个距离比分子的间距大得多，因此在最初的分析中，昂鲁假设流体是平滑和连续的。不过起源于视界附近的声子波长如此之短，因此它们对于流体的颗粒性构成会变得敏感。这会影响到最后结果吗？真正的流体会发射出像霍金辐射一样的声子吗，还是昂鲁的预言只是连续流体的一种理想化的错误推论呢？如果声学黑洞的这个问题能够得到解答，那么物理学家在引力黑洞的问题中也许就可以进行类推。

除了超声速流动的流体之外，物理学家还提出了许多与黑洞相类似的情况。其中一种与声波无关，而与液体表面或者沿着超流态液氦分界面传播的波纹有关。所谓超流态是指它的温度如此之低，因此而失去了所有能够抵抗运动的摩擦力。昂鲁和德国德累斯顿工业大学的拉尔夫·舒兹霍尔德（Rall Schutzhold）打算研究电磁波在一个巧妙设计的细微电子管中的传播，用一束激光沿着电子管扫描，以改变局部的波速，物理学家或许能创造出一个视界。而另一种观念是模拟宇宙的加速膨胀，它也能产生类似霍金的辐射。玻色–爱因斯坦凝聚态物质（Bose-Einstein Condensate）——一种温度低到连原子都丧失其各自独立属性的气体——可以对声音起作用，就像膨胀的宇宙对光起作用一样，不管是真正的向外飞散，还是用一个磁场进行人为操控，都可以达到同样效果。

理解流体分子结构对声子产生影响的过程是极其复杂的。幸运的是，在昂鲁提出他的声学相似性10年之后，我们中的一位（雅各布森）找到了一种非常有用的简化形式。详细的分子结构被概括成声波的频率依赖于声波波长的改变方式。这种依赖关系被称为色散关系（Dispersion Relation），它决定了传播的速度。对于较长的波长，速度是恒定的。对于接近分子间距的较短波长，速度就会随着波长的变化而不同。

这就会出现三种不同的行为方式。第一种没有色散——短波的行为方式与长波完全一样。第二种，速度会随着波长的缩短而降低，第三种，速度会增加。第一种描述了相对论中的光子；第二种描述了超流态比如液氦中的声子；第三种描述了稀薄的玻色–爱因斯坦凝聚态物质中的声子。这三种类型的区分，为解决分子结构在宏观水平上如何影响声音的这个问题，提供了一个基本原理。从1995年开始，昂鲁和随后的其他研究者已经在第二种

其他黑洞模型

拉瓦尔喷管以外的设备也能再现黑洞视界的基本属性：波可以单向通过，不能反向逆行。所以，每一种模型都为黑洞提供了新颖的视角，所有设备都有可能制造出霍金辐射的对应物。

表面波纹

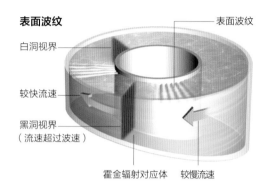

这种实验研究的不是声波，而是围绕环形水道流动的液体表面的波纹。随着水渠变浅，流速会加快，在某一点超过波纹的速度，阻止它们逆流传播——这样就创造了一个黑洞视界的对应体。使循环变得完整的另一个"白洞"视界：一个允许物质只出不进的物体。为了观测类似霍金的辐射，需要使用一种超流体，例如氦4。

电磁波管

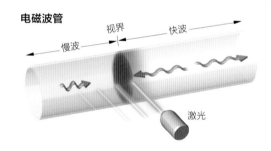

这项实验研究的是在一根棒中传播的微波，棒的设计使得波的传播速度可以利用一束激光进行调节。沿着棒进行扫描的激光束会产生一个移动的视界，这个视界将棒区分成慢区和快区。慢区中的波无法抵达快区，但快区中的波则能穿越慢区。这种类似霍金的辐射也许比流体对应体中的辐射更强烈，更容易被观测到。

气体云

膨胀中的雪茄形气云的长轴，可以模拟一个一维的加速膨胀的宇宙。这样，一个宇宙的运行方式与一个内外颠倒的黑洞类似：视界外的波被席卷得太快，无法进入内部区域。类似霍金的辐射应该会向内传播。在实际情况中，这种气体应该是一种玻色－爱因斯坦凝聚态物质，这种具有量子属性的超冷气体可能产生霍金辐射的对应物。

和第三种色散关系下研究了霍金效应。

考虑一下类似霍金的声子在时间反转时的情况。开始时，色散类型并不重要。声子朝下游的视界游去，它们的波长一直在缩短。一旦波长接近分子间距，特殊的色散关系就变得重要了。对于第二种来说，声子会减慢，然后调转方向，开始再次逆流而上。对于第三种来说，它们会加速，突破长波的声速，然后穿越视界。

以太归来

对霍金效应的严格分析，必须满足一个重要的条件：虚声子对必须在它们的基态出现，就像黑洞周围的虚光子对一样。在真实的流体中，这个条件很容易满足。只要宏观的流体流动状态在时间和空间中缓慢变化（与分子级别的步调相比而言），分子状态就会不断调整，总体上使系统的能量状态最小化。流体是由哪些分子组成并不重要。

当这个条件得到满足时，不论采用三种色散关系中的哪一种，流体都会发射出类似霍金的辐射。流体的微观细节不会产生任何效果。它们会在声子离开视界的过程中被淘汰掉。另外，最初的霍金理论所产生的任意短的波长，不论在第二种还是第三种色散关系中都不会出现，相反，波长会在分子间距处达到底线。无限红移只是无限小的原子这种非物理假设的具体表现。

应用到真实的黑洞上，尽管霍金进行了简化，流体相似性仍然为人们对霍金的正确结论增添了信心。此外，它还向一些研究者暗示，引力黑洞视界的无限红移也许同样可以通过短波长光子的色散而消除。但是这就存在着一个问题：相对论断言，光在真空中不会发生色散。光子的波长在不同的观测者眼中似乎是不同的；从一个运动速度非常接近光速的参考系中来看，它可以变得任意长。因此，物理规律无法限定出一个固定的短波波长临界点，在这里，色散关系从第一种变到第二种或者第三种。每个观测者都会感觉到不同的临界点。

物理学家因此进退维谷。他们要么保留爱因斯坦发出的反对优先参考系的指令，忍受无限红移；要么他们假设光子没有经历无限红移，不得不引入一个优先参考系。这个参考系会违背相对论吗？现在还不得而知。也许这个优先参考系只是在黑洞视界附近出现的局域效应——在这种情况下，相对论通常还是继续适用的。另一方面，也许这个优先参考系无处不在，并不只是出现在黑洞附近——在这种情况下，相对论就只是一种更深层自然理论的近似了。实验者还没有发现这样的参考系，但这寥寥无几的结果也许仅仅是因为缺少足够的精度。

长期以来，物理学家怀疑，要调和广义相对论与量子力学，将会涉及短距离上的临界点，也许与普朗克尺度有关。声学相似性支持了这种猜疑。要制服不确定的无限红移，时空在一定程度上必须由颗粒构成。

如果是这样，声和光之间的传播就会比昂鲁最初认为的更好。广义相对论和量子力学的统一，也许会使我们抛弃理想化的空间与时间连续性，发现时空的"原子"。1954年，即爱因斯坦去世的前一年，他也许已经有了类似的想法，在写给他的密友米谢勒·贝索（Michele Besso）的信中，他提到："我认为物理学很有可能无法基于'场'的概念，也就是说，无法基于连续性的结构。"但是这恰好会破坏物理学的基础，目前，科学家也还没有找到明确的候选理论来替代。事实上，爱因斯坦接着说："那么我的整个空中城堡，包括引力理论在内，还有其余的现代物理学，都将荡然无存。"50年后，尽管这座城堡的未来尚不明朗，但它依旧岿然不动。也许，黑洞及其声学对应体已经开始照亮未来之路，正在探索前进。

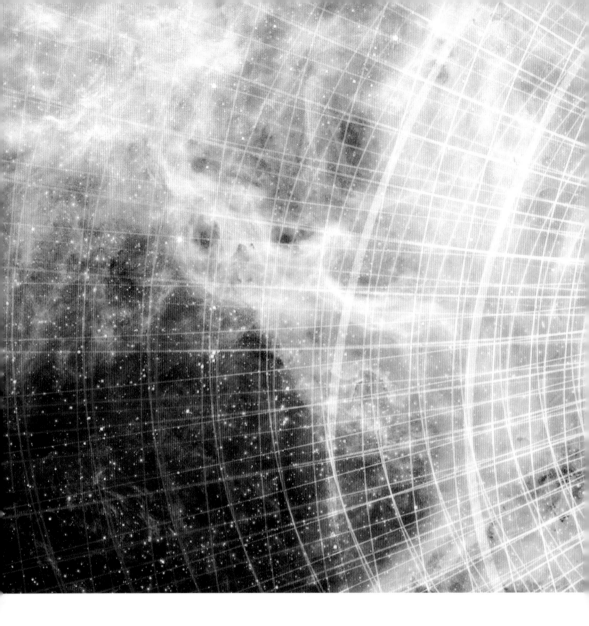

裸奇点：
恒星的另一种宿命？

潘凯·S. 乔希（Pankaj S.Joshi）
印度孟买塔塔基础研究院（Tata Institute of Fundamental Research）
的物理学教授。他的研究专长是引力和宇宙学。

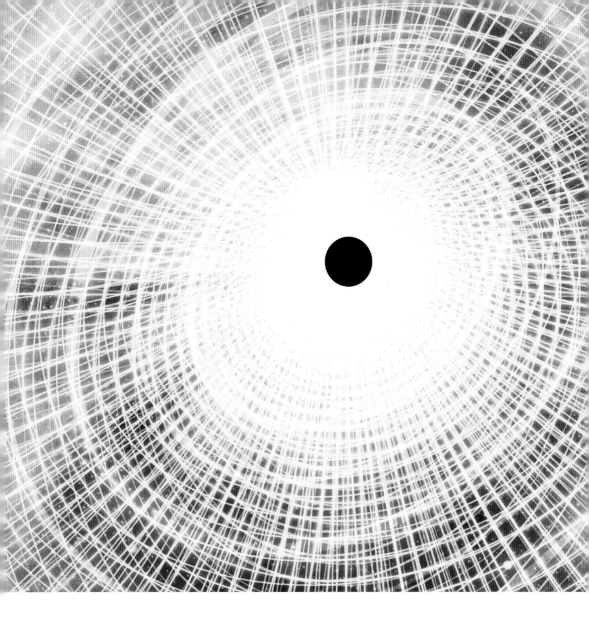

精彩速览

- 传统观点认为，一颗大质量恒星最终会塌缩成一个黑洞。不过一些理论模型暗示，大质量恒星也可能变成一个所谓的"裸奇点"。弄清楚恒星塌缩到最后到底发生了什么，至今仍是天体物理学中悬而未决的最重要问题之一。
- 发现裸奇点将改变物理学界寻找"大统一理论"的局面，至少能够提供一些直接的观测检验。

现代科学给这个世界带来了许多奇思异想，最古怪的一条，无疑是大质量恒星在"生命"演化到尽头时所要面对的终极命运：一颗大质量恒星在持续"燃烧"数百万年后耗尽燃料，无法继续与自身引力相抗衡，不可避免地踏上毁灭性的塌缩之路。像太阳这样的中等质量恒星，塌缩到一定程度便会稳定下来，成为体积更小的白矮星；但如果一颗恒星的质量足够大，它的引力就会压倒一切企图阻止塌缩的力量——这颗直径数百万千米的恒星会一直塌缩，最终比字母"i"上那个点还要小。

大多数物理学家和天文学家认为，这样的塌缩最终会形成黑洞——一种引力超强的天体，没有任何东西能从它的周边区域中逃脱。黑洞由两部分组成：核心处是一个奇点（Singularity），那颗恒星上的所有物质都被压缩在这个无穷小的点中；围绕在奇点周围的则是一个不可能从中逃脱的空间区域，它的边界被称为"事件视界"（Event Horizon）。任何东西一旦落入事件视界，就失去了逃出生天的所有希望，它们发出的任何光线都被囚禁在视界之中，因此外界观测者永远不可能再看到它们。这些东西最终也都会被挤入奇点。

但事实果真如此吗？已知的物理规律可以肯定，这种塌缩会形成奇点，但事件视界是否随之形成，至今仍没有明确答案。大多数物理学家默认"事件视界必然产生"的假设，仅仅是因为视界为科学提供了一块极具诱惑力的"遮羞布"。物理学家还没弄明白，奇点处到底发生了什么：物质受到挤压，然后变成什么？

事件视界把奇点隐藏起来，也掩饰了我们知识结构中的不足。奇点处或许上演着各种科学上未知的现象，但它们对外部世界不会产生任何影响。这样，天文学家在绘制行星及恒星运行轨道的时候，才可以心安理得地运用物理学标准定律，而不用去考虑奇点可能带来的不确定性——不论黑洞中发生了什么，都只能被囚禁于黑洞内部。

越来越多的研究者对这个主流假设提出了质疑。研究人员已经发现了多种恒星塌缩模型，事件视界在这些模型中根本不会形成，因此奇点会持久暴露于我们的视线之中。物理学家把这样的奇点称为裸奇点（Naked Singularity）。深入黑洞内部去探查一个奇点，是一条名副其实的"不归路"，然而从理论上讲，你可以随心所欲地靠近一个裸奇点，详加探查后再平安返回，讲述你的冒险经历。

如果裸奇点确实存在，那么天体物理学和基础物理学的各个方面，都会遭到巨大的冲击。没有了视界的遮蔽，发生在奇点附近的神秘现象就可能影响外部世界。裸奇点或许可以解释天文学家已经观测到的不明高能现象，或许还能提供一个天然实验室，让物理学家探索时空的最精细结构。

宇宙监察员

科学家曾经认为，事件视界会是黑洞比较容易理解的那一部分。奇点显然是不可思议的——引力在那里变得无穷大，已知物理规律在那里全部失效。根据物理学家对引力的理解（即爱因斯坦的广义相对论），一颗大质量恒星在塌缩过程中必然产生奇点。广义相对论并没有考虑对微观物体十分重要的量子效应，这些效应大概会在关键时刻发挥作用，阻止引力强度真正变成无穷大。不过物理学家仍在排除万难，努力发展解释奇点所需的量子引力理论。

相比之下，发生在奇点周围时空区域中的现象似乎应当更容易理解。恒星塌缩形成的事件视界直径可达好几千米，远远大于量子效应发挥作用的典型尺度。假设自然界中不存在新的作用力来插手此事，事件视界就应该完全由一种理论来支配——这就是基本原理早已被了解透彻，并且经受了一百年观测检验的广义相对论。

尽管如此，把广义相对论运用于恒星塌缩仍是一项令人望而却步的艰巨任务。爱因斯坦引力方程之复杂是出了名的，为了求出这些方程的解，物理学家必须做一些简化假设。20世纪30年代末，美国物理学家J.罗伯特·奥本海默（J.Robert Oppenheimer）和哈特兰·S.斯奈德（Hartland S.Snyder）进行了初步尝试，印度物理学家B.达特（B.Datt）也对此进行了独立研究。为了简化方程，他们只考虑形状为完美球状的恒星，假设这些恒星由密度均匀的气体构成，并且忽略气体压强。他们发现在这种理想化的恒星塌缩过程中，恒星表面的引力逐渐增强，最终大到足以囚禁所有的光和物质，从而形成一个事件视界。这颗恒星变得无法再被外界观测者看到，不久后便直接塌缩成一个奇点。

真正的恒星当然要复杂得多：它们的密度并不均匀，内部气体会产生压强，形状也可能多种多样。任何一颗质量足够大的恒星塌缩后都会成为一个黑洞吗？1969年，英国牛津大学的物理学家罗杰·彭罗斯（Roger Penrose）提出，答案应该是肯定的。他猜测，在一颗恒星的塌缩过程中如果产生一个奇点，就必然会有一个事件视界随之形成。大自然禁止我们看见任何一个奇点，因为总是会有一个视界将它遮蔽起来。彭罗斯的猜测被学术界称为"宇宙监察假设"（Cosmic Censorship Hypothesis）。这只是一个猜测，却成为现代黑洞研究的基石。物理学家希望，我们能够像证明奇点不可避免那样，用同样严格的数学方法来证明宇宙监察假设。

裸露的奇点

可惜，宇宙监察假设至今未被证明。由于找不到证明宇宙监察假设能够应用于所有情况的直接证据，我们不得不踏上一条更漫长的探索之路——将初步分析中没有考虑到的特征逐一添加到理论模型之中，对不同的恒星引力塌缩过程进行细致的案例分析。1973年，德国物理学家汉斯·于尔根·塞弗特（Hans Jürgen Seifert）及同事分析了恒星密度不均匀的情况。有趣的是，他们发现不同的物质层在塌缩下落过程中相互交错，会产生出没有视界遮掩的、持续时间很短的奇点。不过奇点也分很多种，这些奇点算是相当"良性"的。尽管在某个位置密度变得无穷大，引力强度却仍然有限，因此这个奇点不会将物质和下落

裸奇点

裸奇点本质上就是不"黑"的黑洞，既可以把光和物质吸进去，也可以再吐出来。因此，它的模样与黑洞大不相同，对周边区域产生的影响也不相同。

黑洞

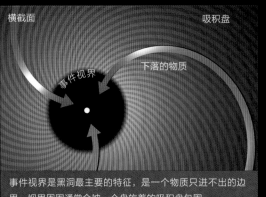

横截面　　　　　　　　　　吸积盘
　　　　　　　下落的物质
事件视界

事件视界是黑洞最主要的特征，是一个物质只进不出的边界。视界周围通常会被一个盘旋着的吸积盘包围。

外视图

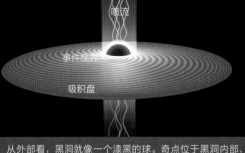

喷流
事件视界
吸积盘

从外部看，黑洞就像一个漆黑的球。奇点位于黑洞内部，无法看见。周围气体盘中的摩擦产生强烈的辐射。一些盘中物质会形成喷流向外射出；其他物质则落入黑洞之中。

时空图

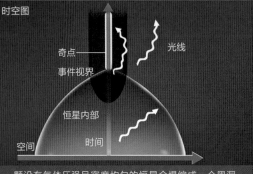

奇点　　　　　光线
事件视界
恒星内部
空间　　时间

一颗没有气体压强且密度均匀的恒星会塌缩成一个黑洞。恒星引力逐渐增强，使运动物体的运行轨迹（包括光线在内）的弯曲程度越来越大，最终将它们全部囚禁起来。

裸奇点

逃离的物质
奇点　　　　　下落的物质

裸奇点没有事件视界。与黑洞一样，它可以吸收物质；但又与黑洞不同，它还能把物质再吐出来。

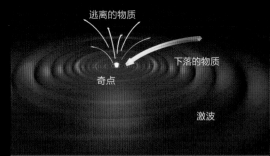

逃离的物质
　　　　　　　下落的物质
奇点
激波

裸奇点看起来就像一粒细微的尘埃，不过它的密度高到了几乎无法想象的地步。物质的整个下落过程，直到它撞入奇点那一刻，都是可以看到的。强烈的引力能够产生强大的激波。

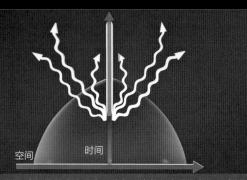

空间　　时间

如果这颗恒星密度分布不均匀，它的引力或许永远不会强大到能够将光线弯折回来。这颗恒星会塌缩成一个奇点，这个奇点是可以看见的。

压缩恒星的两种方式

计算机模拟揭示了一颗恒星塌缩成一个黑洞或者一个裸奇点所处的不同条件。这里显示的模拟将恒星当成是一团粒子的集合，这些粒子的引力十分强大，以至于自然界中的其他作用力（比如气体压强）都可以忽略不计。

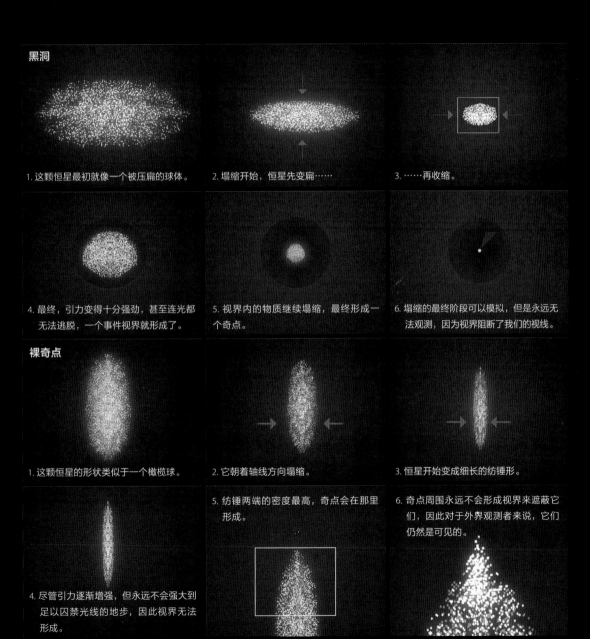

黑洞

1. 这颗恒星最初就像一个被压扁的球体。

2. 塌缩开始，恒星先变扁……

3. ……再收缩。

4. 最终，引力变得十分强劲，甚至连光都无法逃脱，一个事件视界就形成了。

5. 视界内的物质继续塌缩，最终形成一个奇点。

6. 塌缩的最终阶段可以模拟，但是永远无法观测，因为视界阻断了我们的视线。

裸奇点

1. 这颗恒星的形状类似于一个橄榄球。

2. 它朝着轴线方向塌缩。

3. 恒星开始变成细长的纺锤形。

4. 尽管引力逐渐增强，但永远不会强大到足以囚禁光线的地步，因此视界无法形成。

5. 纺锤两端的密度最高，奇点会在那里形成。

6. 奇点周围永远不会形成视界来遮蔽它们，因此对于外界观测者来说，它们仍然是可见的。

的物体挤压成一个体积无穷小的点。广义相对论不会在这里崩溃，物质会穿过这个位置继续下落，而不会在这里抵达终点。

1979年，美国加利福尼亚大学圣巴巴拉分校的道格拉斯·M.厄德利（Douglas M.Eardley）和伊利诺伊大学香槟分校的拉里·斯马（Larry Smarr）更进一步，对一颗恒星的塌缩过程进行了数值模拟，这颗恒星的密度分布与真实恒星无异——中心处密度最高，越靠近表面密度越低。1984年，瑞士苏黎世联邦理工学院的季米特里奥斯·赫里斯托祖卢（Demetrios Christodoulou）完成了对这种情况下恒星塌缩的严格数学推导。这两项研究都发现，这颗恒星的体积会收缩到零，最终形成一个裸奇点。不过这个模型仍然没有考虑气体压强，当时在英国约克大学工作的理查德·纽曼（Richard Newman）也证明，那个奇点的引力强度仍然不强。

受到这些发现的启发，包括我在内的许多研究人员试图严格归纳出一套定理，证明裸奇点的引力强度总是很弱。可惜，我们又没有成功。失败的理由很快就浮出水面：裸奇点的引力强度并不总是很弱。我们发现，一些不均匀塌缩过程可以产生真正的强引力奇点，能够将物质挤压到无形，并且外界观测者仍然可以看到这些奇点。1993年，我和当时就职于印度阿格拉大学（Agra University）的因德雷斯·德维韦迪（Indresh Dwivedi）合作，发展出一套不考虑气体压强的恒星塌缩通用分析方法，最终证实了上述观点。

20世纪90年代初，物理学家开始考虑气体压强的作用。以色列理工学院（Technion-Israel Institute of Technology）的阿莫斯·奥里（Amos Ori）和耶路撒冷希伯来大学（Hebrew University of Jerusalem）的茨维·皮兰（Tsvi Piran）进行了数值模拟，我的研究团队则从数学上严格求出了相关方程的解，两项研究的结论都是：密度-压强关系遵从真实物理定律的恒星会塌缩形成裸奇点。大约同一时期，意大利米兰理工大学（Polytechnic University of Milan）的朱利奥·马利（Giulio Magli）和日本大阪市立大学（Osaka City University）的中尾贤一（Kenichi Nakao）各自带领研究小组，考虑了在塌缩恒星内部由粒子旋转产生的压强。他们同样证明，在许多情形下，塌缩最终会形成一个裸奇点。

这些研究分析的恒星都是完美球体。这个限制条件看似十分严格，实际上却并非如此，因为自然界中大多数恒星的形状都非常接近完美球体。要说形状因素有影响的话，球状恒星其实比其他形状的恒星更有利于事件视界的形成，因此，如果宇宙监察假说对球状恒星都无法成立，它的前途似乎就大大不妙了。

尽管如此，物理学家仍然在不懈地探索非球状恒星的塌缩。1991年，美国伊利诺伊大学的斯图尔特·L.夏皮罗（Stuart L.Shapiro）和康奈尔大学的绍尔·A.托伊科尔斯基（Saul A.Teukolsky）进行了数值模拟，表明椭圆形的恒星可以塌缩成一个裸奇点。几年后，我和波兰科学院的安杰伊·克鲁拉克（Andrzej Królak）合作研究了非球状对称塌缩，结果同样产生了裸奇点。需要指出的是，这两项研究都没有考虑气体压强。

一些持怀疑态度的人已经提出质疑：这些裸奇点会不会是人为设计的结果。如果对这些模型中恒星的初始性质稍加改动，塌缩过程是不是就会完全不同，最终形成一个事件视界遮蔽那个奇点？果真如此的话，裸奇点可能就是计算过程中采用近似方法而造成的人为假象，并不会真正在自然界中形成。一些涉及物质异常形态的模型确实对初始条件非常敏感。不过到目前为止，我们的研究结果证明，大多数裸奇点在初始条件细微改变之后仍然稳定存在。因此，这些塌缩模型在物理学上似乎站得住脚——也就是说，裸奇点并不是人为设计的结果。

制造裸奇点

这些与彭罗斯猜测恰恰相反的例子，表明宇宙监察假说并不是一条不可违背的自然准则。物理学家无法断言："任何大质量恒星的塌缩都只能产生一个黑洞"，或者"任何物理学上切实可行的塌缩的最终结果都是黑洞"。在一些情况下，恒星会塌缩成黑洞；而在其他情况下，塌缩会形成一个裸奇点。在一些模型中，奇点只是暂时裸露，最终事件视界还会形成，并把奇点遮蔽起来；而在其他模型中，奇点永远裸露在外。裸奇点通常形成于恒星塌缩的几何中心，但也并非总是如此：就算裸奇点在几何中心处形成，它也可能漂移到其他区域。裸奇点的多样性简直令人不知所措。

我和同事已经从这些模型中分离出了决定事件视界能否形成的各种因素。确切地说，我们仔细检查了密度不均匀性和气体压强的作用。根据爱因斯坦的理论，引力是一个十分复杂的现象，不仅涉及一种相互吸引的作用力，还涉及多种效应——剪切效应（Shearing Effect）就是其中之一，即不同的物质层沿着相反的方向侧向平移。一颗正在塌缩的恒星密度高到一定程度，按理说应该能够囚禁包括光线在内的所有物质，但如果恒星内部密度分布不均匀，这些效应就会打通一些"生路"，让物质和光能够逃脱困境。比方说，奇点附近物质的剪切作用能够触发强大的激波，将物质和光抛射出去——本质上说，这就如同一场引力台风，搅乱了事件视界的形成。

具体地说，我们不妨考虑一颗密度均匀的恒星，忽略气体压强（压强会改变一些细节，但不会改变整体走向）。随着这颗恒星不断塌缩，引力越来越强，物体运动的轨迹也越来越弯，就连光线也不例外。到了某一时刻，光线弯曲到一定程度，再也无法离开这颗恒星，一片能够囚禁光的区域便形成了。这片区域最初很小，但随即扩大，最后稳定下来，半径正比于这颗恒星的质量。与此同时，由于恒星的密度在空间上均匀分布，只随时间变化，因此整颗恒星会在同一时刻被挤压到一点。而光在此前就被囚禁了，因此，这个奇点自诞生时起就被永远隐藏了起来。

现在考虑另一颗其他情况完全相同、只是内部密度从中心向外逐渐降低的恒星。事实上，这颗恒星内部的物质结构就像洋葱一样，呈现出一层一层的同心球壳状分布。引力在每一层球壳上的作用强度，取决于这层球壳内部物质的平均密度。由于内层球壳密度更大，所受引力也更强，因此它们塌缩的速度比外层球壳更快。整颗恒星不会在同一时刻塌缩到一个奇点。最内层的球壳最先塌缩，然后外层球壳一层跟着一层塌缩进去。

由此产生的不同步塌缩能够延迟事件视界的形成。致密的内层球壳是最有可能形成事件视界的地方。但是如果恒星密度从内向外下降得非常迅速，这些球壳也许就无法凑足囚禁光线所需的质量。如此一来，这个奇点形成的时候，就会裸露在外。因此，裸奇点的形成存在一道"门槛"：如果密度不均匀性非常小，低于一个临界值，塌缩就会形成一个黑洞；如果密度不均匀性足够大，一个裸奇点就会诞生。

在另一些模型中，塌缩速度成了决定性因素，它的作用效果在恒星塌缩的一类"火球模型"中表现得淋漓尽致。在这些模型中，恒星内部的气体完全被转化为辐射，这颗恒星实际上变成了一团巨大的火球——这种情形最早是在20世纪40年代，由印度物理学家P·C·维迪雅（P.C.Vaidya）在建立辐射恒星模型时提出。这种情况下，裸奇点的形成仍然存在一道"门槛"：缓慢塌缩的火球会变成黑洞，但如果塌缩速度足够快，光就不会被囚禁，奇点也会裸露出来。

不可预测

物理学家之所以花了这么久才接受"裸奇点可能存在"这一观点，原因之一在于，裸奇点会带来一些思维上的难题。经常被提到的一个担忧是，这样的奇点会让大自然本身变得不可预测。由于广义相对论在奇点处崩溃，这一理论无法预测那些奇点会做些什么。美国匹兹堡大学的约翰·厄尔曼（John Earman）甚至语出惊人：哪怕绿色黏土怪和你丢失不见的袜子从这些奇点里冒出来，也不值得大惊小怪。那里是魔法的圣地，是科学的禁区。

只要奇点还被安全地囚禁在事件视界内部，这种不可预测性就会受到限制，广义相对论仍然能够预测一切，至少可以预测视界外的整个世界。但是如果奇点能够被裸露在外，它们的不可预测性就会影响宇宙其他部分的"正常运转"。比方说，物理学家运用广义相对论推算地球围绕太阳的运行轨道时，就不得不考虑以下这种可能会发生的情况：宇宙中

黑洞能被打开吗？

除恒星塌缩外，创造裸奇点的另一种方法或许是破坏一个已经存在的黑洞。这项任务听上去似乎不可能完成，危机四伏就更不必说了，但广义相对论方程的确表明，只有当黑洞的旋转速度不太快、所带电荷不太多时，事件视界才能存在。如果我们想方设法，努力让一个黑洞的自转速度或电荷超出理论极限，结果会是什么？大多数物理学家认为黑洞能够化解所有类似的尝试，但也有一些物理学家相信，黑洞最终可能会屈服，导致视界瓦解，将奇点暴露出来。

让黑洞自转加速并非难于登天。落入黑洞的物质本身就携带着角动量，驱使黑洞自转越来越快，就像一个不断有人推动的旋转门。增加黑洞所带电荷要困难得多，因为携带电荷的黑洞会排斥同性电荷，吸引异性电荷，使自身趋向于电中性。不过物质的大量流入可以克服这种趋势。黑洞的基本性质就是疯狂吞噬周围的一切物质并不断增长，这一特性或许正是黑洞自我解体的原因。黑洞最终是成功自救，还是被敲破视界露出内部的奇点，研究人员对此仍争论不休。

——潘凯·S.乔希

不知身在何处的一个奇点发出随机引力脉冲，把我们这颗行星直接弹出太阳系。

不过，这种担心根本是找错了对象。不可预测性在广义相对论中其实很常见，而且不一定跟违背宇宙监察假设的现象有直接联系。广义相对论允许时间穿越，可能产生因果循环，导致不可预料的后果。甚至普通黑洞也可能变得不可预测。比方说，如果我们将一个电荷丢进一个原本不带电荷的黑洞，这个黑洞周围的时空形状就会急剧改变，不再可以预测。黑洞的旋转也会产生类似的情况。确切地说，黑洞周围的时空中时间与空间变得不再泾渭分明，因此物理学家根本无从考虑这个黑洞到底从哪个"过去"演化到哪个"未来"。只有那些既不带电荷、又完全不旋转的纯种黑洞，才是完全可以预测的。

黑洞的不可预测性以及其他一些问题其实都是奇点惹的祸，这跟奇点有没有被遮蔽关系不大。这些问题的解决之道可能隐藏在量子引力理论当中，这个理论将超越广义相对论，为奇点提供了一个完美的解释。量子引力理论或许能够证明，奇点的密度尽管很大，但并非无穷。裸奇点也可能是"量子星"（Quantum Star），是一种遵从量子引力理论的超级致密天体。今天看似随机的所有现象，或许都能得到一个合乎逻辑的解释。

另一种可能性就是，奇点的密度或许真是无穷大——量子引力解释无法消除奇点，只能承认它们确实存在。广义相对论在这些地点崩溃或许不是理论本身失效，而是时间和空间拥有尽头的标志。奇点标明了物质世界走到尽头的地点。我们应该将奇点视为一个事件而非一个天体，它是塌缩物质抵达尽头从此不再存在的一个时刻，就像宇宙大爆炸的反演。

在这种情况下，类似于"裸奇点里会冒出什么东西"的问题不再有任何真实意义：不会有任何东西从里面冒出来，因为奇点只是时间中的一个时刻而已。我们在远处看见的并不是奇点本身，而是发生在这一事件附近极端物质环境中的种种过程，比如超致密介质的不均匀性导致的激波，或者邻近奇点的时空中发生的量子引力效应等。

除了不可预测之外，还有另一个问题困扰着许多物理学家。在暂定宇宙监察假设成立的前提下，他们耗费几十年时间制定出了黑洞应当遵从的各种法则。这些法则已经深入人心，甚至被许多人视为真理，但并不意味着其中就不存在严重矛盾。比如，这些法则主张黑洞会吞噬并销毁信息，似乎就违背了量子理论的基本原理。这个矛盾和其他一些困境来源于事件视界的出现。如果事件视界不再存在，这些问题可能也就不再存在了。比如，如果这颗恒星可以在塌缩的最后阶段将大部分质量辐射出去，它就不会销毁任何信息，也不产生任何奇点。在这种情况下，根本不需要量子引力理论来解释奇点，广义相对论本身或许就能奏效。

量子引力实验室

其实，物理学家大可不必将裸奇点当成洪水猛兽，相反，它们有可能是天赐良机。如果一颗大质量恒星塌缩形成的奇点能够被外界观测者看见，就提供了一个研究量子引力效应的天然实验室。正在讨论之中的量子引力理论，比如弦理论和圈量子引力理论，都渴求各种观测数据；没有这些数据，在多如牛毛的各种可能性中进行取舍几乎不可能。物理学家通常在早期宇宙中寻找数据，当时宇宙中的极端环境让量子引力效应处于统治地位。但宇宙大爆炸是独一无二的事件。如果奇点可以裸露在外，每当宇宙中有大质量恒星结束自己的一生时，天文学家就可以观测到一次相当于宇宙大爆炸的事件。

为了探索裸奇点如何帮助我们窥探在其他情况下无法观测的现象，我们最近模拟了一颗恒星塌缩成一个裸奇点的过程，其中还考虑了圈量子引力论预言的一些效应。按照这种理论，空间也像物质一样由微小的"原子"构成，当物质密度足够高时，这一点就会体现得十分明显。最终一种极其强大的排斥力会取代吸引力，让密度永远不可能达到无穷大。在我们的模型中，这种排斥力驱散了恒星，将奇点化解为无形。大约1/4的恒星物质在最后不到一微秒的时间里被抛射出去。就在这一刻之前，远处的观测者会看到塌缩恒星的辐射亮度突然下降——这是量子引力效应的一个直接结果。

这种发生在最后一微秒的爆炸会释放出高能伽马射线、宇宙射线和中微子之类的其他粒子。即将进行的一些实验或许可以提供足够高的灵敏度，能够检测到这些辐射，计划于2020年后安装到国际空间站上的实验模块"极端宇宙空间天文台"（Extreme Universe Space Observatory）就是其中之一。这种能量倾泻的细节取决于具体的量子引力理论，因此它为观测者提供了一种方法，能够鉴别众多候选理论的真伪。

不论是证实还是证伪宇宙监察假设，都会在物理学领域引发一场小型地震，因为现有理论有太多的细节与裸奇点息息相关。到目前为止，理论研究已经得出一个明确结论：宇宙监察假设不像科学家曾经认为的那样，是一个放之四海而皆准的真理。只有当各方面条件都恰到好处时，奇点才会被遮蔽起来。现在剩下的问题是：这些条件能不能在自然界中产生。如果能的话，物理学家肯定会爱上这些曾经令他们畏惧的极端环境。

黑洞与离心力悖论

马雷克·阿图尔·阿布拉莫维奇（Marek Artur Abramowicz）

瑞士哥德堡大学天体物理系的系主任。他的兴趣包括天体物理学中
各种各样的问题，从活动星系核到中子星，再到广义相对论。

精彩速览

- 在紧挨黑洞的区域，宇航员会感到离心力是向内的，而不是向外的。
- 为了理解强引力场下物体的动力行为，科学家提出一个新的物理学框架：
  光学几何。
- 在被强引力场卷曲了的空间里，"向内"和"向外"并不是绝对的概念，
  它们是相对的。

如果你乘坐的汽车在公路拐弯处疾驶，你就能感到离心力的作用：由于离
心力的作用，你会觉得有一股力量从拐弯的曲线中心发出，把你向外推；
如果车速加快，作用力也随着增强。然而，我与印度艾哈迈达巴德物理研
究所的同事A.R.普拉桑那（A.R.Prasanna）却发现，根据爱因斯坦的广义相
对论，在某种情况下，离心力的方向可以是指向圆周运动的中心，而不是
远离中心。

现在，我们已经证明，如果一个宇航员驾驶航天器，紧紧靠近一个极其巨大而致密的物体（比如黑洞）运行，宇航员会感到离心力是向内的，而不是向外的。而且，航天器轨道速度增大，向内的离心力也会跟着增强。根据我们的计算，在紧挨黑洞的区域，不只是离心力会倒转方向，所有涉及向内和向外的动力效应都会倒转方向。这一认识对于理解黑洞物理学的许多问题十分重要。天文学家认为，黑洞是为宇宙间最明亮的星系提供动力的"神秘发动机"的关键部件。通过研究离心力悖论，天文学家已经对这些星系能源行为提出了不少引人入胜的见解。

离心力悖论是由黑洞产生的异常强大的引力场导致的。1915年，爱因斯坦预言，引力场会使空间扭曲，光线弯曲。1919年，亚瑟·斯坦利·爱丁顿（Arthur Stanley Eddington）通过测量掠过太阳的光线的微小偏角，证明了爱因斯坦的预言——当光线掠过太阳表面时，太阳的引力场会使光线弯曲（弯曲程度小于千分之一度）。因为黑洞产生的引力场远比太阳的引力场强，所以黑洞使光弯曲的程度也大得多。

天文学家还没有直接观察到黑洞，但是，他们已经收集到足够的间接证据，说服了大多数科学家相信黑洞确实存在。过去几十年里，他们发现了许多能证明黑洞存在的物体，包括一些明亮的X射线源，还有许多所谓的"活动星系核"（通常是遥远星系的明亮核心）。

任何辐射和物质如果过分靠近黑洞，就会被捕获，有去无回。那些不能折返的临界点，构成了黑洞的边界或者说决定了它的引力半径。质量与太阳相同的黑洞，引力半径约为3千米。如果光线平行于黑洞表面，且距离黑洞中心大约3倍黑洞引力半径，则光线会弯曲45°。最为引人注目的是，如果光线在距黑洞1.5倍引力半径处通过，就会成为围绕黑洞的圆形光线。而圆形光线正是解开离心力悖论的关键。

离心力悖论

我和让-皮埃尔·P.拉索塔（Jean-Pierre Lasota，现在巴黎宇宙物理研究所工作）第一次发现离心力悖论的线索纯属偶然。那时，我们正在钻研一个有关广义相对论的问题。特别值得一提的是，当时我们的学生博任娜·马乔兹伯（Bozena Muchotrzeb）推导出了一个复杂公式，正是这个公式让我们发现，似乎有什么东西出了问题。马乔兹伯的公式试图解决：如果一个物体沿着与圆形光线相同的轨道绕着黑洞运动，这个物体会受到何种力的作用。公式得出的结论是，不论物体运动得多快，物体始终会受到一个不变的总力，推着它向黑洞中心运动。尤其当一个抛射体以近乎光速的速度做圆周运动时，在它内部的、无运动的物体也会受到同样的向内的推力。

离心力
悖论

黑洞附近的离心力

对于远处的观测者而言，建在黑洞周围的三个管道看起来是圆形的，但对于处在这些管道之内的某位观察者来说，情况却不一定是这样。第一根管道（a）离黑洞相当远，在那里，光线的运动路径接近于直线。这种情况下，两位观察者都将会看到管道在黑洞周围的弯曲，并且将会准确预言，在管道内部穿行的物体受到的离心力是向外的，即推离黑洞。在这个管道内部运动的陀螺仪将会因为离心力而产生进动。第二根管道（b）建在光线可以被黑洞引力场弯曲成完美圆圈的空间区域。因为光线的弯曲，管道内部的观察者眼中看到的管道将会是一条完美的直线，并且会准确预言那里没有离心力。第三根管道（c）离黑洞非常近。在这种情况下，光线被弯曲得非常厉害，以至于管道似乎在向远离黑洞的方向弯曲。管道内部的观察者现在将会准确预言离心力会把物体向内推，即朝向黑洞，并且同样会引起陀螺仪产生进动。

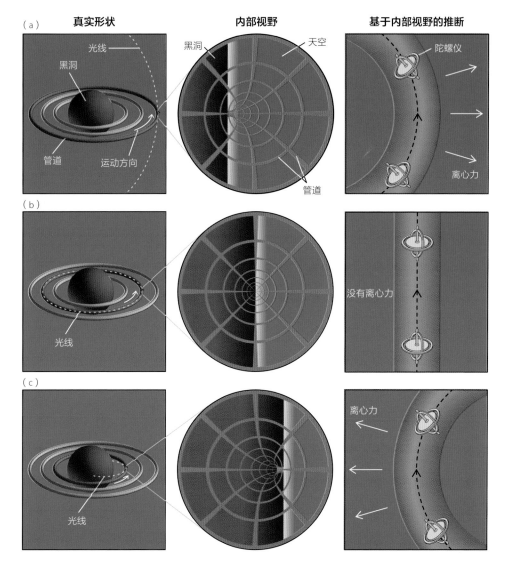

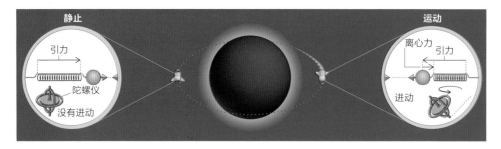

可以用位于黑洞周围同一轨道上的两个航天器来测量离心力。每个航天器都携带一个陀螺仪和悬挂有重物的弹簧。当航天器绕黑洞飞行时，弹簧会发生移动，重物会指向一个刻度。其中一个航天器调整它的轨道速度为零，以使陀螺仪不进动，此时作用在弹簧上的离心力为零，物体只受到引力。另外一个航天器以任意速度飞行，测量出这个航天器上弹簧受到的总力，然后减去前面那个航天器测得的引力，就求出了离心力。

　　根据经典力学原理，离心力的大小取决于轨道速率，引力则不是这样。因此，总力（离心力与引力之和）必然也取决于轨道速率。因为那个公式给出的答案，不符合我们的期望，所以我们认为它是错误的。但是我们反复计算，仔细核对马乔兹伯的推导过程，也找不出有什么错误。公式正确，关于沿圆形光线路径运行的物体行为的预言也正确。

　　物理学中没有真正的悖论。有时我们发现一种悖论现象，只是因为我们固守一种片面想法，从而阻碍我们理解事物的真正面貌。我和拉索塔认为，沿着圆形光线路径所做的运动十分荒谬，因为我们难以接受这样的事实：尽管光线确实是圆形的，但在特定意义上，它又完全是直的。

　　为了更直观地理解圆形光线，我们可以设想有两个宇航员（比如鲍勃和艾丽丝）在黑洞周围的空间站做实验。太空站是一个圆形管，管的中心正好在圆形光线上，因而管轴（管的横截面的圆心的纵向连线）和光线路径重合。宇航员知道管轴是圆形的，因为鲍勃已经用直尺沿管长测量了管壁的曲率。但是，由于这种情况下光线是弯曲的，他们眼中看到的管子就像一条理想的直线！

　　假如艾丽丝把一盏测试灯固定在管的中心，然后她离开灯开始沿着管子行走。对艾丽丝来说，灯总是在管子的中心上，绝不会因为管子的弯曲而被遮蔽。不论艾丽丝走到哪里，灯光总沿着相同的圆形路径射到她所在之处。如果艾丽丝向后看，因为她越走越远，灯光会逐渐暗淡。如果她向前看，灯光则会越来越亮。由于灯光沿着管子循环多次，所以艾丽丝实际上看到的是灯的多重影像。

　　艾丽丝也许难以解释，为什么灯在她之前和之后都出现；还有，她也许会对多重影像感到迷惑不解，但她一定会得出结论：这个管子是直的，因为管壁始终没有把光遮住。因此，她不会在管内运动的物体上寻找任何离心力效应。艾丽丝会推断，离心力应该是零，而且推断管内物体受到的唯一的力是引力，而引力不依赖于轨道速率。只要参考所看见的情况，艾丽丝就能够做出各种精确的预言。我把这称作"眼见为实原理"（Seeing-is-Believing Principle）。

眼见为实原理

直到1985，我才真正认识到眼见为实原理的非凡意义。那年春天，我在美国加利福尼亚大学圣巴巴拉分校理论物理研究所做了一次关于圆形光线悖论问题的非正式午餐报告，有幸与几位相对论专家交谈，其中就有巴黎天文台的布兰登·卡特（Brandon Carter）。我演讲的第二天，卡特提出了他的真知灼见。他认为，如果物体沿任何光线的路径（圆形的、弯曲的、直线的）恒速运动，维持物体运行轨道的力都不取决于物体运动的快慢。很明显的一点就是，物体在空间中沿着光线的路径运动，但它的速率肯定是小于光速的。

卡特提出，眼见为实原理应当在引力场中处处成立。也就是说，如果物体沿着被一引力场所弯曲的光线路径以恒速运动，则物体的行为如同直线运动。我和卡特、拉索塔后来证明，卡特的想法是正确的，前提是相关的引力场不随时间而变化。我们提出了一个新的物理学框架——光学几何，可能帮助我们理解强引力场下物体的动力行为。后来，的里雅斯特天文台的约翰·C.米勒（John C.Miller）与西里西亚大学的兹登克·斯图赫利克（Zdenk Stuchlik）发现了这一框架中动力学和几何学间的若干基本关系；马普物理与天体物理研究所的诺伯特·韦克斯（Norbert Wex）则提出一种使光学几何适合于旋转黑洞的美妙方法。

经典空间几何以标准直尺（取决于长度单位）的测量作为基础，而光学几何则建立在用光信号测量的基础上。

在经典几何里，测量一条曲线的长度可以把直尺沿曲线配装起来，数一数有多少个直尺单位。空间两点间的距离定义为两点间最短曲线的长度。这种最短曲线叫作测地线（Geodesic）。如果在平坦空间中做测量，或者说，在没有引力场的空间里做测量，短程线恰好是一条直线。

在光学几何里，空间两点间的距离定义为光从一点传播到另一点再返回所花时间的一半。对于时间，则用放置在第一个点的时钟来测量。在没有引力场的空间里，光学几何正好与经典几何相同，因为光线和短程线都是直线。因此，在这种情况下，空间几何可以用光线来描绘。

根据爱因斯坦广义相对论，三维空间和一维时间一起形成四维时空。在任何有或者没有引力场的时空中，光总是沿着短程线运动，因此，光总是描绘着时空几何。但是，在一个被引力场卷曲了的时空中，光线被弯曲了，一般不与短程线相吻合。所以，在一般情况下，不用光线描绘空间。

向外翻转的空间

通过调整光学几何中所有真实距离的尺度（也就是说，用直尺来测量距离），可以在光学几何中恢复空间几何与光线路径之间的关系。在应用时，光学几何有很多地方都和为一个球面绘制平面图的过程相似。光学几何是一种为弯曲空间制作简易图形的方法，不过与普通的绘图方法一样，这种方法也会遇到相似的难题：在平面上作图时，必须要让图形具有某种形变，才能在平面上表示一个球形。不论是在普通的制图过程中，还是在光学几何中，都使用了一种特殊的图像表现形式，把图形某些部分的畸变程度降至最低，其余部分则扭曲得面目全非。至于如何取舍，通常按照制作图形的目的来确定。比如，众所周知的默卡托投影，虽然两极面积扩大、变形显著，但对于航海家来说，只要循着两点间的直线航行，方向一直不变就可以到达目的地，因此它对航海家极具价值。同样的，虽然光学几何会扭曲真实的距离，但由于在图像中光线是短程线，所以它对于研究光的传播和动力学都非常有用（可以肯定的是，至少在引力场不随时间变化且物体没有转动时，光线是沿短程线传播的）。虽然在普通空间几何里光的传播与动力学没有联系，但它们在光学几何里却是联系在一起的。

尺度改变在光学几何里的应用，是相对论中常用的数学处理方法之一，术语叫保角变换。改变尺度能使弯曲了的光线变直，因此它们在光学几何中表现为短程线。

应用光学几何，物理学家可以剥离空间曲率带来的一些复杂的技术性问题，从而将注意力集中在基本的物理问题上。因此，保角变换可以让物理学家直观地理解弯曲空间的动力学。动力学始终与所见现象一致。光学几何圆满地解释了沿圆形光线路径运动的物体看似矛盾的行为。

借助光学几何得到的最重要的成果也许是，在特定情况下，空间表现为把里面翻到外面。我是在读了剑桥大学唐纳德·林登－贝尔（Donald Lynden-Bell）的两个研究生马尔科姆·安德森（Malcolm Anderson）和乔斯·P.S.莱莫斯（Jose P.S.Lemos）的论文后，才认识到这一点的。安德森和莱莫斯的论文证明，如果一团气体云移动的轨道非常靠近黑洞，则云中的黏滞应力向内传递角动量。这一发现是新奇的，因为黏滞应力通常是向外传递角动量的。

对天体物理学家来说,新发现有助于解释,气体云(即吸积盘)绕中心黑洞轨道运行时,怎样为有些星系的活跃核心供给能量。黏滞应力趋向于使吸积盘的旋转更具刚性,因此会使盘内部迅速转动的部分减慢,使盘外部缓慢转动的部分加快。这样,角动量就向外传递出去。

安德森和莱莫斯发现黏滞应力能向内传递角动量,但他们无法做出解释。读了他们的论文后,我突然意识到,利用光学几何,可以令人信服地解释这一效应,同时还能推导出几个令人吃惊的类似效应。我发现,靠近黑洞的空间是向外翻的,并且直尺确定的向外方向与光线确定的向外方向相反。在安德森和莱莫斯所描述的情况下,角动量确实是向外传递的,但是这里的"向外"必须始终理解为光学几何上的意义。在远离黑洞的地方,经典几何的向外方向同光学几何确定的向外方向一致。但是在紧挨黑洞的地方,两者是相反的。因此,从经典几何的角度来说,角动量是向内传送的——这看起来似乎是悖论。

向外的离心力

要了解为什么是这样的,可以再一次设想鲍勃和艾丽丝在黑洞周围的圆形管状空间站做实验。不过,他们现在所处的空间站不再是沿圆形光线建造,而是建造在中心点在黑洞上的较小圆周上。鲍勃用标准直尺测量真实距离,艾丽丝则用光信号进行测量。为了方便,假设鲍勃和艾丽丝常常察看管子的长度,而黑洞在他们的左边。鲍勃用标准直尺测量后发现,管子弯向左边。他的测量与真实几何一致,如果他直接用手去摸管子,他会感觉到管壁弯向左边。所以他得出结论,右边就是向外的方向。

鲍勃由日常经验知道,离心力是向外的,所以他预言,离心力应当把物体推向右边。类似地,他会猜想黏滞应力把角动量向右传递。然而,正确答案恰好相反。

艾丽丝做了另一套不同的测量,她基于亲眼目睹到的现象,终于得到正确的结论。她要鲍勃手持检测灯离开她往前走,使灯沿着管轴移动。现在,如果用某种方法使光线不被黑洞的引力场所弯曲(即光线是直的),灯就会消失在管子左侧,艾丽丝会得出结论说,管子是弯向左边的。如果光线传播路径是圆形的,灯就根本不会消失,管子看起来像是直的。但是由于管子距离黑洞非常近,以至于光线弯曲的程度比正圆形时还厉害。所以艾丽丝看到灯消失在右边,她得到的结论是管子向右弯。这样,她预言离心力是向左的,黏滞应力把角动量向左边传递。艾丽丝的预言是正确的,它的正确性受眼见为实原理的保证。注意,如果从经典几何的角度,在管子内部看来,离心力指向着圆周运动的中心。

光学几何已成功地解决了若干天体物理问题,这些问题涉及在甚强引力场中旋转的物体的行为。其中两个最重要的问题是，旋转星的引力塌缩和两个极端致密物体（中子星）的合并。我和米勒已经证明，光学几何对于解决此类问题非常有用。光学几何还可以很方便地解释，为什么旋转的气态星体经历收缩时，形状会发生奇异的变化。根据非相对论理论，气态的旋转物体收缩时，因质量和角动量守恒，它一定逐渐变得平坦。但在1974年，芝加哥大学的苏布拉马尼扬·钱德拉塞卡（Subrahmanyan Chandrasekhar，获1983年诺贝尔物理学奖）和米勒（当时就职于牛津大学）发现，根据爱因斯坦的理论，在收缩的最后阶段，由于引力场很强，平坦度递增趋势将停止，旋转星会变得更圆。我和米勒应用光学几何，同时考虑强引力场中离心力的异常行为，对此做出了正确解释。

向内和向外是相对的

我费了很大力气，才说服我的同行，使他们相信离心力逆转是真实存在的物理现象。问题的关键在于，怎么去定义和测量强烈弯曲空间中的离心力。这促使我和质疑我理论的人都进行了冗长的计算，以寻找论据，捍卫自己的观点。我的大部分工作是在回答都灵大学的费尔南多·德菲利斯（Fernando de Felice）提出的几个极具挑战性的问题时完成的。作为友好论战的结果，我给出了一个离心力的特殊定义。当然，我的定义并不是唯一的，但是相比之下，其他可供选择的定义说服力较小，用处也不大。

为了测量离心力，我们可以设想有两艘宇宙飞船在同一个环绕黑洞的轨道上运行。鲍勃和艾丽丝分别驾驶一艘。每艘飞船携带两件装备：一台陀螺仪和一个悬挂有重物的弹簧。通过测量弹簧的长度，鲍勃和艾丽丝可以知道它所受的张力。张力等于作用在重物上的引力和离心力的总和。

为了对这两个力进行单独测量，在环绕黑洞飞行时，两人就必须改变他们的飞行方向。他们转动飞行器，以使拉长的弹簧始终指向机身上的一个标志。这样弹簧的方向就固定在飞船上而不是在太空中。另一方面，两艘飞船上的陀螺仪始终指向太空中的固定方向，因此它在飞船沿轨道运动时会相对于弹簧的方向进动。

为了测量引力，鲍勃让他的飞船停止运动。当陀螺仪不进动时，他就知道运动停止了。这时他可以肯定，弹簧受到的只有引力。鲍勃将他的结果通知艾丽丝。此时的艾丽丝正在同一轨道上加速飞行。艾丽丝测量出她的飞船上弹簧受到的总力，然后减去鲍勃测得的引力，就求出了离心力。尽管用这种方法测量离心力似乎很费事，但是有一个好处，就是不论引力场强弱，结果同样正确。

光学几何的价值在于，它提供了处理广义相对论难题的简便方法。另外，光学几何对于物理教学也非常有用，因为它可以使学生对现代天体物理学中相当重要的某些相对论效应，有更直观的理解。借助于光学几何，这些效应看起来不再是悖论或者令人迷乱的难题。

通俗一点讲，光学几何表明，"向内"和"向外"并不是绝对的概念——在被强引力场卷曲了的空间里它们是相对的。今天的人都能理解左和右、上和下是相对的。但是在文艺复兴之前，有许多人认为，左和右是绝对的，因为《旧约全书》和其他古文中就是这样说的。几个世纪之前，许多人认为上和下是绝对的，他们不能想象，在地球的另一面，人们正在倒着身子行走。也许到21世纪结束，提到向内和向外是相对的，再没有人会感到惊奇。

从黑洞提取能量

亚当·布朗（Adam Brown）

美国斯坦福大学的理论物理学家，他最感兴趣的研究对象除了黑洞，还有大爆炸和"虚无之泡"——额外维断裂后形成的既无物质也没有场，甚至时空都不存在的泡泡。

精彩速览

- 再过数十亿年，在太阳消亡后，人类为了生存必须找到其他能源。而满载着能量的黑洞也许就是一个选择。
- 一个思想实验提出，利用科幻小说中太空电梯的概念来"开采"黑洞的热辐射。
- 太空电梯会把一个连接在绳子上的盒子悬挂到黑洞事件视界附近收集辐射能量。然而，实际上，就连世界上最结实的材料——弦，也无法做成足够结实的绳索，用以抵抗黑洞视界附近的强大引力。

总有一天太阳会陨落，供其进行核聚变的燃料会耗尽，世界会变得阴冷。如果届时地球仍然健在，人类将会坠入永恒的严冬中。为了生存，我们的后代需要另谋出路——也许，他们首先会耗尽地球的能源，然后是太阳系的，最终，可见宇宙范围内所有星系中的所有恒星的能源都会被消耗殆尽。当没有任何剩余能源可用时，他们肯定会把目光投向最后的能量仓库：黑洞。我们的后代能从黑洞中获取能源，并延续我们的文明吗？

这篇文章中，我带来了一些坏消息。这样的计划是行不通的。原因要归咎于"弦"这种奇异实体的物理特性，以及科幻小说一直钟爱的太空电梯。

虚幻的希望

乍看之下，从黑洞中提取能量或者其他任何东西都是不可能的。毕竟，黑洞被事件视界包围着，这是一个有去无回的球面，球面内的引力场会变得无限大。任何误入这个球面的东西都注定会被毁灭。因此，一台抡着大铁球，企图从视界上破开一个洞，从而把能量释放出来的吊车不仅不会成功，自己反而会被破坏，连带着不幸的驾驶员一起被黑洞吞没。投入黑洞的炸弹非但不能摧毁黑洞，反而会让它变得更大，增加的量就等于炸弹的质量。进入到黑洞中的任何东西都无法出来：陨石不能，火箭不能，甚至光也不能。

我们过去基本上就是这么认为的。但是，史蒂芬·霍金（Stephen Hawking）在1974年发表的那篇让我最为震惊，也最为兴奋的物理学论文证明，我们过去的想法是错误的。在雅各布·贝肯斯坦（Jacob Bekenstein）早期思想的基础上，霍金证明黑洞会泄漏出少量辐射。如果你掉入黑洞的话还是会死，不过，尽管你本人永远无法逃出来，但你的能量可以。这对于未来的黑洞能源开发者是一个好消息：能量是可以逃出来的。

能量能够逃逸的奥秘，隐藏在量子力学的神秘世界中。量子物理的一个标志性现象是，粒子可以穿过本不可能穿过的障碍。一个向着势垒（势能比周围高的区域，在经典物理范畴内，粒子的能量必须足够高才能从这个区域翻越过去）运动的粒子有时会出现在势垒的另一边。不要在家里尝试这种行为——将自己撞向一堵墙，你是不可能毫发无伤地出现在墙的另一边的。但是，微观粒子的隧穿效应就容易得多。

量子隧穿是 α 粒子（一个氦核）能够挣脱放射性铀核的原因，也是霍金辐射能从黑洞中泄漏出的原因。粒子挣脱事件视界并不是直接突破了那近乎无限强的引力场，而是通过量子隧穿实现的。（当然，没有人见过黑洞辐射。但这是将量子力学应用到弯曲时空所得到的令人信服的数学结果，任何人都不会怀疑。）

由于黑洞会发出辐射，我们也许就有希望获取它们的能量。但真正的困难在于细节方面。无论我们如何去尝试提取这些能量，都将困难

重重。

一个简单的方法就是等待。经过足够长的时间，黑洞会一个光子一个光子地将自己的能量释放回宇宙中，进入我们等待的双手里。每损失一点能量，黑洞都会减小一点，直到最后消失不见。从这个意义上来说，黑洞就像一杯美味可口的咖啡，你不能接触它的表面，否则就会被引力撕裂。但仍然有一种办法可以享受到这杯危险的咖啡，那就是等着它蒸发，然后吸入蒸发出的气体。

遗憾的是，虽然等待是一个简单的办法，但这个过程极其缓慢。黑洞非常黯淡，一个质量与太阳相等的黑洞，发出的辐射相当于温度低至60纳开尔文的黑体（也就是说，这个黑体的温度只有0.00000006摄氏度）。20世纪80年代以前，我们还无法在实验室中将物体冷却到那样的低温。要使一个质量相当于太阳的黑洞完全蒸发掉，需要的时间无比漫长，是现今宇宙年龄的10^{57}倍。一般来说，一个黑洞的寿命等于其质量的立方（m^3）。因此，我们浑身打颤的后代们必须要加快行事才行。

开采"黑洞大气"

有一个原因，可以让我们的后代保持乐观：并不是每一个挣脱了黑洞视界的粒子都会逃逸到无穷远的地方。实际上，几乎没有粒子能跑出那么远。差不多所有通过隧穿效应穿过事件视界的粒子很快就会再次被引力场俘获，然后被黑洞回收。如果我们能用某种方法，将这些光子从黑洞的束缚中夺取过来，在它们已脱离视界但还没被再次俘获时将它们营救出来，那么我们也许可以更快地获取黑洞的能量。

要知道怎样夺取这些光子，首先必须研究黑洞附近的那些极端作用力。之所以绝大多数的粒子会被黑洞重新俘获，是因为它们并不是笔直射出的。试想，紧贴着黑洞的视界向外发射一束激光。为使激光能够逃脱出去，你必须对准正上方发射，离视界越近就更要对准正上方。那里的引力场实在太强，只要稍微偏离方向，光线就会绕一个圈落回到黑洞中。

如果粒子偏离垂直方向，由此产生的旋转速度反而不利于粒子逃离，这可能听起来很奇怪。毕竟，就是轨道速度提供的离心力抵消了引力，才使得国际空间站能够在太空中飞行。然而，在过于接近黑洞的时

候，形势发生了逆转——旋转速度会阻碍物体逃离。这种效应是广义相对论的结果，根据广义相对论，引力会作用于所有的物质和能量——不仅是静质量，也包含轨道动能。当靠近黑洞时（更确切地说是在事件视界半径的1.5倍以内），轨道动能所带来的吸引力大于离心排斥力。在这个半径之内，旋转速度越大，粒子就会越快落入黑洞。

这个效应表明，如果你沿着绳索向黑洞表面下降，很快你就会感到非常热。你将同时沐浴在两类光子中。一类是将会逃到无限远处，成为"霍金辐射"的光子，还有一类是那些不能逃出去的光子。黑洞有一层"热大气"，离事件视界越近就越热。而热就意味着携带着能量。

事件视界之外储存着能量，这让科学家想到了一个非常巧妙的办法来获取黑洞能量：我们可以接近黑洞，采集那里的热大气然后运出去，通过这种方式来开采黑洞能量。把一个盒子悬挂到黑洞视界附近，但不要穿过视界，装满热气体后拽出来。采集到的气体中有一部分本来可以自己逃出去，就是"霍金辐射"，但是绝大部分气体如果没有我们的干预，最终注定会掉回黑洞。一旦那些气体离开了事件视界附近，将它们运回地球就非常容易了：简单的打包，放到火箭上运回家或者将气体的能量转变成激光发射回去。

这个方法就像是在我们那杯可口而又滚烫的咖啡表面吹气一样。如果不加干预的话，绝大多数蒸发出来的水蒸气都将落回杯中，但从表面吹气，可以赶在水蒸气落回杯中之前把它们移走。这种方法的设想就是，通过剥离黑洞的热大气，我们可以快速地"享用"黑洞，把时间尺度从自然蒸发需要的 m^3 量级缩短到 m 量级。

然而，我最近的研究证明，这种设想是不可行的。这个结论并非源于对量子力学或量子引力的深层思考。相反，这来自于最简单的考虑：你找不到足够结实的绳子。为了开发那层热大气，你需要在黑洞附近悬挂一根绳子——建造一部太空电梯。但是，我发现，要在黑洞附近建造任何实际有效的太空电梯都是不可能的。

建造太空电梯

太空电梯（有时也被称作天钩）是幻想中的未来交通工具，因出现在科幻小说家亚瑟·C.克拉克（Arthur C.Clarke）1979年的小说《天堂的喷泉》（The Fountains of Paradise）中而为人熟知。克拉克设想，让一根绳索悬挂在外太空并一直垂到地球表面。这根绳索不是由来自下方的推力所支撑（像摩天大楼那样，每一层都支撑着上面的楼层），而是由来自上方的拉力牵引着（每一段绳索都支持着它下方的片段）。绳索的远端系在一个巨大的、沿着同步静止轨道外围缓慢运行的物体上，这个物体向外拽着绳索，让整个装置保持悬浮。绳索的底端垂到地球的表面，由于各种力的平衡，就像用了魔法一样静止在那里（克拉克曾说过，足够先进的科技无异于魔法）。

这种先进技术的关键在于，由于有那根绳索的存在，向轨道上运输货物会变得非常容易。我们不再需要危险、低效且昂贵的火箭了。在火箭的太空之旅中，动力主要是来自于携带的燃料。取而代之的是附着在绳索上，以电力驱动的电梯。这样一来，将货物运送到近地轨道的基本成本只是电费了，将1千克物品送到太空的费用将会从搭载航天飞机所需的数万美元降低到几美元——到太空的旅程将比坐一次地铁还便宜。

建造一个太空电梯需要克服艰巨的技术难题，而其中最困难的地方在于，找到一种适合做绳索的材料。理想的材料需要既结实又轻——结实就不会在拉力的作用下伸长或断裂，轻就不会让上方的绳索负担过重。

钢材的强度是远远不够的。除了承受下方货物的重量外，每段钢索还要承受它自身的重量，所以绳索从下往上必须越来越粗。相对于自身的强度而言，钢材实在太重了，所以从靠近地表一端开始，每隔几千米，钢索的半径就必须加倍。远在到达同步静止轨道的高度之前，绳索就已经粗到不切实际的程度了。用19世纪的材料建造太空电梯显然是不可能的，但我们还是期待来自21世纪的新材料。碳纳米管是碳原子组成的长带，在它内部，碳原子排列成蜂巢一样的六边形格子。这种材料的强度是钢材的1000倍，是建造太空电梯的完美候选者。

作为迄今为止最浩大的工程，太空电梯需要花费数十亿美元。而且，怎样才能把纳米管编制成数万千米长的绳子也是个必须解决的问题，此外还有很多其他困难。但是，对于一个我这样的理论物理学家而言，一旦确认我们设想的构造不违反已知的物理规律，那么剩下的就只是工程学问题了。（从这个意义上来说，建造热核发电站的问题也已经"解决了"。尽管显而易见的是，除了伟大的太阳，现在还没有能为我们提供能源的热核发电厂。）

弦：最结实的绳子

在黑洞周围，问题显然会变得更加困难。那里的引力场更强，在地球附近可行的办法到了那里就会失效。

可以证明，即使借助碳纳米管那常被夸大的力量，要建造一个可以抵达黑洞视界附近的太空电梯也是不可行的。承载这种电梯的碳纳米管绳索要么在靠近黑洞的一端会细到能被一个"霍金辐射"光子破坏，要么在远离黑洞的一端会由于太粗而在自身引力作用下塌缩，自己变成一个黑洞。

这些限制排除了碳纳米管。但就如同铁器时代紧随着青铜器时代，碳纳米管某天将会取代钢铁那样，我们会期待材料科学家发明出越来越结实、越来越轻的材料，而他们确实也能做得到。但是，这种进步不能无限持续下去。这样的进步有一个极限，一个工程学的极限，材料的张力强度与重量之比是不可能无限增大的，自然规律本身为其规定了一个极限。根据爱因斯坦的著名公式 $E=mc^2$，我们可以推导出这个让人吃惊的结论。

绳子的张力告诉你要拉长绳子需要花费多少能量：绳子张力越大，为了使它伸长就需要消耗越多能量。一根橡皮筋之所以有张力是因为要使它伸长，你必须花费能量来重排它的分子：如果分子容易重排（需要花费能量很少），张力就小；如果重排分子需要很多能量，张力就大。但我们还有另外一种方法可以延长绳子，不用重排已有绳子内的分子，而是新造一段绳子然后连接到旧绳子的尾端。用这种方法延长绳子所消耗的能量等于新造的那一段绳子所包含的能量，由著名的公式 $E=mc^2$ 给出——新造绳子的质量（m）乘以光速平方（c^2）。

从耗费能量的角度来看，这是一种相当不经济的方法，但同时也是最保险的方法。它规定了延长绳子所需能量的上限，而这也正是绳子张力的上限。绳子的张力永远不可能超过单位长度的绳子质量乘以光速的平方。（也许你会想到把两根绳子扭在一起令强度加倍。

但同时，它的重量也加倍了，所以不会提高"张力-重量比"。）

材料强度的基本极限给科技进步留下了很大的空间。这个极限强度是钢材强度的数千亿倍，大约也是碳纳米管的数亿倍。但同样，这也意味着我们不可能无限地提升材料性能。就如同我们提升推进速度的努力必将终止于光速一样，我们制造更结实材料的努力也必将终止于这个极限。

根据某些理论的猜想，有一种绳子材料能恰好达到这个极限，这意味着它是所有材料中最结实的。这种材料从未在实验室中被发现过，有些科学家甚至怀疑它是否存在，但有些科学家毕生都致力于研究它。这个自然界最结实的绳子也许永远也不会被发现，但它已经有了自己的名字：弦。那些研究弦的人——弦理论家认为，弦是物质最基本的组成成分。对于我们来说，它是否基本不重要，它的强度才是最重要的。

弦很结实。一根和鞋带一样长、一样重的弦可以吊起珠穆朗玛峰。由于最艰巨的工程挑战需要最结实的材料，如果我们希望在黑洞周围建造太空电梯，最好的选择就是弦；碳纳米管失败了，但基本的弦也许能够成功。如果还有什么材料能胜任这个任务的话，那就是弦；反过来说，如果弦也不能胜任的话，那黑洞就安全了。

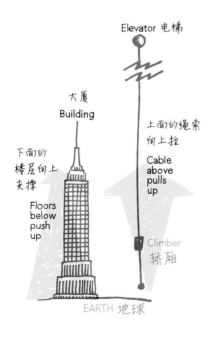

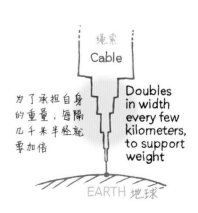

　　然而，尽管弦很结实了，但还是不够结实。可以说它处在"足够结实"的边缘。稍微再结实一点，那么即使在黑洞周围建造太空电梯也是很容易的事；只要再脆弱一点，弦就会由于自身的重量而断裂，这个计划就毫无希望了。弦恰好处在这个临界点上，一根用弦制作的绳子，如果悬挂在黑洞上方并垂到黑洞表面的话，它的强度恰好可以维系自身的重量，没有余力再挂上电梯和货物。这样的绳子可以支撑它自身，但要以舍弃电梯轿厢为代价。

　　这样的事实意味着，黑洞是无法开发利用的。自然本身的规律限制了我们的建筑材料，即使有一根绳子可以到达黑洞稠密的热大气，我们也无法高效地采集能源。由于弦的强度处在临界值，我们只能把一根稍短的绳子伸进黑洞稀薄的上层大气中提取有限的能量。

　　但这样低效率的开采并不比单纯的等待好多少：黑洞的寿命仍然是 m^3 量级，与不加干预的情况一样。通过获取偶尔游荡在四周的光子，我们可以将黑洞的寿命缩减一点点，但这样的能量提取无法达到工业规模，不能让我们饥饿的文明得到满足。

　　在这种情况下，有限的光速一直是我们的对头。由于我们不能运动得比光快，所以我们无法突破事件视界。同时我们无法从燃料中获取多于 mc^2 的能量，因此我们注定要将目光投向黑洞。但又由于绳子的强度不可能大于光速的平方乘以单位长度的质量，我们又无法充分获取黑洞的能量。

　　当太阳消失以后，我们将生活在永恒的冬天中。我们也许会注意到黑洞热大气中储藏的庞大能源，但获取这样的能源必须承担巨大的风险。如果过于急切或过于深入地向黑洞下手，非但不能从黑洞那里夺取辐射粒子，手里用来捞粒子的"箱子"反而会被黑洞夺走。

　　等待我们的，注定是个非常寒冷的冬天吗？